Brücken zwischen Human-
und Naturwissenschaft

Für Harald Seubert
in herzlicher Verbundenheit

Walter Falk

Beiträge zur
NEUEN EPOCHENFORSCHUNG

Herausgegeben von Professor Dr. Walter Falk

Band 16

PETER LANG
Frankfurt am Main · Berlin · Bern · New York · Paris · Wien

WALTER FALK

Brücken zwischen Human- und Naturwissenschaft

Gemeinsames in Thesen eines Germanisten
und des Biochemikers Rupert Sheldrake

PETER LANG
Europäischer Verlag der Wissenschaften

Die Deutsche Bibliothek - CIP-Einheitsaufnahme

Falk, Walter:

Brücken zwischen Human- und Naturwissenschaft : Gemeinsames in Thesen eines Germanisten und des Biochemikers Rupert Sheldrake / Walter Falk. - Frankfurt am Main ; Berlin ; Bern ; New York ; Paris ; Wien : Lang, 1998
(Beiträge zur neuen Epochenforschung ; Bd. 16)
ISBN 3-631-33115-0

ISSN 0721-295X
ISBN 3-631-33115-0

Printed in Germany 1 2 4 5 6 7

INHALT

VORWORT

Im Spätjahr 1997 erschien unter dem Titel „Rupert Sheldrake in der Diskussion – das Wagnis einer neuen Wissenschaft des Lebens“ ein Buch, das insofern ungewöhnlich ist, als es Vertreter der verschiedensten wissenschaftlichen Disziplinen durch Stellungnahmen zu einem gemeinsamen Thema zusammenführte. Die meisten von ihnen sind Naturwissenschaftler, einige gehören der Humanwissenschaft an. Der Biochemiker Rupert Sheldrake, um den es ihnen allen ging, hatte gezeigt, daß die neuzeitliche Naturwissenschaft trotz ihrer ungeheueren Erfolge einen fundamentalen Mangel aufweist: Von den unzähligen Formen, die in der Natur erscheinen, vermag sie nicht eine einzige zu erklären. Diese These zu widerlegen hat, wenn ich recht sehe, von den 13 Beiträgern keiner auch nur versucht. So dokumentiert der Sammelband zunächst eine tiefe Fragwürdigkeit der modernen Naturwissenschaft.

Eigentümlicherweise ist jedoch nicht sie zum eigentlichen Thema der verschiedenen Beiträge geworden, sondern ein Vorschlag Sheldrakes, wie mit der Behebung des Mangels begonnen werden könne. Dieser Vorschlag umfaßt zwei Thesen. Die erste besagt, die Formbildung werde durch „morphische Felder“ verursacht. Die zweite behauptet, die Existenz der morphischen Felder führe zum Phänomen der „morphischen Resonanz“. Die Beiträger setzten sich nun vor allem mit der zweiten These auseinander. Das hatte einen leicht einsehbaren Grund: diese liegt den wissenschaftlichen Gewohnheiten näher als die erste.

Bei der Prägung des Begriffes des morphischen Feldes machte Sheldrake von drei Rückgriffen Gebrauch. Beim ersten bezog er sich auf Michael Faraday, der um die Mitte des 19. Jahrhunderts jene elektromagnetischen Felder entdeckt hatte, die inzwischen in der ganzen Welt den Schülern im Physikunterricht demonstriert werden, indem man ihnen zeigt, wie bei einem Magneten liegende Eisenfeilspäne sich um ihn zu einem Feld ordnen, sowie man Elektrizität in ihn induziert. Beim zweiten Rückgriff nahm er Überlegungen von Biologen aus den zwanziger Jahren auf, welche sich dem Verständnis der Formbildung bei Embryonen durch die Annahme zu nähern suchten, daß sie sich in einem „Feld“, in einem „morphogenetischen“, vollziehe. Beim dritten Rückgriff kehrte Sheldrake in die Physik zurück. Albert Einstein hatte 1905 von den Feldern, von denen man inzwischen wußte, daß sie auch das Licht bestimmen, gezeigt, daß sie nicht etwa, wie man seit Maxwell angenommen hatte, mit Äther gefüllt sind, sondern aus leerem Raum bestehen. Sheldrake faßte nun den ebenso einfachen wie revolutionären Gedanken, daß Leerheit hier soviel bedeute wie Abwesenheit von Materie. Daraufhin sagte er von den morphischen Feldern, daß sie alle Formen in der Natur bestimmten und, erscheinend inmitten der materiellen Welt, an sich selbst immaterieller Art seien.

Diese These steht zu den Prämissen der neuzeitlichen Naturwissenschaft in einem so scharfen Gegensatz, daß sie wahrscheinlich gar keiner ernsthaften Diskussion gewürdigt worden wäre, wenn Sheldrake nun nicht auch noch die weitere These entwickelt hätte, wonach morphische Felder eine morphische Resonanz entstehen lassen. Von dieser sagte er nämlich weiter, daß sie mit bewährten naturwissenschaftlichen Mitteln experimentell geprüft werden könnten. Damit appellierte er an das wissenschaftliche Ethos, das verlangt, eine gut begründete neue These dann zu übernehmen, wenn sie nicht widerlegt werden kann. Die meisten Beiträge zu dem Sammelband stellen Ergebnisse von experimentellen oder auch theoretischen Überprüfungen der These von der morphischen Resonanz dar. Die grundlegende These wurde also in der Mehrzahl der Fälle nur indirekt thematisiert.

Die Ergebnisse sind nicht eindeutig. Die Existenz des Phänomens der morphischen Resonanz wurde von mehreren Beiträgern entschieden, von anderen bedingt bejaht, von einigen aber auch verneint. Das bedeutet, daß dieser Problemkomplex weiter diskutiert werden muß. Möglicherweise werden Angehörige der positiven und der negativen Gruppe ihre Untersuchungen nun wechselseitig prüfen. Wer selbst ein negatives Ergebnis erzielte, wird vielleicht der Frage nachgehen, ob auf den Wegen zu positiven nicht Fehler unterliefen. Wer die Existenz der morphischen Resonanz meinte bestätigen zu können, wird herauszufinden suchen, warum andere dazu nicht in der Lage waren. Der Sammelband hat sicher das Verdienst, zu solchem Weiterfragen anzuregen.

Indem er das Problem der morphischen Resonanz in den Vordergrund stellte, könnte er allerdings auch dazu beitragen, daß die Öffentlichkeit Sheldrakes Hauptanliegen aus dem Blick verliert. In einem Gespräch mit den beiden Herausgebern, das den Abschluß des Sammelbandes bildet, wiederholte Sheldrake mit Nachdruck, worin dieses besteht: „Meine Hypothese und der Untertitel meines ersten Buches ist die Hypothese der formbildenden Verursachung. (...) Mein Hauptziel besteht darin zu zeigen, daß ein formbildender Einfluß in der Natur am Werk ist, der die Eigenschaft hat, sich entwickelnde Organismen, Gesellschaften, die geistige Tätigkeit und so weiter zu gestalten, und daß er ein immanentes Gedächtnis hat."

Hätte ich Gelegenheit gehabt, in dem Sammelband das Wort zu ergreifen, so hätte ich wohl der Gefahr, daß das zentrale Moment durch ein sekundäres verdeckt wird, ein wenig entgegenwirken können. Das wage ich zu vermuten, obgleich ich einer Disziplin angehöre, die ernst zu nehmen, bei Naturwissenschaftlern völlig unüblich ist, der Literaturwissenschaft. Ausgerechnet in ihr ist es zur Auseinandersetzung mit einem Phänomen gekommen, das mit Sheldrakes morphischem Feld verwandt sein könnte. Im Zusammenhang damit ist auch hier die Frage nach der form- oder gestaltbildenden Verursachung wichtig geworden.

Die mögliche Entsprechung zum morphischen Feld wird in der germanistischen Literaturwissenschaft als „Sinnganzes" oder auch als

„Gestalt" bezeichnet. Lange fand die Bedeutung dieses Phänomens allgemein eine höchst zwiespältige Wertung. Einerseits wurde seine Existenz im literarischen Werk wohl nie ernsthaft bestritten, andererseits erschien es unmöglich, sie auf rationale Weise zu erfassen. Im Jahre 1963 kam mir aber ein Gedanke, wie diese Unmöglichkeit umgangen werden könnte. Seither ist das Sinnganze der Texte ähnlich in den Mittelpunkt meiner wissenschaftlichen Bemühungen getreten wie für Sheldrake das morphische Feld.

Allerdings mußte ich einen anderen Weg einschlagen als Sheldrake, weil mir kein Sachverhalt auffiel, dem ich dasselbe hätte zutrauen können wie Sheldrake der morphischen Resonanz, nämlich mit dem Sinnganzen verbunden und doch mit konventionellen Mitteln faßbar zu sein. Es erwies sich vielmehr als nötig, im Rahmen eines Forschungsseminars in langjähriger Arbeit die Operationen zu klären, die zur rationalen Erkenntnis der Komponenten des Sinnganzen führen. Diese wurden dann in eingehender und umfassender Weise in einem zuerst 1983 erschienenen „Handbuch" beschrieben (zweite deutsche Auflage 1994, japanische Ausgabe 1987 ff. und 1994). Die Reaktionen darauf waren in der deutschen Germanistik eher zurückhaltend. Ein Grund dafür mag gewesen sein, daß vielen Kollegen das Verfahren „zu naturwissenschaftlich" erschien (die Naturwissenschaftler stehen bei den Literaturwissenschaftlern in ähnlichem Ruf wie sie bei ihnen), ein anderer wird darin bestanden haben, daß ein gewisser Aufwand an Zeit und Mühe nötig ist, um die „Komponentenanalyse" zu erlernen.

Dessen ungeachtet konnte durch die Anwendung der Komponentenanalyse auf (vor allem) dichterische Texte nach und nach eine geistige Landschaft erschlossen werden, von der bisher wenig bekannt war, und kaum etwas, bei dem die Beschreibung, wie jetzt, der Überprüfung durch Dritte offensteht. Bemerkenswerterweise war es möglich, den Untersuchungsbereich über den europäischen Raum hinaus in den arabisch-türkischen und in den ostasiatischen auszuweiten. Die Konzentration auf dichterische Texte brachte insofern keine wesentliche Einschränkung mit sich, als es im Grunde um die Erforschung der Phantasie ging und diese an Dichtungen zwar besonders gut studiert werden kann, jedoch bei allen menschlichen Tätigkeiten (auch z.B. bei der naturwissenschaftlichen) von maßgeblicher Bedeutung ist.

Sollte das Sinnganze der Dichtungen - oder: ihre „komponentiale Sinnstruktur" - tatsächlich in einer Wesensentsprechung zu Sheldrakes morphischem Feld stehen, so wären die Ergebnisse der komponentialanalytischen Forschung als nachdrückliche Bestätigung der These von dessen immaterieller Wesenheit inmitten der materiellen Welt zu werten.

Sheldrake hat nach seinen zwei ersten Büchern von 1981 und 1988 die morphische Resonanz, die bei der wissenschaftlichen Rezeption seines Werkes, wie gerade auch der Sammelband von 1997 zeigte, im Vordergrund stand, im Rahmen der eigenen neuen Arbeiten zurücktreten lassen. Statt dessen hat er sich immer mehr Problemen zugewandt, die direkt mit der Immaterialität der morphischen Felder zusammenhängen. Ohne die komponentialanalytische Forschung zu kennen, hat er sich damit in dieselbe Richtung bewegt wie diese. Hätte ich zu dem Band „Rupert Sheldrake in der Diskussion“ beitragen können, so hätte ich mich vor allem auf die Gesichtspunkte bezogen, die Sheldrake im Zuge der Weiterführung seines Nachdenkens herausgearbeitet hat.

Auf Sheldrake aufmerksam wurde ich erstmals 1986 durch einen Hinweis meines früheren Schülers Werner Guth auf einen durch eine amerikanische Institution ausgesetzten Preis für die beste Bestätigung oder Widerlegung von Sheldrakes Thesen. Ich entschloß mich, meine eigene Thesen in einem Brief zu beschreiben und anheimzugeben, sie als Bestätigung der Sheldrakeschen zu werten. Der Brief wurde nie beantwortet und Sheldrake selbst hat ihn, wie er mir später schrieb, damals nicht zu Gesicht bekommen.

Mit dem vorliegenden Buch möchte ich versuchen, die Diskussion um Sheldrake auf neue Weise fortzuführen. Ausgehend von der Vermutung einer Verwandtschaft von morphischem Feld und komponentialer Sinnstruktur möchte ich weitere aus dem Umkreis der komponentialanalytischen Forschung hervorgegangene Thesen beschreiben, von denen ich annehme, daß sie zu zusätzlichen Thesen Sheldrakes in einer wesentlichen Beziehung stehen. In diesem Buch geht es also um einen Brückenbau, der humanwissenschaftliches Nachdenken mit naturwissenschaftlichem verbinden soll.

Die verschiedenen Studien sind unabhängig voneinander entstanden und wurden so gestaltet, daß jede von ihnen auch allein gelesen werden kann. Eine Folge davon ist, daß der Leser mehrere Themen wiederholt erwähnt oder gar erörtert finden wird. Die Wiederholungen hätten nicht beseitigt werden können, ohne die Stringenz des jeweiligen Gedankengangs zu schwächen. Vielleicht kann man ihnen sogar einen gewissen Reiz abgewinnen, weil die Themen der Studien sehr verschiedenartig sind.

Die erste Studie sucht Sheldrakes Theorie und die komponentialanalytische zuerst jeweils zusammenfassend zu beschreiben und hernach aufeinander zu beziehen. Einen Extrakt aus ihr referierte ich am 16. September 1995 bei der Jahrestagung des “Marburger Kreises für Epochenforschung e.V.” (“MKE”). Der vor allem der Komponentenanalyse gewidmete Verein beging an diesem Tag sein zwanzigjähriges Bestehen.

Die zweite Studie sucht zu eigen, daß die bisher primär zur Klärung von Problemen der Epochengeschichte benutzten Begriffe der Komponentenanalyse auch zur Bestimmung von invarianten Strukturmustern dienen können, die sich in der Menschennatur finden. Als Beispiele dienen jene “Naturformen der Poesie” (Goethe), die von der literarwissenschaftlichen Gattungspoetik behandelt werden. Diese Studie habe ich nach und nach aus einem Referat entwickelt, das ich gleichfalls bei einer Jahrestagung des MKE hielt, allerdings bereits am 14. September 1991. Anlaß dazu bot ein von Rainer Paslack unternommener Versuch, die komponentialanalytischen Begriffe mit den in der

Naturwissenschaft entdeckten Sachverhalten der "Selbstorganisation" zusammenzudenken. Die jetzt vorgelegte Fassung entstand im Sommer 1997.

Die dritte Studie wendet sich umgekehrt den geschichtlichen Wandlungen zu und greift ein spezielles, auch von Sheldrake aufgrund seiner Beobachtungen diskutiertes Problem auf. Einer altehrwürdigen, aber lange als antiquiert angesehenen Vorstellung zufolge wirkt sich unter Menschen ein Phänomen aus, das man als "Inspiration" zu bezeichnen pflegt. Die Frage wird erörtert, ob die heutige wissenschaftliche Situation es erlaubt oder vielleicht sogar nötig macht, diese Vorstellung wieder aufzunehmen. Der Gedankengang dieser Studie wurde erstmals am 14. März 1995 bei einem von der Theologischen Fakultät der Universität Innsbruck zum Thema "Religion und Literatur" veranstalteten Symposium vorgetragen. Im Sommer 1997 habe ich ihn ergänzt.

Die letzte Studie verfaßte ich im Spätjahr 1997. Mit ihr entfernte ich mich aus dem Gedankenkreis der meisten Beiträger zu dem Band „Rupert Sheldrake in der Diskussion“ am weitesten, allerdings im Einklang mit Sheldrake selbst. Dessen bisher letztes Buch trägt den Titel „The Physics of Angels“, und ich überschrieb meine Studie „Zur Wiederentdeckung der Engel“. Beide Titel müssen in den Ohren von Anhängern des materialistischen Glaubens in den Wissenschaften geradezu lästerlich klingen. Sheldrake aber hat mit seiner Frage nach der Ursache der Gestalten immer schon über den Materialismus hinausgedacht. Einer der Herausgeber des Sammelbandes, Franz-Theo Gottwald, der sich in seinem Beitrag nicht auf die Erörterung der morphischen Resonanz beschränkte, fragte darin bereits, ob Sheldrakes Grundproblem nicht derart tief reiche, daß er schließlich auch sprachhafte Vorgänge erörtern müsse, und zwar gerade auch solche, die sich jenseits der menschlichen Sprache zutragen. Ich versuche nun in der vierten Studie nicht allein zu zeigen, welche Gründe spezifisch wissenschaftlicher Art mich veranlassen, von Engeln zu handeln, sondern auch zu beschreiben, daß es einer hohen Konsequenz entsprach, wenn Sheldrake neuerdings zu einem Nachdenken über diese übermenschlichen Geisteskräfte gelangt ist. In ihnen hat er die von ihm gesuchten gestaltbildenden Ursachen gefunden.

Alle vier Studien enthalten Gedanken, die über das heute vorherrschende Allgemeinbewußtsein hinausgehen. Es war für mich sehr wichtig, sie im kritischen Dialog erproben zu können. Zu ihm fanden sich immer wieder Teilnehmer sowohl meiner Seminare als auch der MKE-Tagungen bereit. Nicht wenig des im vorliegenden Buch Mitgeteilten hat sich erst durch dieses Mitdenken geklärt. Meinem Dank möchte ich dadurch Ausdruck geben, daß ich den Mitdenkern dieses Buch widme.

Marburg, um Weihnachten 1997 W.F.

RUPERT SHELDRAKES "REVOLUTIONIERUNG DES WISSENSCHAFTLICHEN DENKENS" UND DIE KOMPONENTIALANALYTISCHE FORSCHUNG

1. Ein Grenzübergang?

Rupert Sheldrake, der seit 1981 mit wissenschaftlichen Veröffentlichungen weltweit anhaltende Diskussionen ausgelöst hat, ist Biochemiker. Die Komponentenanalyse wurde aus den Problemzusammenhängen der Literaturwissenschaft entwickelt. Da die Natur- und die Geisteswissenschaft seit langem auseinandergedriftet sind und meist als Repräsentationen zweier sehr verschiedener, ja gegensätzlicher Kulturen angesehen werden[1], mag ein Versuch, Sheldrakes Thesen und komponentialanalytische aufeinander zu beziehen, von vornherein als höchst fragwürdig erscheinen. Trotzdem möchte ich ihn hier unternehmen.

Es scheint mir, daß es Sheldrake gelungen ist, ein Problem zu lösen, das auch durch spezifisch komponentialanalytische Erkenntnisse sichtbar geworden ist. Nachdem ich mich mit Sheldrakes Argumenten befaßt habe, vermute ich, daß eine voll befriedigende Lösung allein durch die von mir angewandten Mittel nie hätte gelingen können. Wenn dies richtig ist, werden Komponentialanalytiker sich in der Zukunft immer wieder auf Sheldrake beziehen. Dazu dürfte es also kommen nicht obwohl, sondern gerade weil er Naturwissenschaftler ist.

Umgekehrt ist Sheldrake mit seinen Forschungen an einen Ort gelangt, an dem die Naturwissenschaft an den Bereich des spezifisch Menschlichen grenzt. Hier nehmen Momente grundlegende Bedeutung an, die in der vormenschlichen Natur nur schwer und unklar zu erkennen sind. Darum beginnt an dieser Stelle die Zuständigkeit der Humanwissenschaft. Meinem Eindruck nach sind bestimmte komponentialanalytische Thesen geeignet, genau am Grenzübergang an Sheldrakes Forschungsergebnisse anzuschließen und sie jenseits der Grenze gedanklich fortzuführen.

Sollten meine Vermutungen berechtigt sein, so würde dies erweisen, daß ein Dialog über Forschungsprobleme zwischen Human- und Naturwissenschaftlern nicht nur möglich, sondern auch notwendig geworden ist. Einen Beitrag dazu möchte ich im folgenden skizzieren. Dabei beginne ich mit einer Zusammenfassung meines Verständnisses von Sheldrakes Grundthesen.

2. Vom elektromagnetischen Feld zum morphischen

Das Problem, das Sheldrake auf seinen wissenschaftlichen Weg brachte, wurde ihm anscheinend durch die Einsicht vermittelt, daß das Prinzip der mechanischen Kausalität, dem sich die Naturwissenschaft in der Neuzeit verschrieben hat, für die Erklärung bestimmter Naturphänomene völlig ungeeignet ist. In erster Linie machte er dies bei den Formen der Organismen, dann aber auch für viele Formen des Verhaltens von Lebewesen geltend. Sheldrake betonte, daß durch die moderne Gen-Forschung in dieser Hinsicht keinerlei Fortschritt erzielt wurde:

> „Der genetische Code in den DNS-Molekülen bestimmt die Sequenz der Aminosäurebausteine in Einweißmolekülen, also die sogenannte Primärstruktur der Proteine. Die Gene diktieren die Primärstruktur von Proteinen, nicht aber die bestimmte Gestalt eines Entenfußes, einer Lämmerniere oder einer Orchideenblüte Wie Proteine zu Zellen, Zellen zu Geweben, Gewebe zu Organen und Organe zu Organismen zusammengefügt werden – das ist nicht im genetischen Code programmiert. (...) Nehmen wir unsere eigenen Arme und Beine. Sie enthalten exakt die gleichen Arten von Muskelzellen, Nervenzellen und so weiter. Sie enthalten die gleichen Proteine und anderen chemischen Stoffe: alle Knochen bestehen aus den gleichen Substanzen. Dennoch sind sie unterschiedlich geformt, wie man ja auch aus einem und demselben Material verschiedene Häuser bauen kann. Die Chemikalien allein bestimmen nicht die Form. Und die DNS kann es auch nicht, denn es ist überall die gleiche DNS, nicht nur in Armen und Beinen, sondern im ganzen Körper. Alle Zellen sind genetisch gleich programmiert. Dennoch verhalten sie sich unterschiedlich, bilden Gewebe und Organe von unterschiedlicher Struktur. Offenbar gestaltet ein anderer formativer Einfluß als die DNS die sich entwickelnden Teile des Körpers.“[2]

Nun wußte Sheldrake, daß er nicht der erste Biologe war, der dasPrinzip der mechanistischen Kausalität, das zweifellos sehr viel zu erklären erlaubte, als letztlich unzulänglich erkannte. Um die Jahrhundertwende hatte Hans Driesch dies zu zeigen unternommen. Einer der von ihm geschilderten Sachverhalte war besonders eindrucksvoll. Er „experimentierte“, schrieb Sheldrake,

> „in den 1890er Jahren mit Seeigelembryonen und stellte fest, daß sich aus einem halben Embryo nicht etwa ein halber Seeigel entwickelte, wie (...) zu erwarten gewesen wäre, vielmehr machte er den Verlust seiner zweiten Hälfte irgendwie wett und wuchs zu einem kleineren, aber vollständigen Organismus aus. Wurden andererseits zwei Embryonen in einem frühen Stadium künstlich miteinander verschmolzen, so entstand kein Doppelseeigel, sondern ein ganz normaler“[3]

Driesch suchte diese und andere ähnliche Beobachtungen durch die Annahme zu erklären, daß in den Naturphänomenen eine Lebenskraft wirke, die ihnen ihre Form vorgebe. Zu deren Deutung nahm er den von Aristoteles geprägten Begriff „Entelechie“ auf. Obwohl er von ihm her nicht wenige Gegebenheiten, die bis dahin unerklärt geblieben waren, recht plausibel zu deuten vermochte, setzte er sich mit seiner „vitalistischen“ Grundthese nicht durch. Sheldrake meinte, das habe vor allem daran gelegen, daß Driesch als Erklärungsschema einen Begriff der Metaphysik benutzte und dermaßen aus den Gedankenzusammenhängen der damaligen Naturwissenschaft ausscherte.

Anfang der zwanziger Jahre knüpften dann, wie Sheldrake weiter darlegte, gleich drei Biologen, nämlich Hans Spemann, Alexander Gurwitsch, Paul Weiss an Drieschs Erörterungen zur Genese von Embryonen an, sprachen sich jedoch für ein anderes Erklärungsmodell aus. Interessanterweise schlugen alle drei vor, den Begriff der Entelechie zu ersetzen durch einen physikalischen, nämlich durch den des „Feldes“[4].

Michael Faraday war es gewesen, der diesen Begriff gegen die Mitte des 19. Jahrhunderts in die Physik eingeführt hatte. Veranlaßt dazu hatten ihn Beobachtungen wie die inzwischen berühmte von den in der Nähe eines Magneten auf einem Papier liegenden Eisenfeilspänen, die sich nach einer Induktion von Elektrizität zu einem bestimmten Muster, einem „Feld“, ordnen. Diese Entdeckung hatte James Clerc Maxwell aufgegriffen. Nachdem es ihm in den sechziger Jahren gelungen war zu zeigen, daß „Elektrizität, Magnetismus und Licht in ein und demselben mathematischen Rahmen zusammengefaßt werden“ können, war sein „Feldbegriff zum Angelpunkt der Physik geworden“[5]. Als materielle Vermittlung zwischen der jeweils wirksamen Energie und der Form des Feldes setzte er eine besondere Substanz, den „Äther“, an.

Sheldrake fand den Versuch, statt mit einem metaphysischen mit einem physikalischen Begriff zu arbeiten, einleuchtend. Er übernahm für sich zunächst den von Gurwitsch geprägten Ausdruck „morphogenetisches Feld“. Allerdings erschien ihm das, was mit ihm gemeint war, ergänzungsbedürftig. Bei einer Morphogenese war nicht allein das Feld wichtig, in dem sie sich vollzog, sondern auch der Prozeß selbst. Über dessen Eigenart hatte inzwischen, in den fünfziger Jahren, Conrad H. Waddington, eine wichtige Einsicht gewonnen. Damit ein solcher Prozeß vorankommen kann, bedarf es, so legte er dar, eines Weges. Ihn zu bahnen, ist anfangs schwer, aber wenn der Prozeß sich wiederholt, wird das Vorankommen auf ihm immer einfacher. Allmählich entsteht ein „notwendiger Weg“, eine „Chreode“. Sheldrake übernahm auch diesen Gedanken und schrieb zusammenfassend:

> „Der Begriff des morphogenetischen Feldes mit seinen Chreoden unterscheidet sich darin von Drieschs Entelechie-Theorie, daß er eine grundlegende Analogie zwischen den Organismusprinzipien des biologischen Bereichs und den bekannten Feldern der Physik impliziert. Driesch war als Vitalist von einem radikalen Unterschied zwischen dem Reich des Lebendigen und dem der Chemie und Physik ausgegangen. Dennoch hat der Entelechie-Begriff in mehrfacher Hinsicht auf die Theorie des morphogenetischen Feldes abgefärbt. Wie den Entelechien wird diesen Feldern Zielgerichtetheit und die Fähigkeit zur Selbstorganisation zugeschrieben, und wie die Entelechien betrachtet man sie als Kausalfaktoren, die unter ihrem Einfluß stehende Systeme auf bestimmte Organisationsmuster zusteuern.“[6]

Die Übernahme des physikalischen Feldbegriffs in die Biologie war vollzogen worden angesichts der Notwendigkeit, die Vorgänge zu deuten, die sich im Zuge der Entstehung eines Organismus bei seiner Form zutragen. Dabei hatte sich eine Identität des Formhaften mit dem Feldhaften erwiesen. Wenn man sie als gegeben ansah, dann mußte man zunächst feststellen, daß nicht nur bei einem werdenden Organismus ein Feld existiert, sondern auch bei jedem ausgewachsenen. Sodann waren aber auch die Verhaltensweisen der Organismen, die ja immer einer bestimmten Form entsprechen, als Felder zu begreifen. Demgemäß tat man, wie für Sheldrake allmählich deutlich wurde, gut, den Begriff des „Morphogenetischen“ durch einen umfassenderen zu ersetzen. In seinem zweiten Buch erklärte er:

> „Wir werden die morphogenetischen Felder (...) künftig als *morphische Felder* bezeichnen. Erstens ist dieser Begriff leichter auszusprechen, und zweitens heben wir damit unser neues Verständnis dieser Felder von ihrer herkömmlichen Definition ab. Der Begriff ´morphisches Feld` ist allgemeiner, denn er bezieht sich nicht nur auf die Morphogenese, sondern auch auf andere Arten organisierender Felder. (...) <Es lassen> sich die Felder, die tierisches und menschliches Verhalten, soziale und kulturelle Systeme, aber auch die mentale Aktivität organisieren, <gleichfalls> als morphische Felder auffassen.“[7]

3. Das immaterielle morphische Feld in der materiellen Welt

Manche vom mechanistischen Ansatz aus unverständliche Sachverhalte konnte sich Sheldrake dank des Feldbegriffs auf befriedigende Weise erklären, aber durchaus nicht alle. Ein für ihn besonders wichtiger war durch Experimente an den Tag gebracht worden, welche in der umstrittenen Frage, ob erworbene Eigenschaften erblich sind, eine Entscheidung möglich machen sollten.

> „Die gründlichste Untersuchung zu dieser Frage wurde 1920 in Harvard durch William McDougall eingeleitet. Seine eigenen Forschungen und ihre Fortsetzungen in Schottland und Australien zogen sich über mehr als dreißig Jahre hin, und es dürfte sich hier wohl um die längste Experimentalreihe in der Geschichte der experimentellen Psychologie handeln. McDougall verwendete die üblichen weißen Laborratten und brachte sie in ein Wasserbecken, das sie nur verlassen konnten, wenn sie schwimmend den richtigen von zwei einander gegenüberliegenden Ausgängen erreichten. Der eine war hell erleuchtet, aber wenn sie ihn erreichten, und aus dem Wasser klettern wollten, erhielten sie einen elektrischen Schlag. Der andere lag im Halbdunkel, war dafür jedoch ungehindert zu benutzen. Beim nächsten Mal, als die Ratten ins Wasser kamen, war die Situation vertauscht: Der zuvor beleuchtete Ausgang, der Schläge ausgeteilt hatte, lag jetzt im Halbdunkel und führte keinen Strom, während der vorher sichere Ausgang jetzt beleuchtet war und unter Strom stand. Die Ratten sollten lernen, daß es schmerzhaft war, den beleuchteten Ausgang zu nehmen.

Die Tiere der ersten Generation brauchten im Durchschnitt 165 Elektroschocks, bis sie lernten, den halbdunklen Ausgang zu benutzen. Spätere Generationen lernten dann immer schneller, und in der dreißigsten Generation lernten die Tiere ihre Lektion schon nach 20 Fehlversuchen. McDougall stellte sicher, daß diese erstaunliche Entwicklung nicht auf der genetischen Selektion besonders intelligenter Ratten beruhte, denn selbst als er die dümmsten Ratten jeder Generation als Elterntiere der nächsten auswählte, zeigte sich, daß die Schnelligkeit des Lernens deutlich zunahm. Er interpretierte seine Befunde als Lamarcksche Vererbung <erworbener Eigenschaften>, das heißt als Modifikation der Gene.

Diese Interpretation schmeckte vielen Biologen gar nicht. Es blieb also nichts anderes übrig, als McDougalls Experimente zu wiederholen. Als F.A.E. Crew sich in Edinburgh an die Arbeit machte, lernten seine Ratten bereits in der ersten Generation erstaunlich schnell; sie brauchten im Durchschnitt nur 25 Fehlversuche, und manche fanden auf Anhieb heraus, worum es ging. Seine Ratten schienen da weiterzumachen, wo McDougalls aufgehört hatten. Weder er noch McDougall konnte sich diesen Effekt erklären.

In Melbourne stellten auch W.E. Agar und seine Kollegen fest, daß ihre Ratten von Anfang an weitaus schneller lernten als die ersten Generationen von McDougalls Ratten. Sie setzten ihre Arbeit über fünfzig Generationen von Ratten und über einen Zeitraum von zwanzig Jahren fort und stellten wie McDougall fest, daß die Schnelligkeit des Lernens von Generation zu Generation zunahm. Zusätzlich unterzogen sie jedoch immer wieder auch Kontrollratten aus ganz anderen Zuchtstämmen diesem Test und mußten auch an ihnen eine Verbesserung der Lernfähigkeit konstatieren. Genetische Vererbung schied damit als Erklärung für die beobachteten Phänomene aus. Wie also kam es zu der Verbesserung der Lernfähigkeit?“[8]

Sheldrake sagte sich nun anscheinend folgendes. Das Lernen der Ratten vollzog sich in einem morphischen Feld. Es äußerte sich in der Benutzung einer Chreode, die in diesem Feld gebahnt worden war. Die Möglichkeit dazu hing aber nicht davon ab, daß die Ratten in irgendeiner Weise materiell miteinander verbunden waren. Das bedeutete, daß das Feld samt dieser Chreode seinerseits immaterieller Art sein mußte. Diese Schlußfolgerung erschien unumgänglich. Aber vollzog sich mit ihr nicht ein Rückfall in Drieschs Fehler, aus der Naturwissenschaft auszubrechen und in die Metaphysik zu springen?

Das wäre tatsächlich der Fall gewesen, wenn sich seinerzeit Maxwells Vermutung, die elektromagnetischen Felder seien mit Äther gefüllt, bewährt hätte. Aber Sheldrake wußte, daß damals alle Bemühungen um die experimentelle Bestätigung dieser Hypothese fehlgeschlagen waren. Schließlich, im Jahre 1905, hatte dann Albert Einstein im Zuge der Begründung der speziellen Relativitätstheorie dargetan, daß die Annahme der Existenz von Äther im elektromagnetischen Feld „überflüssig“ sei. Als er später im Zusammenhang der Entwicklung der allgemeinen Relativitätstheorie eine weitere Art von Feldern entdeckte, die Gravitätsfelder, bot sich ihm eine Bestätigung dafür. Das war allgemein bekannt. War aber auch bereits hinreichend geklärt, was man sich unter einem Feld, das keinen Äther, und damit überhaupt keine Materie, enthielt, vorstellen sollte? Sheldrake bemühte sich darum.

Zunächst, sagte er sich, mußte man feststellen, daß die Abwesenheit von Materie im Feld dieses nicht etwa in eine Welt jenseits aller Materie, ins Metaphysische, verwies. Denn das Feld erschien ja innerhalb materieller Gegebenheiten und seine Wirkungen wurden gerade durch die Untersuchung materieller Momente erkennbar. Sodann aber mußte man mit gleicher Bestimmtheit konstatieren, daß es in den Grenzen seiner selbst tatsächlich etwas Immaterielles war. Sheldrake schrieb:

> „Gravitationsfelder und elektromagnetische Felder sind unsichtbar, unberührbar, unhörbar, ohne Geschmack und Geruch. Wir können sie nur über ihre jeweiligen Wirkungen im Bereich von Gravitation und Elektromagnetismus aufspüren. (...). In einem bestimmten Sinne sind sie nichtmateriell; da wir aber von ihnen nur durch ihre Wirkung auf materielle Systeme wissen, stellen sie in einem anderen Sinne einen Aspekt der Materie dar.“[9]

Mit diesen fast paradox scheinenden Eigenschaften sind die Felder gewiß noch immer „rätselhaft“[10]. Dessen ungeachtet kann man sie doch schon jetzt recht klar definieren: „Felder sind nichtmaterielle Einflußzonen physikalischer Größen.“[11] Und nachdem dadurch das Immaterielle eingegrenzt ist, kann man aus seiner nachgewiesenen Existenz durchaus auch Konsequenzen ziehen.

4. Die morphische Resonanz

Die wichtigste Folgerung besteht wohl darin, daß man als Wissenschaftler bereit werden muß, das Immaterielle in seiner Eigenart ernst zu nehmen. Das aber bedeutet, daß man, obwohl die Felder ja mitten in der materiellen Welt erscheinen, in ihrem Bereich doch nicht die Wirkung jener Gesetze und Regelmäßigkeiten erwarten darf, die in der materiellen Welt beobachtet werden. Vor allem verbietet es sich, geradezu vorauszusetzen, daß zwei voneinander verschiedene Gegebenheiten entweder gar nicht zeitlich und räumlich miteinander verbunden seien, oder, wenn doch, so einzig auf materielle Weise. Im Gegenteil ist anzunehmen, daß im Bereich des Immateriellen eine solche materielle Vermittlung entbehrlich ist. Sheldrake schrieb weiter:

> „<Morphische Felder> sind weder eine Form von Masse noch von Energie. Aus diesem Grunde scheint es ‚a priori‘ keinen zwingenden Grund zu geben, warum sie Gesetzen gehorchen sollten, deren Gültigkeit man für die Bewegung von Körpern, Teilchen und Wellen erkannt hat. Insbesondere muß sie nicht notwendigerweise durch die räumliche oder zeitliche Trennung zwischen ähnlichen Systemen an Wirksamkeit verlieren. Sie könnte sich über die Distanz von zehntausend Meilen als

ebenso wirksam erweisen wie über einen Meter, und sie könnten über ein Jahrhundert ebenso unvermindert wirken wie über eine Stunde."[12]

Für die Wirkung, die jenseits von Raum und Zeit anzusetzen war, fehlte natürlich jeder wissenschaftliche Begriff. Darum mußte man sich mit einer Analogie behelfen. Sheldrake führte weiter aus:

„Die Analogie der *Resonanz* scheint dabei die zweckmäßigste zu sein. Zu energetischer Resonanz kommt es dann, wenn ein System unter den Einfluß einer alternierenden Kraft gerät, die mit seiner natürlichen Schwingungsfrequenz übereinstimmt. Beispiele sind u.a. die ‚sympathische Schwingung' von gespannten Saiten als Reaktion auf entsprechende Schallwellen, die Feinabstimmung von Radiogeräten auf ausgestrahlte Radiofrequenzen (...) <etc.>. All diesen Resonanzformen ist das Prinzip der Selektivität gemeinsam: Ganz gleich, wie kompliziert ein Schwingungskomplex sein mag, die Systeme sprechen nur auf diejenigen mit bestimmten Frequenzen an.

Ein Resonanzeffekt von Form auf Form über Raum und Zeit hinweg wäre mit der energetischen Resonanz durch eine Selektivität vergleichbar, aber keine der bekannten Resonanzformen könnte uns seine Eigenart erklären, und es fände auch keine Energieübertragung statt. Um ihn von der energetischen Resonanz zu unterscheiden, wollen wir ihn *morphische Resonanz nennen."*[13]

Des weiteren legte Sheldrake dar, die morphische Resonanz vollziehe sich offenbar in der Weise, daß ein schon existentes morphisches Feld einen außerhalb von ihm vorhandenen, ihm gemäßen „morphischen Keim"[14] zur Entfaltung bringe. Im übrigen betonte er, daß die durch die morphische Resonanz vermittelte Produktion sich von der mechanischen auch dadurch unterscheide, daß die Produkte nie vollständig übereinstimmen.

„Morphische Felder werden aufgebaut und aufrechterhalten durch morphische Resonanz mit den Feldern zahlloser früherer Organismen derselben Art. Diese Organismen sind einander zwar ähnlich, doch es gibt einen Variationsspielraum. Keine zwei Kleepflanzen sind einander völlig gleich; auch zwei Blätter ein und derselben Kleepflanze stimmen niemals völlig überein. Die morphische Resonanz von unzähligen früheren Organismen her läßt ein Überlagerungs- oder Durchschnittsfeld entstehen, das nicht scharf definiert sein kann, sondern eine Wahrscheinlichkeitsstruktur darstellt."[15]

Gerade auch das Moment der partiellen Ungenauigkeit konnte also von einer Grundvorstellung der modernen Physik aus gedeutet werden.

5. Die Nähe zur Humanwissenschaft

Zwei Grundbegriffe sind es, die Sheldrakes neue Theorie tragen. Der erste, derjenige des „morphischen Feldes“, entstammt der neuzeitlichen Naturwissenschaft, nimmt aber, wie unausdrücklich schon das elektromagnetische Feld in Einsteins Deutung, auf eine Gegebenheit Bezug, die zwar in der materiellen Welt erscheint, aber selbst immateriell ist. Sheldrake meinte feststellen zu dürfen, daß wichtige Aspekte des mit diesem Begriff Gemeinten von der Wissenschaft des 20. Jahrhunderts wiederholt bereits angesprochen wurden, so im Paradigmabegriff von Thomas S. Kuhn[16], im Strukturalismus[17], auch schon in der Gestaltpsychologie[18]. Wenn er im Untertitel eines Buches von 1994 den Anspruch erhob, zu einer „Revolutionierung des wissenschaftlichen Denkens“ beizutragen[19], so wollte er nicht behaupten, eine völlig neue These zu vertreten. Vielmehr ging es ihm darum, mit einer in der Wissenschaft im Wesentlichen längst bekannten These endlich wirklich ernst zu machen.

Einen originären Beitrag Sheldrakes zur Wissenschaftsgeschichte zeigt indessen, wenn ich recht sehe, sein zweiter Grundbegriff an, derjenige der „morphischen Resonanz“. Er bringt eine Vorstellung von Vorgängen zeithafter Art mit sich, die sich von Einsteins Zeitbegriff aus nicht mehr deuten lassen. So wurde es für Sheldrake bei ihm notwendig, sich ein Stück weit von den in der Physik bisher entwickelten Gesichtspunkten zu lösen.

Der Zeitbegriff der Physik ist entscheidend durch die Möglichkeit geprägt, den Strom des Vergehens mit der Hilfe von Instrumenten genau zu messen. Ein Wesensmoment des Vergehens stellt die Vergangenheit dar. Sie könnte definiert werden als das, was einmal gegenwärtig war und es auf keine Weise je wieder werden kann. Sheldrake bezweifelte nicht im mindesten die tatsächliche Existenz dieser Zeit. Aber er unterstellte, daß es auch eine sehr viel anders beschaffene gibt. Ein morphisches Feld ist immer dann, wenn eine morphische Resonanz anhebt, etwas, das sich schon gebildet hat und insofern der Vergangenheit zugehört. Auf einen morphischen Keim einwirken kann es aber nur dadurch, daß es bei ihm gegenwärtig wird. Bei der morphischen Resonanz vollzieht sich also eine Vergegenwärtigung von Vergangenheit. Sheldrake betonte diesen Umstand mit besonderem Nachdruck, als er für eines seiner Bücher im Original den Titel „The Presence of the Past“ formulierte. Das damit Gemeinte suchte er durch eine Metapher zu illustrieren, indem er dartat, das Vergangene werde bei der Verursachung von Formen etwa in der Weise gegenwärtig wie im Gedächtnis eine Erinnerung. Diese Metapher wurde dann bei der deutschen Ausgabe für den Titel benutzt (er lautet: „Das Gedächtnis der Natur“).

Nach der Erarbeitung der genannten Hauptgesichtspunkte verfügte Sheldrake über ein Modell, das zwar den gewohnten Denkhorizont überschritt, aber dafür die Möglichkeit anbot, zu der Lösung mancher sehr dunkler Rätsel, wie z.B. des durch die Ergebnisse von McDougalls Rattenexperimenten entstandenen, auf plausible Weise beizutragen. Außerdem eröffnete es die Aussicht, viele Phänomene, die von der mechanistisch orientierten Wissenschaft als wie inexistent behandelt worden waren, endlich methodisch zu erforschen. Solche Phänomene finden sich zuhauf auf allen Ebenen der Organisation in der Natur, aber auch in der Kultur.

Humanwissenschaftler könnten aus Sheldrakes Modell möglicherweise erheblichen Nutzen ziehen, ohne darum, wie es bei früheren Übernahmen naturwissenschaftlicher Erkenntnisse oft der Fall war, die Eigenarten des Menschlichen verbiegen zu müssen; denn offenbar kann dieses Modell ja den verschiedensten Seinsebenen angepaßt werden. So ist es wohl mehr als Zufall, daß die These von der morphischen Resonanz nach der Publikation von Sheldrakes erstem Buch gerade durch Experimente mit Menschen, also unter Bezug auf die menschliche Psyche, geprüft (und anscheinend vielfach bestätigt) wurde[20].

In der Zukunft könnte der Gedanke, daß Vergangenheit über Chreoden gegenwärtig zu werden vermag, in allen historischen Disziplinen neue und bedeutungsvolle Aspekte eröffnen. Speziell in der Literaturwissenschaft mag er zu einer erheblichen Vertiefung der Geschichte der Gattungen führen. Im übrigen scheint es, daß hier die Möglichkeit besteht, das Phänomen der morphischen Resonanz auf besondere Weise zu illustrieren.

Dichtungen stellen, wie schon Aristoteles erkannt hat, nicht die historische Wirklichkeit dar, sondern handeln von dem, was hätte sein können, also von einer (sinnhaften) Möglichkeit. Die menschliche Psyche ist anscheinend wie zum Produzieren und Rezipieren von Sprache überhaupt, so auch zu dem von spezifisch dichterischer Sprache immer schon begabt[21]. Jedenfalls sorgen Dichter allenthalben wie selbstverständlich dafür, daß ihr Text von der Wirklichkeit unabhängig bleibt und sich selbst zu tragen vermag. Dazu wenden sie das Prinzip der variierenden Wiederholung an, das weitgehend dem der morphischen Resonanz entspricht. Man kann es in Dichtungen besonders deutlich an den sie durchziehenden Bild- oder Motivketten erkennen.

Diesen Überlegungen weiter nachzugehen, ist hier nicht der Ort. Ich muß mich nun der Komponentenanalyse zuwenden.

6. Das Sinnganze in der Humanwissenschaft

Texte stellen Gedanken dar, also etwas Geistiges, aber sie lassen diese in einer materiellen Form erscheinen, in derjenigen der Schrift. Vor allem dadurch sind sie der wissenschaftlichen Erforschung zugänglich. Die Schrift aber ist aufgeteilt in einzelne Zeichen oder Zeichengruppen, die auf sprachliche

Elemente verweisen, auf Wörter. Für den Textforscher sind diese Elemente das, was er unmittelbar vorfindet.

Nun war auf vorwissenschaftliche Weise immer schon bekannt, daß ein Text nicht nur aus den Wörtern besteht, sondern auch aus einem sie verbindenden Zusammenhang. Wissenschaftliche Bedeutung wurde diesem Umstand aber bemerkenswerterweise gerade in der Zeit um 1900 zugemessen, in der Zeit, in der Hans Driesch sich veranlaßt sah, den aristotelischen Gedanken der Entelechie wiederaufzunehmen, und in der Albert Einstein die Immaterialität des elektromagnetischen Feldes erkannte. In derselben Zeit wurde übrigens auch der Begriff der „Gestalt" in jener Bedeutung geprägt, die ihm dann in der Gestaltpsychologie, auf die Sheldrake sich bezog, eigen sein sollte. In einer Auseinandersetzung mit dem Positivismus, der nichts als existent gelten lassen wollte, das nicht als Faktum oder als mechanische Kausalität nachweisbar war, demonstrierte Christian von Ehrenfels am Beispiel einer kleinen Melodie, die von einer Tonart in eine andere transponiert werden kann, ohne daß auch nur ein einziges Element (hier: ein Ton) wiederkehrt, unwiderleglich die Existenz eines überfaktischen und akausalen Zusammenhangs, eben der „Gestalt"[22].

Im Hinblick auf Texte erörterte diesen Zusammenhang damals Wilhelm Dilthey. Anlaß dafür gab ihm die Einsicht, daß die in der Naturwissenschaft so erfolgreiche Orientierung am Prinzip der mechanischen Kausalität im Bereich der Kultur unter Umständen irreführend ist, weil hier auch die freie Schöpfung zur Geltung kommt, welche die Mechanik der Kausalität durchbricht. Die Dichtung schien dem Philosophen Dilthey für das Studium des Schöpferischen besonders geeignet zu sein. Darum befaßte er sich intensiv mit Problemen der Literaturtheorie [23].

Er räumte ein, daß bei einem Text bei weitem nicht alles neu geschaffen sei; die Einzelteile übernehme ein Dichter vielmehr normalerweise aus der Tradition. Völlig neu, und darum ganz und gar unableitbar, sei einzig der Gesamtzusammenhang, das „Ganze des Sinns". Mit dieser Bezeichnung meinte er dasselbe wie Ehrenfels mit „Gestalt" und wohl etwas Ähnliches wie Driesch mit der Entelechie und Einstein mit dem immateriellen Feld.

In der Geschichte der Literaturwissenschaft wurde Diltheys Theorie vor allem deshalb wichtig, weil er aufzuzeigen suchte, wie das in seiner Unableitbarkeit erwiesene Sinnganze eines Textes für die wissenschaftliche Forschung doch erschlossen werden könne. Ähnlich wie Driesch griff er dabei auf eine Vorstellung zurück, die Aristoteles entwickelt hatte. Ihr zufolge gilt für ein Ganzes, daß es immer anderes und mehr ist als die Summe seiner Teile. Dilthey erklärte nun, die vom Ganzen wesensverschiedenen Teile enthielten Hinweise auf dieses. Der Forscher müsse ihnen nachgehen und von ihnen aus eine Hypothese über die Beschaffenheit des Ganzen entwerfen. Hierauf sei es nötig, zu den Teilen zurückzukehren und zu prüfen, ob diese sich alle als Spezifikationen des in der Hypothese beschriebenen Zusammenhangs verstehen ließen. Sei dies nicht der Fall, so werde eine Revision der Hypothese nötig. Das Verfahren sei so lange fortzusetzen, bis für alle Teile eine befriedigende Deutung erreicht sei.

Aus diesen Anweisungen wurde die literaturwissenschaftliche Methode der Werkinterpretation entwickelt. Sie führte vielfach zu einer erheblichen Vertiefung des Textverständnisses. Aber seit etwa der Mitte des Jahrhunderts breitete sich die Einsicht aus, daß das Interpretieren mehr mit einer subjektiven Kunst als mit einer objektiven Wissenschaft gemeinsam habe. Wissenschaftliches Denken vollzieht sich ja immer in der Weise, daß ein bestimmtes Phänomen auf eine bereits geklärte allgemeine Kategorie bezogen und als Spezifikation von ihr begriffen wird. In dieser Weise können die Teile eines Textes vom Sinnganzen her, sobald es in seiner Eigenart erkannt ist, erklärt werden. Aber worin besteht das Allgemeine, als dessen Spezifikation das Sinnganzes selbst aufzufassen wäre? Es müßte seinen Ort nicht wie die Teile unterhalb, sondern oberhalb des Ganzen haben. Da aber, sagte man sich jetzt, kann es etwas Allgemeines gar nicht geben; denn ein Sinnganzes ist nicht nur neu-, sondern auch einzigartig. Manche Forscher wurden bereit, das Sinnganze als irrational anzuerkennen und also als für die wissenschaftliche Vernunft prinzipiell verschlossen[24]. Damit geriet die Literaturwissenschaft, deren Hauptaufgabe ja die Erforschung von Texten ist, in eine tiefe Krise. Als Versuch zu deren Überwindung wurde die Komponentenanalyse entwickelt.

7. Die Komponentenanalyse

Dieses literaturwissenschaftliche Verfahren weist eine gewisse Verwandtschaft mit Waddingtons biologischer Theorie auf, der zufolge die bis dahin als rein statisch gedachten morphogenetischen Felder doch so beschaffen sind, daß in ihnen Chreoden sich bilden können und also ein Moment von Zeit erhebliche Bedeutung erlangt. In der komponentialanalytischen Theorie wird vom Sinnganzen gesagt, es sei in sich selbst gegliedert in mehrere Komponenten und diese stellten einen Prozeß dar; sie bestünden nämlich aus zwei gegensätzlichen Kräften und einem aus deren Zusammenwirken hervorgehenden Resultat. Von dieser Grundthese aus konnte eine Überwindung der durch die Methode der Werkinterpretation heraufgeführten Krise deshalb erwartet werden, weil die komponentiale Gliederung, wenn sie denn wirklich existiert, ein innerhalb eines jeden Textes selbst erscheinendes Allgemeines ist, auf das jede Hypothese über ein spezielles Sinnganzes zum Zweck der Prüfung bezogen werden kann.

Daß eine solche rationale Erschließung von Sinnganzheiten tatsächlich möglich ist, zeigte sich bei ersten Experimenten im Jahre 1963 und es wurde dann in einer 1967 eingereichten und 1968 angenommenen Marburger Habilitationsschrift an zahlreichen Beispielen demonstriert[25]. In der Folge erwies sich auch, daß das Verfahren durchaus lehrbar ist. Eine wachsende Zahl vor allem jüngerer Literaturwissenschaftler wandte es auf deutschsprachige Texte an, in Stichproben auch auf Texte aus anderen europäischen Sprachen, außerdem auch auf arabische, türkische, japanische, koreanische. Sogar ein „Handbuch" wurde erarbeitet, in dem die nötigen oder möglichen Operationen der komponentialen Analyse genau beschrieben wurden, und dies liegt inzwischen auch in einer japanischen Ausgabe vor [26].

Bemerkenswerterweise hat sich inzwischen jedoch ebenfalls gezeigt, daß zur Anerkennung der komponentialanalytischen Theorie - die ich soeben nur in der allerknappsten Form angedeutet habe - kaum jemand bereit wird, der sich nicht selbst auf ein eigenes praktisches Experiment eingelassen hat und dem es dabei nicht widerfuhr, daß ihm die komponentiale Sinnstruktur selbst vor Augen trat. So einfach die Theorie der Komponentenanalyse in ihren Grundzügen auch ist, stehen ihrer Rezeption doch erhebliche Schwierigkeiten entgegen.

Eine erste besteht in einer Denkgewohnheit, die altehrwürdig und unzählige Male bestätigt worden ist. Ich meine jene, auf die Dilthey zurückgriff, als er seine Theorie vom - später dann so genannten - „hermeneutischen Zirkel" der Textinterpretation entwickelte. An der darin angesetzten Zweiheit von einerseits den Teilen und andererseits dem Ganzen orientierte sich auch Ehrenfels beim Entwurf seiner Gestalttheorie, und ebenso dann im späteren 20. Jahrhundert die Vertreter der Systemtheorie oder der Holistik. In der Theorie der Komponentenanalyse wird demgegenüber die Auffassung vertreten, daß es nötig sei, bei einem Text - oder auch bei anderen von einer Ganzheit geprägten Phänomenen - nicht zwei, sondern drei ontologische Ebenen zu unterscheiden: eine erste mit isolierbaren Elementen (den Wörtern), eine zweite mit Beziehungen zwischen den Elementen (den in Regelmäßigkeiten z.B. der Syntax oder der Poetik etc. gründenden Wiederholungsstrukturen) und eine dritte, auf der die universale komponentiale Sinnstruktur in einer jeweils neuartigen Spezifikation erscheint. Man kann dieses Modell leicht illustrieren durch einen Verweis auf das Schachspiel. Bei ihm werden die Elemente durch die einzelnen Figuren dargestellt, die Beziehungen der Ebene II durch das Geflecht der Figurenrelationen, das sich mit jedem Zug verschiebt, und die Ebene III durch die zwei Parteien Weiß und Schwarz und das vom ersten Zug an sich bildende Ergebnis des Spiels. (S. Abb. 1)

Dieses Modell ist genauer als das Zwei-Stufen-Modell. Noch nie habe ich einen sachlichen Einwand gegen es gehört. Wenn es gleichwohl Schwierigkeiten bereitet, so zunächst wohl einfach, weil das aristotelische etwas wie eine Chreode gefurcht hat, durch die das Denken wie von selbst läuft. Dazu kommt aber noch etwas anderes.

Solange man sich am aristotelischen Modell orientiert, kann man sich vorstellen, das Ganze unterscheide sich von den Teilen dadurch, daß es sich

Abb. 1

Die drei Ebenen eines Textes.
illustriert durch das Schachspiel

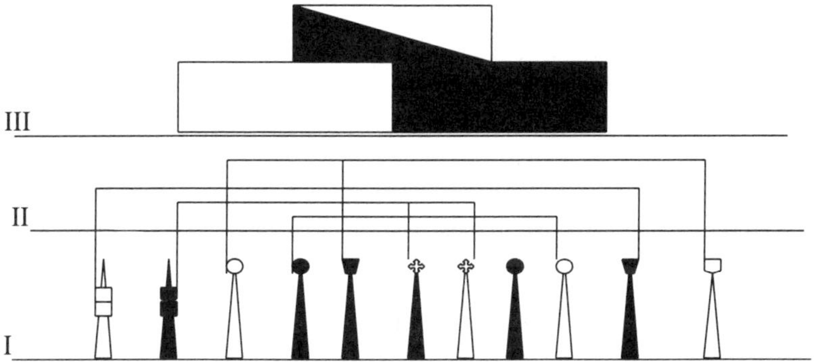

I Isolierte Elemente (= Figuren)
II Relationen zwischen Elementen und Relationenbündel (Beziehungen zwischen Figuren)
III Das Sinnganze (=die zwei Parteien und das Spielergebnis)

---

von den Elementen, - bei Texten: den Wörtern - abhebe. Dann faßt man als das Ganze die Gesamtheit dessen auf, was man oberhalb der Elemente antrifft, nämlich der Bezüge. Was Bezüge sind, kann man sich durch Beispiele - syntaktische Strukturen, poetologische Strukturen etc. - vor Augen führen. Dadurch bleibt man in engem Kontakt mit jenem materiellen Block, als der uns jeder Text mit seinen Schriftzeichen erscheint. Beim Drei-Ebenen-Modell aber hört diese Möglichkeit mit der dritten Ebene auf. Und wohin gelangt man, wenn man bis zu ihr aufsteigt?

Es scheint, daß die Komponentenanalyse alle, die an ihr Interesse nehmen, einem horror vacui aussetzt. Bisher konnte der Schreck vor der Leere wohl immer nur durch die praktische Erfahrung überwunden werden, daß gerade in dieser Leere die komponentiale Sinnstruktur aufleuchtet. Nach der

Erörterung von Sheldrakes Theorie eröffnet sich jedoch noch eine weitere Möglichkeit.

8. Die komponentiale Sinnstruktur und das morphische Feld

Das Phänomen des Sinnganzen eines Textes entspricht zweifellos Sheldrakes Kriterien eines morphischen Feldes. Wie dargetan, gilt von jedem solchen Feld, daß es innerhalb stabiler materieller Verhältnisse erscheint, jedoch einen immateriellen Charakter hat. Wenn die komponentiale Sinnstruktur auf der Ebene III eines Textes und damit jenseits seiner materiellen Verhältnisse hervortritt, so muß sie darum nichts Gespenstisches an sich haben. Sie darf als genauso natürlich gelten wie alle anderen morphischen Felder, die als immaterielle Kräfte in unsere materielle Welt hineinwirken.

Vielleicht kann eine Kenntnis von Sheldrakes Theorie in Zukunft komponentialanalytischen Anfängern den Einstieg erleichtern. Außerdem könnte sie möglicherweise helfen, eine Irritation zu mildern, der Komponentialanalytiker ausgesetzt zu sein pflegen, auch wenn sie bereits über einschlägige Erfahrungen verfügen und wissen, daß man sich vor der Leere nicht fürchten muß.

Die komponentiale Struktur manifestiert sich, wie ich zu erläutern versuchte, als ein Prozeß, also an einem Moment ausgesprochen zeithafter Art. Aber steht, was sich an dieser Struktur zeigt, nicht in einem Gegensatz zu allem, was sonst über die Zeit zu erfahren ist? Diese Frage wird man sich bei der komponentialanalytischen Arbeit nicht fortwährend stellen, aber transformiert in ein Unbehagen, mag sie diese doch lange begleiten. Der Anlaß dazu hat sich sicherlich noch verstärkt, seitdem in der ersten Hälfte der siebziger Jahre deutlich wurde, daß es möglich und sogar ratsam ist, die gegensätzlichen Grundkomponenten dadurch auf allgemeine Weise zu qualifizieren, daß man die eine als eine Neuerungskraft auffaßt, die andere als ein Bisher, über das die Neuerungskraft hinausdrängt. Inzwischen ist es üblich geworden, die Neuerungskraft als die „Potentialkomponente" zu bezeichnen, das Bisher als die „Aktualkomponente". In diesem Zusammenhang stellt sich die dritte Komponente, die „Resultativkomponente", als die Neuerung dar, die das Bisher einer bestimmten Vergangenheit überschreitet

Die Erörterung von Sheldrakes Begriff der morphischen Resonanz gab schon Anlaß zu der Feststellung, daß die Physik, indem sie die Zeit mit Instrumenten mißt, diese als einen Fluß des Vergehens deutet. Die modernen Lebensverhältnisse, die in hohem Maße vom Bezug auf die Uhrzeit bestimmt werden, bestätigen uns diese Deutung Tag um Tag. Wenn nun die Komponentenanalyse dazu anhält, Zeit ganz anders zu denken, nicht als Vergehen, sondern als Neuerung, so mag das Unbehagen bisweilen in die Befürchtung umschlagen, daß man sich auf eine Phantasterei eingelassen habe.

Diese wird man um so ernster nehmen, wenn man sich darüber im klaren ist, daß humanwissenschaftliche Aktivitäten immer wieder Anlaß zur Bildung wirklichkeitsfremder Ideologien gegeben haben. In dieser Situation könnte sich nun Sheldrakes Theorie abermals als hilfreich erweisen, und wiederum gerade, weil sie aus Gegebenheiten naturwissenschaftlicher Art entwickelt wurde und an solchen geprüft werden kann. Wenn das naturwissenschaftliche Phänomen der morphischen Resonanz wirklich existiert, so wird dadurch bewiesen, daß es die von der Komponentenanalyse vorausgesetzte, mit Uhren nicht meßbare Zeit tatsächlich gibt.

Sheldrakes Theorie könnte also Komponentialanalytikern nicht nur über den horror vacui hinweghelfen, sondern auch über die Befürchtung, einem Zeitphantom zu verfallen. Allerdings gab die Erörterung der morphischen Resonanz Anlaß, von einer Vergegenwärtigung von Vergangenem zu sprechen, und also nicht von Neuerung. Aber das bedeutet keinen Gegensatz zu den Vorstellungen der Komponentenanalyse. Sheldrake führte ja auch aus, daß ein in der Vergangenheit entstandenes morphisches Feld dadurch, daß es bei einem morphischen Keim gegenwärtig wird, diesen in den Stand setzt, sich zu einem neuen morphischen Feld zu entwickeln. Dieser Gedanke aber steht der komponentialen Sinnstruktur so nahe, daß er ohne weiteres in sie übersetzt werden kann: Das alte morphische Feld entspricht dem Bisher der Aktualkomponente, der morphische Keim der Neuerungskraft der

Abb. 2

Neuartiges
Resultativkomponente
Neues morphisches Feld

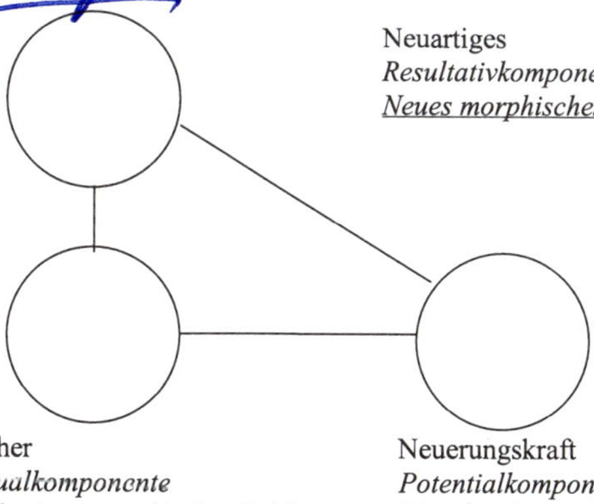

Bisher
Aktualkomponente
Bisheriges morphisches Feld

Neuerungskraft
Potentialkomponente
Morphischer Keim

Potentialkomponente, das durch morphische Resonanz entstehende neue morphische Feld der Neuartigkeit der Resultativkomponente (s. Abb. 2.) Allerdings läßt die morphische Resonanz nur einen ersten Aspekt der Neuerungszeit sichtbar werden.

9. Zum naturwissenschaftlichen Problem der qualitativen Neuerung

Die Vervielfältigung morphischer Felder durch die morphische Resonanz setzt die Existenz eines ersten Feldes einer bestimmten Art voraus. Dieses muß selbstverständlich ebenfalls eine Ursache haben. Die Theorie der Formbildung durch morphische Resonanz vermag diese jedoch nicht aufzuweisen. Sheldrake betonte dies nachdrücklich:

> „Die morphischen Felder eines bestimmten Organismus, etwa einer Sonnenblume, werden durch Einflüsse geformt, die von früheren Generationen von Sonnenblumen ausgehen. Morphische Resonanz erklärt jedoch nicht, wie die ersten Felder dieser Art entstanden. Ohne Frage sind Sonnenblumenfelder eng verwandt mit den Feldern anderer Arten der Gattung *Helianthus*, zum Beispiel mit denen des Topinambur, und es ist auch nicht zu bezweifeln, daß sie von den Feldern einer langen Reihe von Ahnen-Arten stammen. Wie aber die Felder der Gattung *Helianthus* oder der Familie der Korbblütler, der sie angehört, oder der ersten Blütenpflanzen oder überhaupt der ersten lebendigen Zellen entstanden, läßt sich mit der Hypothese der Formbildungsursachen nicht erklären.“[27]

Allerdings gab sich Sheldrake mit dieser Feststellung nicht zufrieden, sondern suchte nach einem Ansatz, der erlauben würde, auch diese Ursache zu erkennen. Dabei stieß er jedoch auf Schwierigkeiten.

Von ihnen ahnten, wie er darlegte, die Begründer der modernen Naturwissenschaft noch nichts. Für sie alle bis hin zu Galilei, Descartes und Newton galt als selbstverständlich, daß der Anfang der ganzen Welt, und auch der von allen materiellen und geistigen Dingen in ihr, vom Willen Gottes verursacht wurde. Über ihn nachzudenken, erschien ihnen ebenso unmöglich wie überflüssig. Sie nahmen ihn einfach hin und beschränkten sich darauf, die Gesetze zu erforschen, die er begründet hatte.

An dieser Einstellung änderte sich nichts, als sich im 18. und 19. Jahrhundert unter den Naturwissenschaftlern mehr und mehr die Ansicht durchsetzte, daß eine Bezugnahme auf Gott und seinen Willen für die Erforschung der Naturgesetze ohne praktische Bedeutung sei, weswegen man auf sie besser verzichte. Da man nun vom Ursprung der Naturgesetze gar nicht mehr sprach, behandelte man diese, als bestünden sie immer schon, von Ewigkeit her.

Dieses Verhalten erwies sich, wie Sheldrake betonte, für die Physik erst vor kurzer Zeit, seit den sechziger Jahren des 20. Jahrhunderts, als verfehlt. Seither muß angenommen werden, daß das Universum nicht immer schon existierte, sondern einmal, durch den „Urknall“, entstanden ist. Damit thematisierte die Physik das Problem des Anfangs erstmals in einem spezifisch wissenschaftlichen Zusammenhang.

Sheldrake wies darauf hin, daß dieser Sachverhalt als merkwürdig erscheinen muß, wenn man bedenkt, daß das Problem schon seit dem 18. Jahrhundert mit dem Fortschrittsdenken aufgetaucht war, das ja dann eine enorme gesellschaftliche Wirkung - nicht zuletzt dank der praktischen naturwissenschaftlichen Fortschritte - ausüben sollte, und daß es auch im biologischen Teil der Naturwissenschaft zumindest seit Darwins Evolutionstheorie eine außerordentliche Bedeutung erlangte. Dieser Verspätung wegen lagen, anders als beim Phänomen „Feld", bei dem des Phänomens „Anfang" in der Physik noch keine entscheidenden Gesichtspunkte vor, die hätten übernommen werden können. Als Naturwissenschaftler sah sich Sheldrake bei diesem Problem in erster Linie an seinen biologischen Kollegen Charles Darwin verwiesen.

Zufolge dessen Evolutionstheorie wird der Anfang einer neuen Art bekanntlich durch das Zusammenwirken von zwei Naturgesetzen verursacht. Das erste besteht in der Notwendigkeit zum Kampf ums Dasein der einzelnen Exemplare einer Art, erzwungen durch den Umstand, daß die Mittel zur Erhaltung des Lebens nicht für alle ausreichen. Das zweite Gesetz äußert sich in der zufälligen Variation der individuellen Eigenschaften, die dazu führt, daß manche Exemplare mit den jeweiligen Lebensbedingungen besser zurechtkommen als andere. Bei diesen Voraussetzungen liegt es auf der Hand, daß nur die gut angepaßten Exemplare überleben und sich fortpflanzen können, daß es also innerhalb einer Art fortgesetzt zu einer „natürlichen Zuchtwahl" kommt. Da durch sie immer die für den Kampf ums Dasein am besten geeigneten Exemplare selektiert werden, vollzieht sich, wie Darwin darlegte, innerhalb einer Art eine Entwicklung nach oben und diese mündet schließlich in die Entstehung einer anderen, höheren Art.

Sheldrake stellte fest, daß diese Theorie das Hervortreten neuer morphischer Felder nicht zu erklären vermag. Schon seit der ersten Entdeckung von Feldern durch Faraday habe sich gezeigt, daß ein Feld eine in sich geschlossene Ganzheit darstelle.

> „Solche Felder haben etwas Kontinuierliches und Ganzheitliches. Man kann sie nicht zerstückeln wie materielle Dinge. Durchtrennt man den Magneten in der Mitte, so hat jetzt nicht etwa jedes der beiden Bruchstücke die Hälfte des ursprünglichen Feldes, das auf der Höhe der Bruchstelle abrupt endet, sondern jedes Teil wird wiederum ein vollständiger Magnet, umgeben von einem vollständigen Feld."[28]

Zum Wesen der Ganzheit gehört es, daß sie nie in Teile aufgelöst und ebensowenig aus Teilen aufgebaut werden kann.

> „Solche Felder sind Ganzheiten, und eben weil sie nicht in Teile zerlegbar sind, müssen sie plötzlich erscheinen. Ganzheiten jeder Größenordnung können nur ganz oder gar nicht existieren wie die Quanten der Physik; es liegt in ihrer Natur, daß sie nicht nach und nach ins Sein treten können."[29]

Das bedeutet keineswegs, daß ein neues Feld mit einem früheren nicht auch durch Gemeinsamkeiten verbunden sei. Im neuen kehren durchaus Bestandteile des älteren wieder, aber diese gehören nun einem Gesamtzusammenhang an, der zuvor noch nicht bestand.

> „Natürlich gibt es daneben auch eine Kontinuität neu entstandener morphischer Felder mit Früherem. Alle neuen Felder umfassen untergeordnete morphische Einheiten, die bereits früher existierten und nun durch die übergeordnete Organisationskraft des neuen Feldes zueinander in Beziehung treten. (...) <N>eue Strukturen enthalten alte, sind aber trotzdem neu und entstehen urplötzlich; ihre Ganzheit und Unteilbarkeit läßt kein allmähliches Auftreten zu."[30] „<Das> Erscheinen eines neuen Feldes <bedeutet> zwangsläufig einen Sprung."[31]

Zwischen dieser Einsicht und Darwins Theorie besteht ein unversöhnlicher Gegensatz. Aber bewährt hat sich letztere, meinte Sheldrake, ohnehin ja nur zur Erklärung kleinerer Variationen, jedoch keineswegs im Hinblick auf die großen qualitativen Wandlungen in der Stammesgeschichte.

> „Solange es nur um Spielarten, Rassen oder Unterarten geht, die durch Anpassung an lokale Lebensbedingungen entstehen, ist diese Idee plausibel und weitgehend anerkannt. Die Schwierigkeit beginnt für Darwin und seine Nachfolger erst da, wo nach der Entstehung ganzer Arten oder gar Gattungen und Familien, also nach den übergreifenden Kategorien des Lebendigen gefragt wird. Daß auch diese durch schrittweise Evolution über lange Zeiträume entstanden sein können, ist immer wieder bezweifelt worden. Warum, so muß man sich fragen, kommen Pflanzen und Tiere als ganz bestimmte Typen vor - Farne und Koniferen, Insekten und Vögel -, anstatt ein kontinuierliches Spektrum lebendiger Formen zu bilden?
>
> Die fossilen Funde haben eigentlich immer mehr für die Ansicht gesprochen, daß neue Lebensformen plötzlich oder zumindest sehr rasch entstanden sind. Darwin und die Darwinisten haben jedoch stets behauptet, dieser Eindruck sei nur auf die Lückenhaftigkeit dieser Funde zurückzuführen. Dieses Argument ist immer wieder in Frage gestellt worden, und gerade heute vertreten führende Paläontologen eine ganz andere Auffassung:
>
> ‚Die fossilen Zeugnisse - eine reiche und lange Zeit kaum genutzte Informationsquelle - zwingen uns heute, den überkommenen Evolutionsbegriff zu revidieren. Es zeigt sich nämlich, daß zahllose Arten die Erde für Millionen von Jahren bewohnt haben, ohne sich merklich zu entwickeln. Auf der anderen Seite hat es große evolutionäre Neuerungsperioden gegeben, in denen neue Arten sehr rasch aus alten hervorgingen. Kurzum, die Evolution vollzieht sich in Schüben und Sprüngen.‘ < Steven M. Stanley>".[32]

Sheldrake führte die Einwände gegen Darwins Evolutionstheorie als Bestätigung seines eigenen Grundeinwands an. Dieser aber besagt ganz einfach, daß Arten zu morphischen Feldern gehören und daß ein solches sich nie stückchenweise und langsam bildet, sondern immer als ein Ganzes und darum auf einmal hervortritt.

Zur Kennzeichnung der von ihm gemeinten blitzartigen Neuerung hätte Sheldrake den 1973 von Konrad Lorenz vorgeschlagenen Begriff „Fulguration“ aufnehmen können. Lorenz, der sich noch 1963 in dem Buch „Das sogenannte Böse“ als entschiedener Neodarwinist bekannt hatte („Die Selektion ist der eine von den beiden großen Konstrukteuren des Artenwandels, der andere, der ihr das Material liefert, ist die Erbänderung oder Mutation“[33]), war inzwischen zu der Einsicht gelangt, daß die Stammesgeschichte eine Geschichte von ganzheitlichen Lebenssystemen ist, die sich nur in Sprüngen vollziehen kann. Da der Begriff „Evolution“ diesen Sachverhalt geradezu verdeckt, schlug er in dem Buch „Die Rückseite des Spiegels“ vor, ihn zu ersetzen und griff zu diesem Zweck das lateinische Wort „fulguratio“ = Blitzstrahl auf.

Wie Lorenz anmerkte, haben „theistische Philosophen und Mystiker des Mittelalters“ diesen Ausdruck „für den Akt einer Neuschöpfung“ geprägt, um „die unmittelbare Einwirkung von oben, von Gott her, zum Ausdruck <zu> bringen“[34]. Er selbst hielt die Frage nach der Identität der Kraft, von der die Fulgurationen ausgehen, offen, auch noch in seinem letzten Buch von 1983[35]. Sheldrake erklärte 1981, in seinem ersten Buch, es gebe drei Möglichkeiten, die Ursprungskraft zu deuten, doch sei die empirische Wissenschaft nicht in der Lage, Entscheidungsgründe aufzuweisen:

> „Wir könnten den Ursprung neuer Formen entweder dem kreativen Handeln einer die Natur durchdringenden und sie transzendierenden Instanz zusprechen, ihn auf einen der Natur immanenten kreativen Impuls zurückführen oder ihn einem blinden und sinnlosen Zufall überlassen. Eine Entscheidung über diese metaphysischen Möglichkeiten könnte jedoch niemals auf der Basis einer empirisch überprüfbaren wissenschaftlichen Hypothese erfolgen. Aus der Sicht der Naturwissenschaft muß die Frage nach der evolutionären Kreativität unbeantwortet bleiben.“[36]

In den folgenden Jahren revidierte Sheldrake diese Auffassung. Das anhaltende Nachdenken über die Eigenart morphischer Felder scheint ihn zu der Auffassung geführt zu haben, daß der blinde Zufall als Ursache völlig unwahrscheinlich sei. Jedenfalls kam er auf ihn nicht mehr zurück, als er der Frage nach der Ursprungskraft im Jahre 1990 genauer nachging.

Wenn er dazu in der Lage war, so nicht, weil es ihm entgegen der 1981 geäußerten Ansicht doch noch möglich geworden wäre, für diese Frage relevante Phänomene in der Natur aufzuspüren. Die neuen Gesichtspunkte verdankte er der Auseinandersetzung mit der Geschichte der Naturwissenschaft, also nicht mit der Natur selbst, sondern mit dem, was Menschen über die Natur dachten. Das bedeutet, daß für ihn die humanwissenschaftlichen Momente der Naturwissenschaft Bedeutung erlangten.

Entscheidend war für ihn der oben schon erwähnten Sachverhalt, daß die Begründer der modernen Naturwissenschaft als Schöpfer der Welt Gott ansetzten und die Welt als eine große Maschine interpretierten. Er hatte gravierende Auswirkungen auf das menschliche Bedürfnis, in der Natur auch die Erscheinung höherer Mächte zu verehren. Diesem war bis dahin durchaus auch im Christentum Rechnung getragen worden. Nun aber wurde alle Heiligkeit Gott als dem Konstrukteur der Weltmaschine zugesprochen. Allmählich freilich starb der Bezug auf ihn für die Naturwissenschaftler ab, da er in die von ihm in Gang gesetzte Maschine ja nicht mehr eingreifen konnte, und deren Funktionieren ins Zentrum des Interesses gerückt war. Dieser Bezug kann nun, so erklärte Sheldrake, nicht wiederbelebt werden, wenn die jüngere Naturwissenschaft erkennt, daß die Natur auch noch etwas ganz anderes ist als eine bloße Maschine:

> „Wenn der Kosmos in seiner Gesamtheit eher ein sich entwickelnder Organismus ist als eine ewige Maschine, dann hat der Gott der Weltmaschine einfach ausgedient.“[37]

Indem Gott als Maschineningenieur verschwindet, hebt die Natur an, jenseits ihrer maschinenhafte Aspekte wie früher wieder in Zügen der Heiligkeit zu erscheinen. Diesen bedeutsamen geschichtlichen Vorgang sprach Sheldrake im Titel seines 1990 erschienenen Buches an: „The Rebirth of Nature“. Der deutsche Untertitel dieses Buches lautet: „Wissenschaftliche Grundlagen eines neuen Verständnisses der Lebendigkeit und Heiligkeit der Natur“.

Im Zusammenhang dieser Thematik ging Sheldrake auch der Frage nach, ob zu erwarten sei, daß die in ihrer Heiligkeit wiedergeborene Natur auf dem Weg sei, Gott völlig zu ersetzen. Das würde dazu führen, daß die Natur mehr und mehr jene Bedeutung übernähme, die in manchen früheren Kulturen der Großen Mutter zugesprochen worden war. Die Verabschiedung Gottes als des Großkonstrukteurs konnte diese Annahme nahelegen. Doch Sheldrake gab folgendes zu bedenken.

> „In einer mechanistischen Welt ist Naturverehrung sinnlos. Welche persönliche Beziehung sollte man zu einem blinden, mechanischen Prozeß oder zum blinden Zufall haben? (...) In einer lebendigen Welt dagegen besitzt die Natur lebendige Kräfte, die denen des Menschen weit überlegen sind. (...) Nur: Wenn die Natur die Große Mutter ist und es keinen Vater gibt, dann existiert eigentlich nur das weibliche Prinzip. Ein Bild, das nur eine allmächtige Große Mutter zeigt, ist ebenso unausgewogen wie eines, auf dem nur ein allmächtiger Vater zu sehen ist. (...) <Die> Metaphern von Mutterschaft und Vaterschaft lassen eine solch einseitige Sicht nicht zu. (...) <Die> Schlußfolgerung <sollte> naheliegen, daß alles von beiden kommt. Und das ist ja auch in weiten Teilen der Welt die traditionelle Anschauung. Wenn die Erde das Reich der Mutter ist, ist der Himmel das Reich des Vaters, und alles Leben hängt von ihrer gegenseitigen Beziehung ab. Oder wenn das weibliche Prinzip der kosmische Energiestrom ist, dann ist das männliche Prinzip der Ursprung von Form und Ordnung.“[38]

Wer dieser Überlegung folgt, sieht sich veranlaßt, die Idee Gottes ernst zu nehmen, gerade auch unter wissenschaftlichen Gesichtspunkten. Allerdings wäre Gott nun sehr viel anders zu denken, als einst bei den Begründern der modernen Naturwissenschaft, nicht als ein Maschinenbauer, sondern als ein „evolutionärer Gott“[39], als eine hohe geistige Macht, die am Prozeß der Evolution oder, mit Lorenz, der „Fulguration“ mitwirkt.

Nun war es nicht von ungefähr gekommen, daß Sheldrake zunächst die Auffassung vertreten hatte, die Naturwissenschaft könne über die Ursache von morphischen Feldern gar nicht urteilen. Die Neuerungen der Stammesgeschichte haben sich vor sehr langer Zeit zugetragen und ihre Zeugnisse sind lückenhaft und oft auch undeutlich. So scheint sich Sheldrake gesagt zu haben, daß sich das Phänomen der Neuentstehung von morphischen Feldern besser als in der Natur in der Kultur studieren lasse. Schon in dem Buch „Das Gedächtnis der Natur“ von 1988 wies er darauf hin, daß Thomas S. Kuhns „Paradigmen“ der Wissenschaft als morphische Felder gedeutet werden können und darum das Phänomen „Paradigmawechsel“ relevant sei für die Erforschung des Anfangs eines neuen Feldes:

> „Wenn wir Paradigmen als morphische Felder interpretieren, so ersetzen wir damit nicht bloß einen Begriff durch einen anderen, sondern stellen Kuhns Einsichten in den übergreifenden Zusammenhang der Formenbildung. Die Stabilisierung solcher Felder durch morphische Resonanz macht die Kontinuität und den Konservativismus wissenschaftlicher Traditionen verständlich. (...) Das Auftreten neuer morphischer Felder, neuer Paradigmen, ist durch das, was bisher geschah, nicht gänzlich zu erklären. Neue Felder beginnen als Einsichten, Intuitionen, Vermutungen, Ahnungen und Hypothesen - sie sind wie geistige Mutationen. Neue Assoziationen oder Beziehungsmuster entstehen urplötzlich in einer Art ‚Gestalt-Umschaltung‘. Von Wissenschaftlern hört man immer wieder, daß es ihnen ‚wie Schuppen von den Augen fiel‘; sie sprechen von ‚Geistesblitzen‘, die Licht auf ein bis dahin dunkles Problem werfen, so daß dessen Komponenten nun auf ganz neue Weise gesehen werden können. Manchmal kommt die ‚Erleuchtung‘ im Schlaf.“[40]

In dem Buch von 1990 kam Sheldrake auf diese Überlegungen zurück und legte dar, daß Kreativität „nicht einfach eine Bewegung von unten nach oben“ sei, „bei der neue, komplexere Formen in spontanen Sprüngen aus einfacheren hervorgehen; sie ist ebenfalls eine Abwärtsbewegung, das schöpferische Wirken von Feldern einer höheren Ordnung.“[41] Ins Zentrum seines Nachdenkens trat mehr und mehr die Vermutung, daß der Vorgang der Neuerung als eine Art von Koproduktion von irdischen Kräften in der Natur oder in der Menschheit und einer göttlichen Inspirationskraft zu denken sei. Zur selben Annahme führten auch die Ergebnisse der komponentialanalytischen Forschung.

10. Zum humanwissenschaftlichen Problem der qualitativen Neuerung

Wilhelm Dilthey, dessen um 1900 entstandenes Werk in ähnlicher Weise eine Voraussetzung für die Komponentenanalyse ist wie das von Hans Driesch für die Theorie der morphischen Felder, veröffentlichte im Jahre 1910, kurz vor seinem Tod, eine Schrift, in der er seine allmählich erarbeitete Sicht vom „Aufbau der geschichtlichen Welt" zusammenfassend beschrieb. Er legte dar, daß „das Problem der Bedeutung und des Sinns in der Geschichte" sich löse in der „Zentrierung der Zeitalter und Epochen in sich selbst".[42] Von den Zeitaltern oder Epochen sagte er sodann, daß sie ihr Hervortreten der Wirkung einer schöpferischen Kraft verdankten: „In diesem Schöpferischen beginnt (...) ein neues Verhältnis von Leben, Lebensbezügen, Lebenserfahrung und Gedankenbildung"[43]. Indem er die Eigenart einer Epoche charakterisierte, deutete er sie auch als ein ganzheitliches morphisches Feld:

> „Aus höchst mannigfachen und veränderlichen Momenten bildet sich ein kompliziertes Ganzes. Und dieses bestimmt nun die Bedeutung, welche allem, was in dem Zeitalter wirkt, zukommt. (...) Von diesem Zusammenhang sind vor allem die großen historischen Menschen bestimmt. Ihr Schaffen geht nicht in geschichtliche Ferne, sondern schöpft aus den Werten und dem Bedeutungszusammenhang des Zeitalters selbst seine Ziele. (...) Alles hat in einem Zeitalter seine Bedeutung durch die Beziehung auf die Energie, die ihm die Grundrichtung gibt. Sie drückt sich aus in Stein, auf Leinwand, in Taten oder Worten. Sie objektiviert sich in Verfassung und Gesetzgebung der Nationen. Von ihr erfüllt, faßt der Historiker die älteren Zeiten auf, und der Philosoph versucht, von ihr aus den Sinn der Welt zu deuten. Alle Äußerungen der das Zeitalter bestimmenden Energie sind einander verwandt. Hier entsteht die Aufgabe der Analyse, in den verschiedenen Lebensäußerungen die Einheit der Wertbestimmung und Zweckrichtung zu erkennen."[44]

Dilthey hinterließ der humanwissenschaftlichen Forschung, um deren Neubegründung er sich bemüht hatte, die Hauptaufgabe, die Epochen der Geschichte als Sinnganzheiten zu begreifen - als „morphische Felder" - und zu zeigen, wie alle Angehörigen einer Epoche, gerade auch diejenigen, die Großes leisteten, aus dem epochalen Zusammenhang den Sinn empfingen, den sie in ihren Werken gestalteten. Dabei unterstellte er, daß in dem epochalen Sinnzusammenhang eine „Energie" wirksam sei, die sich auf alle schöpferischen Menschen inspirierend auswirke. Wenn man diese Vorstellung weiterdenkt, gelangt man zu der Annahme, daß in der Geschichte der Menschheit schon viele und untereinander sehr verschiedene solcher Inspirationsquellen wirksam geworden sein müssen.

Zu einer analogen Auffassung von verblüffender Ähnlichkeit gelangte damals ein Biologe. Es war Alfred Russel Wallace, der unabhängig von Darwin dieselbe Theorie von der natürlichen Auslese entwickelt und eine Schrift darüber zur gleichen Zeit wie dieser vorgelegt hatte, aber hinter ihm zurückgetreten war, als er erfuhr, daß Darwin an dieser Theorie schon sehr viel länger als er gearbeitet hatte. Wallace gehörte dann zu jenen Biologen, die gegenüber Darwins Behauptung, erklären zu können, nicht nur, wie Arten angesichts von veränderlichen Lebensbedingungen sich erhalten, sondern auch, wie neue entstehen, sehr skeptisch blieb. Sheldrake verwies in „Das Gedächtnis der Natur“ nachdrücklich auf sein letztes Buch „The World of Life. A Manifestation of Creative Power, Directive Mind and Ultimate Purpose“ (1911) und berichtete, Wallace habe hier die Ansicht vertreten, daß „höhere Intelligenzen“ die Hauptlinien der Evolution bestimmt hätten. Wörtlich zitierte er folgende Passage:

> „Dies veranlaßt uns, Entitäten zu postulieren, die man organisierende Geister nennen könnte; ihnen obliegt die Pflicht, die Myriaden Zell-Seelen so zu beeinflussen, daß sie ihren Teil des gesamten Werkes genau und zielsicher ausführen können... Auf höheren Entwicklungsstufen der lebendigen Welt mögen mehr und vielleicht auch höhere Intelligenzen erforderlich sein, um den Hauptlinien der Variation in Übereinstimmung mit den zu verwirklichenden Grund-Plänen ihre definitive Richtung zu geben... Eine Vorstellung dieser Art - von Macht nämlich, die an Wesen eines sehr hohen und an andere Wesen eines sehr niedrigen Grades von Leben und Intelligenz delegiert wird -, erscheint mir weniger weit hergeholt und unwahrscheinlich als der Gedanke, daß die unendliche Gottheit nicht nur den gesamten Kosmos ersonnen habe, sondern daß er selbst allein die bewußt wirkende Kraft sei in allen Zellen aller Lebewesen, die jetzt sind oder jemals waren.“[45]

Auf diese Überlegungen von Wallace und von Dilthey werde ich zurückkommen. Zunächst muß ich im Hinblick auf Dilthey feststellen, daß er nicht mehr herausarbeiten konnte, wie die von ihm beschriebene Aufgabe der Epochenerforschung praktisch gelöst werden könne. So trugen seine Schriften zwar wesentlich dazu bei, daß nach dem Ersten Weltkrieg in den humanwissenschaftlichen Disziplinen der Epochenforschung ein bevorzugter Platz eingeräumt wurde, aber eine verläßliche Methode vermochten sie nicht zu vermitteln[46]. Seit etwa der Mitte des Jahrhunderts geriet die Epochenforschung ganz ähnlich in die Krise wie die Werkinterpretation. Man begann einzusehen, daß in den letzten Jahrzehnten weder klare Abgrenzungen der Epochen gegeneinander noch eindeutige Bestimmungen ihrer jeweiligen Eigenart gelungen waren.

11. Der Ansatz der Neuen Epochenforschung

Warum der bis dahin verfolgte Weg ein Irrweg war, ist dann in den sechziger Jahren durch die Entwicklung eines neuen Ansatzes deutlich geworden. Verschiedene Forscher, zuerst der Franzose Michel Foucault[47] und der Deutsche August Nitschke[48], dann auch der Spanier Carlos Bousoño[49], begannen, das einst von Dilthey Gemeinte in Praxis umzusetzen, indem sie gleichartige epochale Veränderungen an ganz unterschiedlichen

Wissenschaften (z.B. Foucault an der Sprach-, der Wirtschaftswissenschaft und der Biologie) und auch am Sozialverhalten aufzeigten. Zu diesem Zweck erwies es sich ihnen als nötig, von den Eigenarten der einzelnen Bereiche zu abstrahieren und oberhalb von ihnen eine Sinnstruktur in den Blick zu fassen, die in allen untersuchten Lebensbereichen von einer bestimmten Zeit an hervortrat und später dann von einer anderen ersetzt wurde. Diese Abstraktion vorzunehmen, war von der Epochenforschung bis dahin versäumt worden. Man hatte versucht, die Merkmale einer bestimmten Epoche an einem einzelnen, bevorzugten Lebensbereich abzulesen, z.B. an der Architektur („Gotik", „Barock" usw.) , an der Politik („Napoleonische Zeit", „Wilheminische Ära" etc.) oder auch an der Philosophie, der Dichtung, der Wirtschaft, und hatte dann diese Merkmale auf andere Lebensbereiche zu übertragen versucht. Wenn eine Epoche wesenhaft, wie Dilthey dargelegt hatte, sämtliche Lebensbereiche umfaßt, so konnte man auf diese Weise nur zu schiefen Darstellungen gelangen.

Die Erkenntnisse der Neuen Epochenforschung, die an bereichsübergreifenden Gemeinsamkeiten gewonnen wurden, waren als erheblicher wissenschaftlicher Gewinn zu werten. Aber sie führten auch zu einem weiteren Problem von großem Gewicht. Sie erwiesen, daß die bisher angesetzten Ursachen des epochalen Wandels in keinem Fall die wahren sein konnten, da sie immer nur auf denjenigen Lebensbereich bezogen worden waren, dem man die Kriterien entnommen hatte. Michel Foucault schrieb:

> „Ich arbeitete (...) nicht auf der Ebene, die gewöhnlich die des Wissenschaftshistorikers ist - ich sollte sagen, auf den zwei Ebenen, auf denen er gewöhnlich arbeitet. Denn einerseits zeichnet die Wissenschaftsgeschichte (...) die Prozesse und Ergebnisse des wissenschaftlichen Bewußtseins. Aber andererseits versucht sie zu erstellen, was diesem Bewußtsein entging (...); sie beschreibt das Unbewußte der Wissenschaft. Dieses Unbewußte ist immer die negative Seite der Wissenschaft -, das, was ihr Widerstand leistet, sie vom Wege abbringt oder sie stört. Was ich jedoch erreichen wollte, war ein *positives Unbewußtes* des Wissens zu enthüllen: eine Ebene, die dem Bewußtsein des Wissenschaftlers entgleitet und dennoch Teil des wissenschaftlichen Diskurses ist (...). Was der Naturgeschichte, der Ökonomie und der Grammatik in der Klassik gemeinsam war, war dem Bewußtsein des Wissenschaftlers sicher nicht präsent (...); aber die Naturgeschichtler, die Ökonomen und die Grammatiker benutzten - was ihnen selbst unbekannt blieb - die gleichen Regeln zur Definition der ihren Untersuchungen eigenen Objekte, zur Ausformung ihrer Begriffe, zum Bau ihrer Theorien. (...) <Indessen richtete sich> mein hauptsächliches Interesse auf die Veränderungen. In der Tat sind mir zwei Dinge besonders aufgefallen: die Plötzlichkeit und die Gründlichkeit, mit der bestimmte Wissenschaften manchmal reorganisiert wurden; und die Tatsache, daß zur gleichen Zeit ähnliche Veränderungen in offensichtlich sehr verschiedenen Disziplinen auftraten (...). Mir schien es unklug, <beim Problem der Ursache> jetzt eine Lösung zu erzwingen, die anzubieten, das gebe ich zu, ich mich unfähig fühlte: die traditionellen Erklärungen - Zeitgeist, technologische oder soziale Veränderungen, Einflüsse verschiedener Art - schienen mir zum größten Teil mehr magischer als tatsächlicher Natur zu sein. Ich ließ also in diesem Buch die Frage nach den

Ursachen beiseite, und entschied mich statt dessen, mich darauf zu beschränken, die Transformationen selbst zu beschreiben, wobei ich davon ausging, daß dies ein notwendiger Schritt sei, wenn einmal eine Theorie der wissenschaftlichen Veränderung und der epistemologischen Ursachen geschaffen werden sollte."[50]

Im Hinblick auf die Ursache ließ sich schon nach den in den sechziger Jahren durchgeführten ersten Untersuchungen der Neuen Epochenforschung immerhin zweierlei sagen: Erstens konnte sie, da sie sich in unterschiedlichen Lebensbereichen in gleicher Weise auswirkte, ihren Ort in keinem Einzelbereich haben, sondern nur in einer diesen allen übergeordneten Sphäre. Zweitens wurde sie zwar immer am Beginn einer neuen Epoche wirksam, aber eben weil dies wiederholt geschah, mußte sie in einer von den Eigenarten der einzelnen Epochen unabhängigen Gegebenheit gründen. Beide Momente zeigten an, daß die Suche nach der Ursache nur erfolgreich verlaufen konnte, wenn man in der Lage war, sich an einem Kriterium zu orientieren, das einerseits mit jeder Epoche in enger Verbindung stand, andererseits aber einer höheren Seinsstufe angehörte als die Einzelepochen.

Gleichwohl hat sich Foucault um die Gewinnung eines solchen Kriteriums anscheinend nicht bemüht. Jedenfalls verharrte er bis zu seinem Tod beim Deskriptiven. Nitschke dagegen hat seit den endenden siebziger Jahren versucht, solche übergeordneten Momente herauszuarbeiten. Indessen nahm er an ihnen wiederholt erhebliche Änderungen vor[51]. Offenbar überzeugten sie ihn selbst nur bedingt

12. Die komponentialanalytische Präzisierung

Es gibt jedoch ein Kriterium der Neuen Epochenforschung, das bereits in den sechziger Jahren entworfen, seither wiederholt erweitert, in seinen Grundzügen aber nie verändert wurde. Es besteht in der komponentialen Struktur. Sie erlaubt, wie dargetan, den Sinn eines jeden einzelnen Textes auf ein allgemeines Muster zu beziehen. Dieses ist in seiner Universalität allen konkreten epochalen Verhältnissen in einem Maße übergeordnet, das höher gar nicht vorstellbar ist. Wenn die Komponentenanalyse gleichwohl auch als Hilfsmittel der Epochenforschung dienen kann, so weil, wie sich bei der Anwendung des Verfahrens schon bald herausstellte, zwischen der individuellen und der universalen Sinnstruktur noch eine weitere existiert, die man entdeckt, wenn man die komponentialen Strukturformeln von Texten, die innerhalb eines bestimmten Zeitraums entstanden, zueinander in Bezug setzt. Ich möchte das an einem Beispiel erläutern.

In dem berühmten Gedicht „Der Panther" von 1902 hat Rainer Maria Rilke an einem in einem Käfig auf und ab gehenden Panther einen „großen Willen" spürbar werden lassen, den die Außenwelt gefangen hält, der ihr gegenüber aber dadurch aktiv wird, daß er bisweilen ein Bild aus ihr mit seinen

Augen erfaßt, in sein Inneres überführt und da zur Auflösung bringt. Die Potentialkomponente besteht im Willen des Panthers, die Aktualkomponente in der Käfighaftigkeit der Außenwelt, die Resultativkomponente in der Auflösung von Bestandteilen der Außenwelt[52]. Im Jahre 1904 begann Rilke den Roman „Die Aufzeichnungen des Malte Laurids Brigge", den er dann erst 1910 abzuschließen vermochte. Formal unterscheidet er sich von dem Panther-Gedicht in extremer Weise, und stofflich genauso. Er handelt von den Erfahrungen des jungen Dänen Malte in der Großstadt Paris. Wenn man den Roman komponentialanalytisch untersucht, so gelangt man trotz aller Unterschiede zu einer Strukturformel, die derjenigen des Gedichts ähnlich ist. Die Potentialkomponente wird hier durch die Hauptperson Malte vertreten, genauer durch deren Willen, die Zeitlichkeit zu überwinden. Diese erscheint für ihn als Aktualkomponente im Leben der Großstadt, von dem er sich eingeschlossen fühlt. Die Resultativkomponente besteht aus Augenblicken, in denen Malte Dinge und Vorgänge der Vergänglichkeit zu entreißen und dadurch sich selbst in die Zeitlosigkeit zu erheben vermag.[53]

Zur Erklärung der Gleichartigkeit könnte man zunächst annehmen, daß sie durch die Identität des Autors bewirkt worden sei. Aber wenn man sich Werken von Rilkes Zeitgenossen zuwendet, so läßt die komponentiale Analyse erkennen, daß auch sie gleichartige Sinnzusammenhänge gestalteten. Ein Beispiel dafür muß hier genügen.

Thomas Mann veröffentlichte 1912 die Erzählung „Der Tod in Venedig". In ihrem Mittelpunkt steht ein Schriftsteller, der sich durch sein Schaffen Ruhm, fast Unsterblichkeit errungen hat, infolge einer Art von mid-life-crisis aber in seiner Umwelt auf einmal Anzeichen des Todes sieht, deswegen von München nach Venedig flieht, da den Todeszeichen zwar wieder begegnet, jedoch sich nun über sie dadurch hinwegsetzt, daß er einen außergewöhnlich schönen Knaben umdichtet in die Erscheinung eines antiken Gottes. Ergriffen von dem durch ihn selbst geschaffenen Übermenschlichem, verliert er die Angst vor dem Ende des zeitlichen Lebens, mit dessen Eintreten seine Ahnungen sich allerdings erfüllen. Im Falle dieser Erzählung bildet der schöpferische Wille des Schriftstellers die Potentialkomponente, die Endlichkeit des Lebens die Aktualkomonente und das Überschreiten der Zeitlichkeit in der Erscheinung des Übermenschlich-Göttlichen wie auch im Sterben die Resultativkomponente[54].

Dasselbe komponentiale Grundmuster konnte an den Werken zahlreicher weiterer Autoren in der Zeit um 1900 festgestellt werden, und zwar auch dann, wenn diese sehr unterschiedliche künstlerische und weltanschauliche Tendenzen vertraten wie z.B. Gerhart Hauptmann, Stefan George, Hugo von Hofmannsthal, Frank Wedekind, Alfred Döblin, Georg Heym, Gottfried Benn, Georg Trakl, Georg Kaiser[55]. Dadurch erwies sich, daß alle diese Dichter damals auf einen Sinnzusammenhang bezogen waren, der als ein morphisches Feld bezeichnet werden kann.

Ob es sich dabei auch um ein epochales Sinnsystem von der Art handelt, wie sie gerade damals vom späten Wilhelm Dilthey beschrieben wurde, ist damit allerdings noch nicht erwiesen. Dazu müßte noch dreierlei gezeigt werden: Erstens, daß ein gleichartiges System auch außerhalb des Bereichs der Dichtung konstatiert werden kann, zweitens, daß ihm ein andersartiges vorherging, und drittens, daß ihm eine abermals andersartiges folgte.

Was die außerliterarischen Lebensbereiche angeht, so konnte in einer von Helmut Bernsmeier vorgelegten Untersuchung tatsächlich gezeigt werden, daß die an Dichtungen herausgearbeitete kollektive Sinnstruktur wiederzuerkennen ist bei den Philosophen Christian von Ehrenfels und Ernst Mach, bei den Biologen Johannes van Hanstein, Hans Driesch und Hugo de Vries, bei den Psychologen Sigmund Freud und Alfred Adler, bei den politischen Theoretikern Wladimir Iljitsch Lenin und Leon Pinsker[56]. Obgleich diese Parallelen nicht wie bei der Forschungsweise von z.B. Foucault durch ein vergleichendes Hin- und Hergehen zwischen mehreren Lebensbereichen erschlossen wurden, entsprechen sie durchaus den Bedingungen der Neuen Epochenforschung. Zwar wurde der kollektive Sinnzusammenhang zunächst nur an Dichtungen erforscht, aber die Eigenart der Komponentenanalyse bewirkte, daß bei jedem Text vom spezifisch Literarischen abstrahiert wurde. Das, was der Dichtung als solcher eigen ist, zeigt sich an den Ebenen I und II. Die durch die Komponentenanalyse erforschte Ebene III besteht aus einem Sinnzusammenhang, der dem Autor vor Auge getreten war, noch bevor er den ersten Satz niederschrieb, und an dem er sich während der gesamten schöpferischen Arbeit orientierte. Das dichterische Moment kommt der komponentialen Analyse zwar sehr entgegen, aber die in den Texten erscheinende Sinnstruktur bestimmt es in keiner Weise.

Die zweite und dritte Frage, nämlich ob andersartige Kollektivsysteme vor und nach demjenigen der Zeit um 1900 nachgewiesen werden konnten, lassen sich gleichfalls positiv beantworten. Der Unterschied des früheren ist wiederholt beschrieben worden, am ausführlichsten in der soeben erwähnten Untersuchung von Bernsmeier, die den Titel trägt „Der Wandel um 1880 - Eine epochale Veränderung in der Literatur- und Wissenschaftsgeschichte“. Ich verzichte hier darauf, ein Beispiel anzuführen und nenne dafür eines, das den noch ausführlicher untersuchten Wandel zum nachfolgenden System belegt.

Zu den Autoren, an deren Werken das am „Panther“, am „Malte“ und am „Tod in Venedig“ skizzenhaft aufgezeigte Sinnsystem studiert werden kann, gehört auch Franz Kafka, jedenfalls in seinen Anfängen. Die Kafka-Forschung ist aber nahezu einmütig zu der - übrigens auch von Kafka selbst geäußerten - Auffassung gelangt, daß sich bei ihm mit der im September 1912 verfaßten Erzählung „Das Urteil“ eine tiefe Veränderung zutrug. Dasselbe zeigt sich bei einer Anwendung der Komponentenanalyse auf Kafkas Dichtungen jener Jahre. Die genannte Erzählung weist eine komponentiale Sinnstruktur ganz anderer Art auf als die von Kafka bis dahin gestalteten Dichtungen. In seinen nächsten Werken, „Die Verwandlung“, „Der Prozeß“, kehren die neuartigen komponentialen Qualitäten dann wieder. Am deutlichsten ist der Unterschied an der Erzählung „Die Verwandlung“ zu erkennen. Sie berichtet von einem jungen Mann, der eines Morgens beim Erwachen feststellen muß, daß er sich in ein „großes Ungeziefer“ verwandelt hat. Seine Familienangehörigen müssen sich mit dem erschreckenden Zustand des Sohnes und Bruders auseinandersetzen, geben nach und nach ihre innere Bindung an ihn auf und fühlen sich, als das Tier schließlich verendet, von einer schweren Last befreit. Das Ausmaß der Veränderung tritt besonders klar an der Aktualkomponente hervor. Sie besteht nicht mehr in der Zeitlichkeit und Endlichkeit des Lebens, sondern, mit den tierhaften Kräften, die den jungen Mann beherrschen, in einer übermenschlichen Gewalt der Zerstörung. Dieselbe Veränderung ist auch bei anderen Autoren wie Döblin, Heym, Benn, Trakl zu beobachten.[57]

Bei der von Foucault oder Nitschke angewandten Methode werden epochale Veränderungen nur im Rahmen eines Zeitraums von Jahren oder gar Jahrzehnten sichtbar. Die Komponentenanalyse aber ist in der Lage, einen solchen Wandel beim einzelnen Autor innerhalb von Monaten, manchmal sogar von Tagen zu verfolgen. Dabei läßt sich wie unter einem Mikroskop das Hervortreten dessen beobachten, was in Sheldrakes Terminologie ein morphisches Feld ist.

Der von Kafka im Herbst 1912 erfahrene epochale Wandel stellt sich mir heute als ein kulturgeschichtlicher Einschnitt von außerordentlicher Tiefe dar. Er hat mich während meines gesamten wissenschaftlichen Lebens beschäftigt. Noch ohne das Hilfsmittel der Komponentenanalyse arbeitend, widmete ich ihm meine Dissertation von 1957[58] und mein erstes Buch von 1961[59]. Danach wurde er zum Thema der ersten großen komponentialanalytischen Untersuchung, meiner Habilitationsschrift von 1967[60]. Ich studierte ihn weiter in Untersuchungen, deren Ergebnisse ich in Büchern von 1977[61] und 1990[62] darstellte. Überdies wurde er in verschiedenen Einzelstudien behandelt, die nicht allein von mir, sondern auch von anderen Komponentialanalytikern erarbeitet wurden[63]. Die aufgewandte Forschungsarbeit war also nicht gering. Sie erlaubt mir, mit großer Bestimmtheit das Folgende zu sagen:

Der damalige Umbruch in der Literatur vollzog sich als sprunghafte Veränderung der von den Autoren erfahrenen Sinnzusammenhänge, also als „Fulguration“. Die verschiedenen Autoren hatten sich der Umbruchssituation auf Wegen angenähert, die in der Landschaft des bisherigen epochalen Sinnsystems verliefen, aber in hohem Maße von ihrer Individualität gebahnt waren. Der Umbruch selbst vollzog sich dann bei allen auf völlig gleiche Weise.

Eine Ausbreitung durch gegenseitigen Einfluß ist mit Sicherheit auszuschließen, da der Umbruch sich oft weitgehend gleichzeitig vollzog und auch in Dichtungen einen Ausdruck fand, die zunächst noch gar nicht veröffentlicht wurden. Auch ein gesellschaftsgeschichtliches Ereignis kann als Ursache nicht genannt werden, da der Umbruch teilweise in zeitlicher Streuung vor sich ging: seit 1908 bis 1916[64]. Das alle Autoren affektierende Großereignis, der Ausbruch des Ersten Weltkriegs und die Folgen davon, kann die Ursache ebenso wenig gewesen sein, da es ja erst 1914 einsetzte. Dazu kommt, daß die Veränderung nicht auf den Ebenen I und II der Texte konstatiert wurde, auf denen die Tätigkeit der Autoren sich auswirkt und auf denen Einflüsse allein zur Geltung kommen könnten, sondern auf der Ebene III, deren Sinnstruktur nicht Folge der produzierenden Tätigkeit ist, sondern deren orientierende Voraussetzung.

Von allen mir bekannten theoretisch vorstellbaren Erklärungsmöglichkeiten bleibt meines Erachtens bei sorgfältiger Prüfung des erforschten - und der wissenschaftlichen Öffentlichkeit mitgeteilten - Sachverhalts nur eine einzige übrig: diejenige, daß die Autoren sich bei der Gestaltung ihrer Werke jeweils von einem Einfall leiten ließen, in welchem immer auch eine epochale Sinnstruktur enthalten war - um 1900 zunächst diejenige, die Rilke im „Panther" und im „Malte" gestaltete, dann die andere, die Kafka im „Urteil" oder in der „Verwandlung" sichtbar machte.

Die in den Jahren um den Ersten Weltkrieg gesammelten Beobachtungen bestätigten sich im Grundsätzlichen bei der Ausweitung des komponentialanalytischen Forschungsfeldes auf andere Zeiten. Es konnten analoge, wenn auch weniger tiefe epochale Veränderungen um 1770, 1820, 1880, 1950 nachgewiesen werden[65]. Wiederholt war es möglich zu zeigen, teilweise unter Bezug auf die mit anderen Methoden erarbeiteten Erkenntnisse der Neuen Epochenforschung, daß der dichtungsgeschichtliche Wandel parallel zu einem in anderen Lebensbereichen vor sich gegangenen verlief[66]. Auf diese Weise wurde an der Lösung der einst von Dilthey gestellten Aufgabe weitergearbeitet.

Die Notwendigkeit, alle sozialgeschichtlichen Faktoren als mögliche Ursachen des Epochenwandels zu eliminieren, bestätigte sich durch die Resultate von komparatistischen Untersuchungen der Literaturgeschichte im 20. Jahrhundert. Von einem Wandel um 1950, der an deutschsprachigen Dichtungen in Westdeutschland, Österreich und in der Schweiz festgestellt worden war, konnte zunächst gezeigt werden, daß er sich in gleicher Weise auch unter den andersartigen gesellschaftlichen Bedingungen in Ostdeutschland zutrug[67]. Dann erwies sich, daß derselbe Wandel zur selben Zeit auch in der ägyptischen[68] und in der japanischen Literatur[69] vor sich ging. Alle diese Beobachtungen können als Bestätigung von Sheldrakes Vermutung, daß ein neues morphisches Feld durch Inspiration ins Leben gerufen wird, angesehen werden. Meinerseits erklärte ich bereits 1973 in einem Vortrag[70] und dann in einem 1976 erschienenen Buch[71], daß die neuerdings erarbeiteten epochengeschichtlichen Erkenntnisse es nötig machten, von der Einwirkung eines Faktor X, oder genauer: eines Systems X in die Geschichte zu sprechen.

Damals stellte ich mir vor, daß es möglich sein müßte, durch eine Orientierung am komponentialanalytischen Grundmuster in die Eigenart des „X" einen Einblick zu gewinnen. Dabei schwebte mir vor, das jeweils neue epochale Sinnsystem (z.B. das von Kafkas „Verwandlung" repräsentierte) entsprechend einer Resultativkomponente zu deuten, das bis dahin manifest gewesene (etwa das durch Rilkes „Malte" zum Vorschein gebrachte) als eine Art von Aktualkomponente anzusetzen und nun zu fragen, wie die Kraft beschaffen sein mußte, die vom Ort einer Potentialkomponente aus wirksam wurde. Damals nahm ich zwei Anläufe, um mein Vorhaben theoretisch zu präzisieren, doch blieben beide fragmentarisch. (Zu Zwecken der Dokumentation publizierte ich sie später jedoch in dieser Form.[72]) Warum eine überzeugende Durchführung nicht gelang, blieb mir zunächst dunkel. Etwas später aber gelangte ich zu zusätzlichen epochengeschichtlichen Einsichten und von ihnen aus wurde mir das vorausgegangene Scheitern dann begreiflich. Die neuen Erkenntnisse wurden mir im Bereich jener anderen Zeit zuteil, deren Existenz auch Sheldrake wahrgenommen hat.

13. Die Ordnung in der Epochengeschichte

Eingeladen von der „Zeitschrift für Literaturwissenschaft und Linguistik (LiLi)", meine bis dahin nur an einzelnen Wandlungsvorgängen beschriebene Sicht der Epochengeschichte einmal an einem längeren Zeitraum zu demonstrieren, entschied ich mich im Winter 1977/78, bei dieser Gelegenheit eine kühne Vermutung zu prüfen, die mich wiederholt schon beunruhigt hatte. Es schien mir, daß beim Beginn einer neuen „Periode" - so werden die komponentialanalytisch direkt faßbaren Epochen genannt - nicht nur jeweils völlig neuartige Qualitäten sichtbar wurden, sondern auch irgend etwas von früher schon Bekanntes wiederkehrte. Nun stellte ich alle bis dahin erarbeiteten Ergebnisse systematisch zusammen und fand, daß die Vermutung tatsächlich berechtigt sei. Es gelang sogar, genau anzugeben, welcher Art die Wiederholungen waren. In Kürze läßt es sich am besten durch ein Beispiel erklären.

Wenn jemand reden will, so stehen ihm zwei Grundweisen zur Verfügung: entweder er kann jemanden anreden oder aber er kann jemandem antworten. Auf eine analoge Weise kann eine Potentialkomponente entweder auf autogene Art tätig werden oder aber auf respondierende.

Zur Illustration des ersten Typus kann Thomas Manns „Tod in Venedig" dienen. Der Schriftsteller wird von den Zeichen des Todes deshalb so sehr irritiert, weil er längst gewillt ist, durch sein Schaffen sich unsterblich zu machen. Sein schöpferischer Wille hat bei dem komponentialen Prozeß, in der eine Potentialkomponente zur Resultativkomponente strebt, die Initiative. (Vgl. Abb.3)

Den Typus Antworten kann man sich durch Kafkas „Verwandlung“ verdeutlichen. Die Familie des Verwandelten hat sich die Befreiung von ihm

Abb. 3

Komponentialer Typus „Anreden“

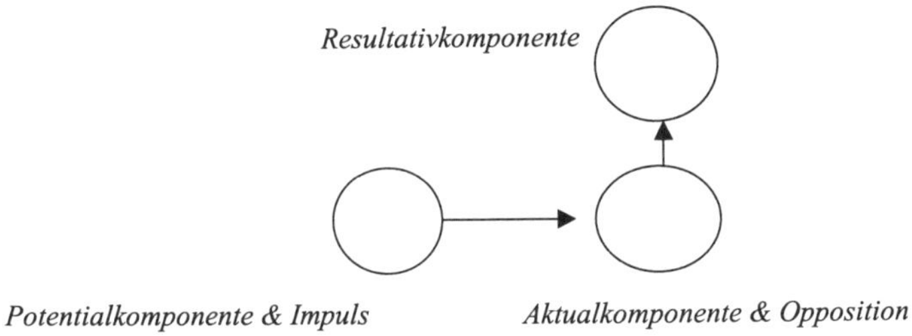

Abb.4

Komponentialer Typus „Antworten

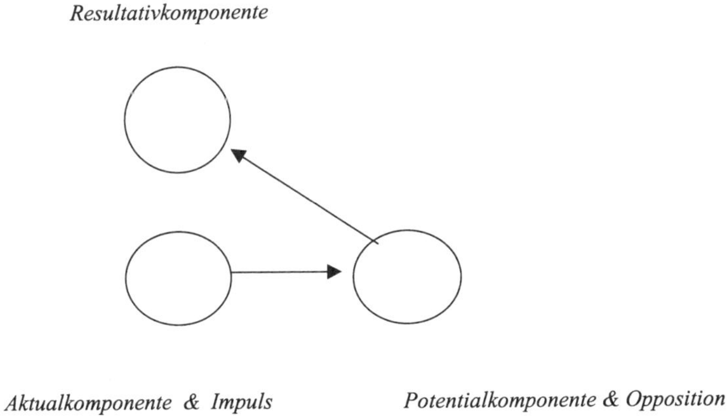

nicht immer schon gewünscht. Erst das Ereignis der Verwandlung hat diesen Wunsch, der die Potentialkomponente bildet, entstehen lassen. (Vgl. Abb. 4)

Der jeweilige komponentiale Typus prägt den Sinn des Gesamtzusammenhangs immer auf wesentliche Weise mit. Darum ist es, recht besehen, gar nicht so sehr erstaunlich, wenn, wie sich jetzt herausstellte, alle Dichtungen, die aufgrund gleichartiger Komponentenqualitäten einer selben Periode zugehören, den nämlichen Typus aufweisen. Und da der Übergang von einer Periode zur nächsten immer eine erhebliche Veränderung in der Erfahrung von Sinn mit sich bringt, kann es als geradezu plausibel erscheinen, daß, wie jetzt gleichfalls erkennbar wurde, ein jeder von einem Typuswechsel begleitet ist. In jener Studie vom Winter 1977/78 suchte ich diesem Sachverhalt erstmals Rechnung zu tragen.

Noch eine zweite Vermutung bestätigte sich mir während deren Vorbereitung. Eine Periode ist immer in sich selbst gegliedert in Phasen, und zwar in jeweils drei. Sie weisen typische Merkmale der Stellung am Anfang, in der Mitte oder am Schluß einer Periode auf. Auch die Phasensequenzen suchte ich an Beispielen zu demonstrieren.

Als ich diese Studie niederschrieb, entsprachen die literarischen Neuerscheinungen dem Typus „Anreden“. Dieser hatte um 1950 hervorzutreten begonnen. Durch die Anwendung der Phasenkriterien wurde klar, daß diese Periode sehr viel kürzer sein würde, als es im 18. und 19. Jahrhundert der Fall gewesen war: die zweite und auch die dritte Phase hatten schon nach jeweils einem Jahrzehnt eingesetzt. So nahm ich an und schrieb, daß der Übergang in eine andere Periode, nun vom Typus „Antworten“, zu erwarten sei, und zwar bereits für die achtziger Jahre. Die betreffende Studie erschien 1979 im Druck[73]. Die Voraussage hat sich eindeutig bewährt[74].

Meines Erachtens ist seither zweifelsfrei bewiesen, daß in der Epochengeschichte eine Ordnung wirksam ist, in der zwei Prinzipien zur Geltung kommen, das Zweierprinzip der beiden Typen, das für klare Unterscheidungen der Perioden sorgt, und das Dreierprinzip der Phasensequenz, das eine zunehmende Vertiefung in der Erfahrung eines neuen periodalen Sinns erlaubt.

Darüber hinaus spricht sehr viel dafür[75], daß diese Ordnung sich auf höheren Ebenen fortsetzt, insofern drei Perioden sich zu der Einheit einer „Ära“ zusammenschließen (z.B. von 1770 bis 1910), drei Ären zu einem „Zeitalter“ (z.B. 1430 bis 1910), drei Zeitalter zu einer „Kultur“ (z.B. der abendländischen).

Abb.5

Schemata zu Beispielen von **epochalen Sequenzen** und von **epochalem Typuswechsel**

Beispiel a: **Das Zeitalter der abendländischen Neuzeit**
(= 3. Zeitalter der abendländischen Kultur / Schlußzeitalter / Typus „Anreden“)

Anfangsära	Mittelära	Schlußära
Typus „Anreden“	Typus „Antworten“	Typus „Anreden“
Seit 1430	Seit 1630	Seit 1770

Beispiel b: **Die Ära von 1770**
(= 3. Ära der abendländischen Neuzeit / Schlußära / Typus „Anreden“)

Anfangsperiode	Mittelperiode	Schlußperiode
Typus „Anreden“	Typus „Antworten“	Typus „Anreden“
Seit 1770	Seit 1820	Seit 1880

Auf jedem Plateau scheint sich auch ein Wechsel der beiden Typen zuzutragen. Die beiden Prinzipien stehen in Verbindung mit dem übergeordneten Prinzip der komponentialen Dreiheit, das seinerseits zweierlei ermöglicht: Zuerst auf allen Plateaus der Geschichte die innere Einheit eines jeden „Feldes", sodann das Hervortreten von Feldern neuer Art. (Vgl. Abb. 5)

Ein neues Feld - ein neues epochales Sinnsystem - kann in der Tat nur in der Weise entstehen, die ich mir in den siebziger Jahren vorgestellt hatte, nämlich indem eine Kraft des Potentialen auf einen bestehenden Zusammenhang von Wirklichkeit, auf Aktuales, in dem Bestreben einwirkt, etwas darüber Hinausgehendes hervorzubringen. Es war auch richtig gewesen anzunehmen, daß das inspirierende Potentiale seinen Ort oberhalb des Aktualen haben müsse. Doch war ich mir damals noch nicht hinreichend darüber klar geworden, daß die inspirierende Kraft insofern in jeder Periode eine andere sein muß, als sie sich auf je andere Weise äußert, in einer fortschreitenden, „evolutionären" Art. Ganz deutlich wurde mir das erst, als ich auf die zwei Periodentypen aufmerksam geworden war. Sie bewiesen eindeutig, daß die inspirierende Kraft auf wechselnde Weise wirksam wird. Weil ich das bei den Versuchen in der Mitte der siebziger Jahre, die Identität des Faktors oder Systems X zu begreifen, noch nicht gesehen und dementsprechend auch nicht berücksichtigt hatte, war ich hängen geblieben. Jetzt mußte ich feststellen, daß die Inspiration aus einer Ordnung hervortritt, die einerseits progressiv ist, andererseits wechselnde Grundtypen zur Geltung bringt.

Da diese Ordnung bisher unbekannt war, hat sich mir natürlich die Frage gestellt, ob es Zusammenhänge gebe, die sie besser verstehen lassen könnten. Auf dem Hintergrund der Erörterung von Sheldrakes Theorie erscheint es mir vordringlich zu betonen, daß sie genau wie die morphische Resonanz Manifestation einer Art von Zeit ist, welche sich von der durch die Physik bisher allein berücksichtigten wesenhaft unterscheidet, weil sie nicht Vergehen, sondern Erneuerung manifest werden läßt. Ich schlage vor, sie als „Innovationszeit" zu bezeichnen[76] und sie dadurch auch begrifflich von der Zeit des Vergehens, oder der „Transitionszeit", abzuheben. Nachdem Merkmale der Innovationszeit im menschlichen Erfahrungsbereich erkannt worden sind, darf erwartet werden, daß Auswirkungen von ihr auch in der Natur, vor allem im Bereich der Phylogenese, wohl aber auch in dem der Kosmogenese, aufgespürt werden könnten

Die Bestandteile der Ordnung erscheinen nie in der Art von massiven Dingen, sondern immer als Systeme oder Felder. Wie die von Sheldrake entdeckten morphischen Felder müssen sie auch als Ursprungsort von Wirkungen gedacht werden. Auch sie werden ja als Felder immer erst durch ihre Wirkungen erkennbar.

Vermutlich wäre gegen die These, daß die Innovationszeit innerhalb einer bestimmten Ordnung zur Geltung kommt, aus Sheldrakes Sicht kein grundsätzlicher Einwand zu erheben. Wahrscheinlicher ist, daß diese Sicht, die wiederholt Hinweise auf das Bestehen „hierarchischer" Verhältnisse nahelegte, von sich aus bereits die Existenz einer solchen Ordnung hat vermuten lassen. Möglicherweise hat das dazu beigetragen, daß Sheldrake sich entschloß, Wallace mit der seinerzeit gewiß ungewöhnlichen Hypothese zu zitieren, daß die Evolution durch das Wirksamwerden verschiedenartiger „höherer Intelligenzen" entstanden sei. Meines Erachtens wird deren Aufnahme nun geradezu unumgänglich. Natürlich stellt sich damit sofort die Frage, ob die Idee solcher Intelligenzen mit früher entwickelten Vorstellungen zusammengedacht werden könne.

In unserer kulturellen Tradition sind „höhere Intelligenzen" lange als „Götter" bezeichnet worden, dann, in der jüdisch-christlichen Überlieferung, in welcher der Urgrund der Welt als die in sich einheitliche Kraft Gottes gedeutet wird, als in deren Namen wirkende „Mächte", „Gewalten", „Engel". Da die Wissenschaft sich selbst aufgeben würde, wenn sie an ihrem Bezug auf die Einheitlichkeit nicht festhielte, kann sie einzig versuchen, an die jüdisch-christliche Tradition anzuknüpfen. Das empfiehlt sich auch deshalb, weil das Phänomen der Neuerung - worauf auch Sheldrake wiederholt hinwies - in seiner menschheitsgeschichtlichen Bedeutung im Juden- und Christentum entdeckt wurde. So ist zu vermuten, daß die seit dem „Urknall" im Kosmos und in der Natur wirkenden „höheren Intelligenzen" dem entsprechen, was in dieser Tradition als „Mächte" und „Gewalten" bezeichnet wird. Die in der Menschheitsgeschichte durch Inspiration tätigen Kräfte wären mit den „Engeln" zusammenzudenken[77]. Vielleicht können gerade diese traditionellen Bezeichnungen es erleichtern, die in der Epochengeschichte sichtbar gewordenen Ordnungsmerkmale in der irdischen Natur und sogar im Kosmos wiederzuerkennen; denn man findet sie auch in Zeugnissen jenes Nachdenkens, das der mechanistischen Weltdeutung voranging, später lange als infantil galt, neuerdings aber mehr und mehr als Schatz von Denkhilfen gewürdigt wird.

Die Entdeckung der epochengeschichtlichen Ordnung hat Auswirkungen auch auf das Verständnis des Empfängers der Inspiration. Beim Menschen werden in Perioden vom Typus „Anreden" geistige Kräfte von anderer Art angesprochen als in Perioden vom Typus „Antworten". Beim weiteren Nachdenken über diesen Sachverhalt wird man vermutlich vor allem auf Erfahrungen zurückgreifen können, wie sie im taoistischen Modell von Yin und Yang entwickelt wurden. Sheldrake hat auf dieses mit Nachdruck hingewiesen. Er gab dabei allerdings auch zu bedenken, daß das Moment der schöpferischen Neuerung die Denkfigur einer Dreiheit nötig macht[78]. Wie diese konkret vorzustellen sei, führte er nicht mehr aus. Vermutlich hätte er jedoch keine Schwierigkeiten, die Theorie der komponentialen Dreiheit zu akzeptieren; denn das Resultative stellt ja ein Drittes dar, das durch schöpferische Neuerung aus zwei gegensätzlichen Kräften hervorgeht. Überdies besteht noch folgender Sachverhalt:

Unabhängig von der taoistischen Tradition gelangte die komponentialanalytische Theorie dazu, die eine der beiden Grundkräfte als „männlich-expansiv“ zu deuten, was der Yang-Kraft entspricht, und die andere als „weiblich-protektiv“, was mit der Yin-Kraft übereinstimmt (die Sheldrake nur geringfügig anders, nämlich „weiblich-kontraktiv“ nennt[79]). Zu beachten ist allerdings ein Moment, das wohl erst durch die empirische Arbeit mit dem um das Resultative erweiterte Modell sichtbar werden konnte.

Abb.6

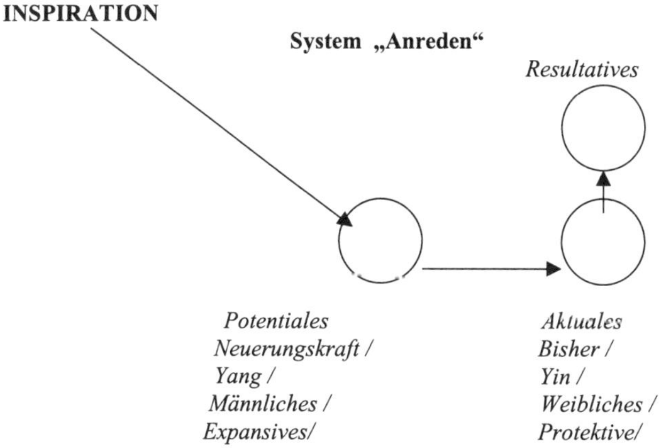

Es zeigt an, daß es völlig verfehlt wäre, den seit der Aufklärung üblich gewordenen Vorstellungskontrast „progressiv/konservativ“ auf dieses Modell zu übertragen. Die männlich-expansive Kraft („Yang“) und die weiblich-protektive oder -kontraktive („Yin“) übernehmen ganz unterschiedliche Aufgaben, je nachdem, ob sie in einem System des Typus „Anreden“ oder des Typus „Antworten“ tätig werden. Im System „Anreden“ geht die Yang-Kraft mit dem Potentialen zusammen und so drängt sie hier einer Neuerung entgegen (vgl. Abb. 5). Im System „Antworten“ dagegen ist diese Kraft mit dem Aktualen verbunden, was bedeutet, daß sie ihre expansive Tendenz hier in den Dienst einer schon bestehenden Wirklichkeit stellt (vgl. Abb. 6). Umgekehrt setzt sich die Yin-Kraft zwar im System „Anreden“ für die Bewahrung von Bestehenden, des Aktualen, ein (vgl. Abb. 6), im System „Antworten“ jedoch, hier verbunden mit dem Potentialen, für die Neuerung (vgl. Abb.7).[80] Möglicherweise lassen sich auch für diesen Sachverhalt Analogien in der Natur finden.

Wahrscheinlich würden es alle komponentialanalytischen Forscher als höchste Anerkennung empfinden, wenn manche ihrer Beobachtungen als Hypothesen in die Naturwissenschaft übernommen werden könnten. Umgekehrt halte ich es für sehr wahrscheinlich, daß sich die komponentiale Analytik in Zukunft immer wieder auf jene Naturwissenschaft beziehen wird, die durch Rupert Sheldrake revolutioniert worden ist

Abb. 7

System „Antworten“

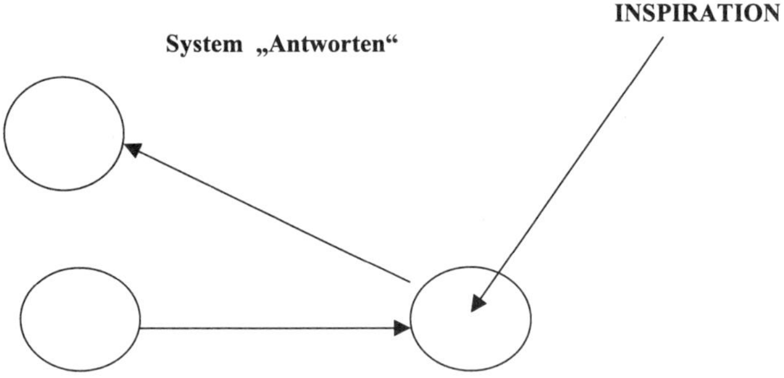

Aktuales /
Bisher /
Yang /
Männliches /
Expansives

Potentiales /
Neuerungskraft /
Yin /
Weibliches /
Protektives

14. Ein Konflikt

Wie im Vorwort erwähnt, stellte ich eine Zusammenfassung der hier mitgeteilten Studie bei einer Tagung des „Marburger Kreises für Epochenforschung“ zur Diskussion. Sie löste nicht nur lebhafte Gespräche aus, sondern veranlaßte auch einige Teilnehmer, mich um den Text des Referats zu bitten. Ihnen überließ ich eine Kopie der ganzen Studie.

Einer von ihnen war der koreanische Germanist Ihmku Kim. Er entschloß sich dann, die Mitglieder eines an einer anderen deutschen Universität bestehenden Doktorandenkolloquiums zu einer Diskussion der Studie einzuladen. Während die meisten Teilnehmer der Marburger Tagung über eigene komponentialanalytische Erfahrungen verfügten, war dies bei den Mitgliedern dieses Kreises nicht der Fall. Wohl aus diesem Grund war die Reaktion hier anders als in Marburg. Obwohl konkrete Einwände nicht vorgebracht wurden, zeigte sich wenig Bereitschaft, sich auf die Thesen der Studie einzulassen. Geradezu abschreckend scheint auf manche das gewirkt zu haben, was darin über die Ebene III und die auf ihr sichtbar gewordenen Zusammenhänge gesagt wurde.

ihre Möglichkeit, die Ebene III eines Textes sowie seine weiteren Sinnbezüge zu erschließen, meist so lange Skepsis oder gar Abwehr provozieren, als kein Versuch zur eigenen praktischen Erprobung gemacht wird. Diese ist am ehesten geeignet, über ein offenbar bestehendes Hindernis hinwegzuhelfen.

Allerdings wird die Anregung zu solchen Versuchen nur von Schriften ausgehen, die in das Verfahren einen genaueren Einblick bieten. Da die vorliegende Studie nicht zu ihnen gehört, habe ich mich gefragt, ob das Hindernis nicht auch noch auf eine andere Weise überwunden werden könne. Um eine Antwort zu finden, mußte ich natürlich die Beschaffenheit des Hindernisses genau ins Auge fassen. Mir scheint, daß es aus einer Hürde mit drei übereinander getürmten Aufbauteilen besteht.

Das Grundhindernis dürfte einst von den Initiatoren der griechischen Metaphysik errichtet worden sein. Mit großem Nachdruck vertraten sie die Überzeugung, die Würde des Menschen hänge von seiner Entschlossenheit ab, sich einzig an den eigenen Erkenntnissen zu orientieren und also nichts Unerkanntem, wie z.B. Emotionen, eine Herrschaft über sich selbst einzuräumen. Die Zusammenhänge der Ebene III sind zwar nicht emotionaler, sondern sinnhafter Art, aber ihre Wirkung auf den Menschen beginnt nicht erst mit ihrer Erkenntnis. Das macht sie für die im Abendland bestimmend gewordene Denkweise fragwürdig.

Einen Aufbau auf diese Hürde errichteten dann gerade solche Vertreter der Aufklärung, die sich, wie Immanuel Kant, durch die Proklamation der Menschenrechte ein unvergängliches Verdienst erwarben. Sie legten nämlich dar, daß das Ziel der Menschheitsgeschichte im Erreichen einer vollkommenen menschlichen Autonomie bestehe, weswegen der Mensch letztlich nichts anderes ernst nehmen dürfe als das, was er selbst hervorbrachte; denn einzig durch eigenständiges Schaffen könne er dem Zukunftsziel umfassender Selbstherrschaft näher kommen. Vom Sinnzusammenhang der Ebene III zeigt sich aber nun mit großer Klarheit, daß er kein menschliches Produkt ist. Wer ihn anerkennt, setzt sich dem Verdacht einer rückständigen, ja reaktionären Gesinnung aus.

Schließlich ist die Hürde noch durch einen weiteren Aufbau erhöht worden, allerdings wohl nur in Deutschland. Die Erfahrung Hitlers und der durch ihn veranlaßten Untaten hat die meisten Deutschen traumatisiert, nicht nur diejenigen, die, wie ich selbst, an Hitlers Krieg teilnahmen, sondern auch die Angehörigen jüngerer Generationen. Es ist offenkundig, daß die Deutschen, indem sie Hitlers Machtergreifung zuließen, die Kontrolle über sich selbst verloren und zur Mitwirkung an den schrecklichsten Verbrechen getrieben wurden. In der Nachkriegszeit setzte sich eine Deutung dieses Ereignisses durch, die es in erster Linie als Verrat an der Aufklärung darstellte. Als Folge davon entwickelte sich in der deutschen Bundesrepublik eine Atmosphäre, die alles der eigenen Kontrolle Entzogene ächtete und als Gegenkraft einen Kult des Ungefährlichen entstehen ließ. In dieser

Atmosphäre kann ein Reden von der Ebene III als geradezu bedrohlich empfunden werden.

Wenngleich ich diesen Kult insgesamt nicht gutheißen kann, meine ich zunächst doch feststellen zu müssen, daß die bundesrepublikanischen Nachkriegsdeutschen ihm viel verdanken. So hat er zum Ausgleich der innergesellschaftlichen Gegensätze und auch zum Abbau der Feindseligkeit gegenüber anderen Nationen wesentlich beigetragen. Aber er hat auch dazu geführt, daß Ansätze zu Neuerungen tiefgreifender Art Mißtrauen erwecken; denn jede Neuerung ist mit einem Risiko verbunden. Über dem Kult des Ungefährlichen weht zwar zum Gedenken an die Aufklärung die Fahne des Fortschritts, aber er hat bewirkt, daß Deutschland aufhörte, ein Land der Innovationen zu sein.

Dies wird gelegentlich auch außerhalb Deutschlands festgestellt, und keineswegs immer mit Genugtuung. Im Herbst 1988 veranstaltete der Rektor der John Hopkins University in Baltimore ein Symposion zu der Frage, was eigentlich mit der deutschen Geisteswissenschaft geschehen sei. Früher seien von ihr Impulse ausgegangen, die auch in andere Länder, zumal auch in die Vereinigten Staaten, hineinwirkten. Seit einiger Zeit sei das nicht mehr der Fall. Ich weiß nicht, ob damals eine plausible Antwort gefunden wurde. Meinerseits halte ich dafür, daß die Ursache im Kult des Ungefährlichen und in dessen Ursache, unserem Hitler-Trauma, liegt.

Die kollektive Beschädigung zu überwölben, scheint vorläufig nur einzelnen Individuen möglich zu sein. Es kann dazu kommen durch tiefgehende persönliche Erfahrungen, die zu der Überzeugung führen, daß Hitler nicht das für immer Maßgebliche bleiben darf, gerade auch nicht in Deutschland. Als hilfreich können sich längere Aufenthalte in anderen Ländern erweisen, außerhalb der bundesdeutschen Nachkriegsatmosphäre. Wichtig werden kann vor allem aber eine ernsthafte Auseinandersetzung mit der Aufklärung, in der geprüft wird, ob das Eintreten für die Menschenrechte mit dem Anspruch auf vollkommene menschliche Selbstbestimmung wirklich unlöslich verbunden ist.

Meinerseits habe ich schon seit der Mitte der siebziger Jahre Beiträge zu dieser Frage veröffentlicht[81]. Vor wenigen Jahren wurde mir ein weiterer von ganz besonderer Art bekannt. Er weist in dieselbe Richtung wie meine Versuche, überschreitet diese jedoch weit, und zwar sowohl intellektuell als auch existentiell. Zu verdanken ist er dem jetzigen Präsidenten der Tschechischen Republik Václav Havel.

Als Bühnenautor berühmt geworden, begann Havel um die Mitte der siebziger Jahre mit einem politischen Engagement in einem der vom kommunistischen „Fortschritt" geprägten Länder, weil schlimme Verletzungen der Menschenrechte ihn empörten. Deswegen in Untersuchungshaft genommen, konfrontierte man ihn mit dem Angebot, wieder entlassen zu werden, falls er sich dazu verpflichte, ins Ausland zu gehen. Um bei seinen

Landsleuten nicht das Gefühl zu erwecken, er lasse sie im Stich, entschied er sich zum Bleiben. So nahm er die Gefängnisstrafe von viereinhalb Jahren in gewisser Weise freiwillig auf sich. Wenige Menschen haben der moralischen Verpflichtung durch die Menschenrechte einen so hohen existentiellen Tribut gezollt wie er.

Die Jahre der Haft nutzte Havel zu einem anhaltenden Nachdenken über die Situation seiner selbst, seiner Gesellschaft und der gegenwärtigen Menschheit überhaupt. Die Ergebnisse schrieb er in Briefen nieder, die er an seine Frau Olga richtete[82]. Zu seiner wohl bedeutendsten Einsicht wurde er durch gelegentliche Besuche seiner Frau und seines Bruders im Gefängnis angeregt.

Er fragte sich, was eigentlich den geistigen Unterschied zwischen dem Leben hinter Mauern und in der Freiheit ausmache. Zunächst stellte er fest, daß sich das Leben im Gefängnis innerhalb eines bestimmten Horizontes vollziehe, und zwar eines solchen, der Eingeschlossenheit auch geistiger Art, also Isoliertheit, und überdies absolute Sinnlosigkeit mit sich bringe. Sodann konstatierte er, daß das Leben draußen gleichfalls durch einen Horizont bestimmt werde, aber durch einen ganz anderen: er gewähre Freiheit von der Isoliertheit durch die Eröffnung von heimatlichen Bezügen zu Mitmenschen und lasse diese als sinnvoll erscheinen. Schließlich ging Havel der Frage nach, wo der im zweiten Horizont erscheinende Sinn eigentlich herkomme. Das Ich kam als sein Ursprungsort nicht in Betracht, denn sonst hätte er ja auch im ersten Horizont, im Gefängnishorizont, produziert werden können. So wichtig die Mitmenschen des zweiten Horizontes waren, durften sie ebensowenig als Ursache des Sinns gelten; denn im Laufe des Lebens wechselten die Bezugspersonen, der Sinn aber hörte nie auf zu erscheinen. Es mußte also noch einen dritten Horizont geben, einen, der in einem jeden konkreten aufleuchtet (wie eine Lichtquelle in einem Lampenschirm), einen „absoluten". Der Bezug auf den absoluten Horizont ist es, so erklärte nun Havel, was den Menschen zum Menschen macht.

Damals im Gefängnis wurde der „Dissident" sich nicht bewußt, daß er mit seinem Modell von den drei Horizonten die Gültigkeit der griechisch-abendländischen Vorstellung vom Menschen als dem rationalen Lebewesen, das durch sein logisches Reden Sinn produziert, in Frage stellte. Wohl aber sah er sehr klar, daß er sich mit ihm gegen eine der Haupttendenzen der Moderne richtete, gegen jene, welche die menschliche Autonomie anstrebt. Sie gründet seiner Ansicht nach in einer völligen Verkennung dessen, was der Mensch ist. Auf den Weg gebracht wurde sie von derselben geschichtlichen Bewegung der Aufklärung, die auch die Menschenrechte proklamierte. Dieser war also nicht allein eine erhellende Kraft eigen, sondern auch eine dunkle, ja sogar finstere. Der Wille zur Autonomie bewirkte mit seiner Abwendung vom absoluten Horizont in geradezu tragischer Verblendung anstelle der proklamierten Selbstbefreiung die Selbstversklavung; denn der Mensch, der sich gegen den dritten Horizont abschloß, verbannte sich dadurch selbst aus dem zweiten und überantwortete sich dem ersten, dem des Gefängnisses mit seiner Sinnlosigkeit.

Von den mir bekannt gewordenen Besprechungen des Buches mit Havels Gefängnisbriefen hat keine einzige die Bedeutung des Modells von den drei Horizonten gewürdigt. In einem 1994 erschienen Buch habe ich meinerseits einen Versuch dazu unternommen[83]. Wahrscheinlich wäre auch ich dazu nicht in der Lage gewesen, wenn ich mich ihm nicht schon zuvor von mir aus angenähert hätte durch die texttheoretische Unterscheidung von drei Ebenen. Diese entsprechen den drei Horizonten sehr genau: die Ebene I mit ihren isolierten Elementen ist von der Art des Gefängnishorizonts, die Ebene II mit den Relationen zwischen Elementen korrespondiert den zwischenmenschlichen Bezügen im heimatlichen zweiten Horizont und die Ebene III als das Sinnganze, das von Menschen nie gemacht, sondern immer erfahren wird, stimmt mit dem dritten und absoluten Horizont überein. Ein bedeutender Unterschied liegt allerdings darin, daß ich die drei Ebenen nur bei Texten erkannt hatte, während Havel die Dreiheit der Horizonte als universales Konstitutivum der ganzen Menschenwelt zu deuten vermochte. Damit gelang ihm eine gewaltige geistige Neuerung.

Ohne ihre Kenntnis wäre ich kaum in der Lage gewesen zu verstehen, daß dasselbe Modell auch bei Sheldrake auftauchte, und zwar in dem Augenblick, in dem er mit dem „morphischen Feld" einen Bereich aufzeigte, der seinen Ort oberhalb der bisher von der Naturwissenschaft erforschten Sphären hat, aber in ihnen sich auswirkt. Übrigens schrieb Sheldrake das Vorwort zu seinem ersten Buch im März 1981 in Haiderabad zu einer Zeit, als Havel in einem tschechischen Gefängnis Woche um Woche einen Brief an seine Frau verfaßte, und zwar von jeweils vier Seiten, da mehr nicht erlaubt war.

Jenen Lesern dieser Studie, die deren Darlegungen nicht für völlig abwegig halten, aber sich mit den der Ebene III gewidmeten Teilen schwer tun, erlaube ich mir, eine Beschäftigung mit Václav Havels Denken zu empfehlen. Es bezeugt, daß ein Bekenntnis zu einem nicht von Menschen gemachten Sinn mit der Forderung zum Schutz der Menschenrechte aufs engste verbunden werden kann. Wer dies anerkennt, könnte erleben, wie sein Verhältnis zur Aufklärung sich verändert. Indem er sich von ihrem Finsteren distanziert, vermag er ihr Helles um so entschiedener zu bejahen. Möglicherweise ist es genau diese Veränderung, was wir Deutschen am meisten brauchen, um wieder neuerungsfähig zu werden. Havel könnte uns helfen, endlich aus Hitlers Schatten und ins Freie zu treten.

Anmerkungen

1 Der Begriff der „zwei Kulturen“ wurde 1956/59 von C.P. *Snow* geprägt. Zu ihm und der Diskussion um ihn vgl. Helmut *Kreuzer* (Hg.): Literarische und naturwissenschaftliche Intelligenz. - C.P. Snows These in der Diskussion.- Stuttgart 1969. Neudruck München 1987.

2 *Sheldrake*, Rupert: The Rebirth of Nature, 1990. Zitiert nach deutscher Ausgabe: Die Wiedergeburt der Natur. - Bern/München/Wien 1993, S. 126-127.

3 *Sheldrake*, Rupert: The Presence of the Past. 1988. Zitiert nach deutscher Ausgabe: Das Gedächtnis der Natur. Das Geheimnis der Entstehung der Formen in der Natur.- Bern/München/Wien 1990, S. 108.

4 *Sheldrake*, wie Anm. 3, S. 132 f.

5 *Sheldrake*, wie Anm. 3, S. 49.

6 *Sheldrake*, wie Anm. 3, S. 134-135.

7 *Sheldrake*, wie Anm. 3, S. 148-149.

8 *Sheldrake*, wie Anm. 3, S. 220-221.

9 *Sheldrake*, Rupert. A New Science of Life. - London 1981. Zitiert nach deutscher Ausgabe: Das schöpferische Universum. Die Theorie des morphogenetischen Feldes.-München 1984 (Taschenbuchausgabe Goldmann 14014), S. 70.

10 *Sheldrake*, wie Anm. 3, S.136.

11 *Sheldrake*, wie Anm. 3, S. 130.

12 *Sheldrake*, wie Anm. 9, S. 92.

13 *Sheldrake*, wie Anm. 9, S. 91.

14 *Sheldrake*, wie Anm. 9, S. 72.

15 *Sheldrake*, wie Anm. 3, S. 158.

16 *Sheldrake*, wie Anm. 3, S. 324.

17 *Sheldrake*, wie Anm. 3, S. 302.

18 *Sheldrake*, wie Anm. 3, S.247.

19 *Sheldrake*, Rupert: Seven Experiments That Could Change The World.- London 1994. Zitiert nach deutscher Ausgabe: Sieben Experimente, die die Welt verändern könnten.

Anstiftung zur Revolutionierung des wissenschaftlichen Denkens.- Bern/München/Wien 1994.

20 *Sheldrake*, wie Anm. 3, S. 236 ff.

21 Vgl. *Falk*, Walter: Kategorien der Literatur (1971). In: *ders.*: Die Entdeckung der potentialgeschichtlichen Ordnung. Kleine Schriften 1956 - 1984. II. Teil. Der Weg zur komponentialen Ordnung in der Geschichte. - Frankfurt a.M/ Bern/ New York 1985, S. 47 ff., sowie *ders.*: Vom Strukturalismus zum Potentialismus. Ein Versuch zur Geschichts- und Literaturtheorie. - Freiburg i.Br./München 1976.

22 *Ehrenfels*, Christian von: Über „Gestaltqualitäten". In: Vierteljahrsschrift für wissenschaftliche Philosophie, XIV, 3, 1890. Wiederabdruck in: Ferdinand *Weinhandl* (Hg.): Gestalthaftes Sehen. Ergebnisse und Aufgaben der Morphologie. Zum hundertjährigen Geburtstag von Christian von Ehrenfels. - Darmstadt 1960.

23 Vgl. vor allem *Dilthey*, Wilhelm: Die Einbildungskraft des Dichters. Bausteine für eine Poetik. - In: Philosophische Aufsätze. Eduard Zeller zum 70. Geburtstag gewidmet. - Leipzig 1887. - Wiederabgedruckt in: *ders.*: Die geistige Welt. Einleitung in die Philosophie des Lebens. Zweite Hälfte. Abhandlungen zur Poetik, Ethik und Pädagogik (=Gesammelte Schriften, VI. Bd.), Stuttgart/Göttingen 1958.

24 Vgl. *Staiger*, Emil: Die Kunst der Interpretation. - In: *ders.*: Die Kunst der Interpretation. Studien zur deutschen Literaturgeschichte. - Zürich 1955

25 *Falk*, Walter: Das Ereignis des Expressionismus. Zur Geschichte eines Stilwandels in der deutschen Literatur. - Habilitationsschrift (Masch.), 3 Bde. Marburg 1967.

26 *Falk*, Walter: Handbuch der literaturwissenschaftlichen Komponentenanalyse. Theorie, Operationen, Praxis einer Methode der Neuen Epochenforschung. In Zusammenarbeit mit den Mitgliedern eines Marburger Forschungsseminars. - Frankfurt a. M./Bern/New York 1983. (Japanische Übersetzung von Katsuhide *Takenaka*, in einer Zeitschrift 1987ff, als selbständiges Buch 1994.) Erweiterte und überarbeitete Neuauflage unter dem Titel: Handbuch der Komponentenanalyse. Erschließen von Sinn in Text und Epoche.- Taunusstein und Mikulásovice 1996

27 *Sheldrake*, wie Anm. 3, S.150

28 *Sheldrake*, wie Anm. 3. S. 131.

29 *Sheldrake*, wie Anm. 3, S. 345-346.

30 *Sheldrake*, wie Anm. 3, S. 346.

31 *Sheldrake*, wie Anm. 3, S. 345.

32 *Sheldrake*, wie Anm. 3, S. 341-342.

33 *Lorenz*, Konrad: Das sogenannte Böse. Zur Naturgeschichte der Aggression.- Wien 1963, S. 18.

34 *Lorenz*, Konrad: Die Rückseite des Spiegels. Versuch einer Naturgeschichte menschlichen Erkennens. - München/Zürich 1973, S. 48 ff.

35 *Lorenz*, Konrad: Der Abbau des Menschlichen.- München/Zürich 1983, S. 82 ff

36 *Sheldrake*, wie Anm. 9, S. 146.

37 *Sheldrake*, wie Anm. 2, S. 213.

38 *Sheldrake*, wie Anm. 2, S. 222-223.

39 *Sheldrake*, wie Anm. 2, S. 213 ff.

40 *Sheldrake*, wie Anm. 3, S. 327-328.

41 *Sheldrake*, wie Anm. 2, S. 226.

42 *Dilthey*, Wilhelm: Der Aufbau der geschichtlichen Welt in den Geisteswissenschaften. Einleitung von Manfred Riedel.- Frankfurt a. M. 1970, S. 230.

43 *Dilthey*, wie Anm. 42, S. 219.

44 *Dilthey*, wie Anm. 42, S. 229.

45 *Sheldrake*, wie Anm. 3, S. 78.

46 Vgl.: *Falk*, Walter: Über die geistesgeschichtliche Verfahrensweise. - In: *ders.* / *Žmegač*, Viktor/ *Brude-Firnau*, Gisela: Literaturwissenschaftliche Betrachtungsweisen II = Germanistische Lehrbuchsammlung, hg. von Hans-Gert Roloff, Bd. 65/II. - Bern/Frankfurt a.M./ New York/Paris 1989, S.7-94.

47 *Foucault*, Michel: Les mots et les choses. Paris 1966. Deutsch: Die Ordnung in der Geschichte. - Frankfurt a.M. 1971.

48 *Nitschke*, August: Naturerkenntnis und politisches Handeln im Mittelalter. Körper-Bewegung-Raum. - Stuttgart 1967.

49 *Bousoño*, Carlos: Épocas literarias y evolución. Edad Media, Romanticismo, Época contemporanea, 2 Bde., Madrid 1981.

50 *Foucault*, wie Anm. 47, S. 11-14.

51 August *Nitschke* setzt keine universale Grundstruktur an, sondern geht von drei Kategorien als etwas wie Urgegebenheiten aus. In dem Buch: Soziale Ordnungen im Spiegel der Märchen, Band 2: Stabile Verhaltensweisen der Völker in unserer Zeit. - Stuttgart 1977, benutzte er zu deren Bezeichnung die Begriffe „Autodynamik“, „Heterodynamik“ und „Metamorphose“, S. 11. Nach einer ganzen Reihe von Modifikationen in den folgenden Büchern gelangte er im bisher letzten: Die Zukunft in der Vergangenheit - Systeme in der

historischen und biologischen Evolution. - München/Zürich 1994 zu einer Dreiheit, die aus einem „Donator-„, einem „Akzelerator-„ und einem „Amplifikator-System" besteht.

52 Näheres s. *Falk*, Walter: Der kollektive Traum vom Krieg. Epochale Strukturen der deutschen Literatur zwischen „Naturalismus" und „Expressionismus". - Heidelberg 1977, S. 161 ff.

53 Näheres s. *Falk*, Der kollektive Traum..., wie Anm. 52, S. 180 ff.

54 Näheres s. *Falk*, Der kollektive Traum..., wie Anm. 52, S. 216 ff.

55 Vgl. *Falk*, Der kollektive Traum..., wie Anm. 52 sowie ders.: Franz Kafka und die Expressionisten im Ende der Neuzeit.- Frankfurt a.M/Bern/New York/Paris 1990.

56 *Bernsmeier*, Helmut: Der Wandel um 1880. Eine epochale Veränderung in der Literatur- und Wissenschaftsgeschichte.- Frankfurt a.M./Berlin/Bern/New York/Paris/Wien 1994.

57 Vgl. *Falk*, wie Anm. 55.

58 *Falk*, Walter: Schmerz und Wort. Eine Studie über Frida Bettingen als Dichterin des Schmerzes. Phil. Diss. (Masch.) 2 Bde. - Freiburg i.Br. 1957.

59 *Falk*, Walter: Leid und Verwandlung. Rilke, Kafka, Trakl und der Epochenstil des Impressionismus und Expressionismus. - Salzburg 1961.

60 *Falk*, wie Anm. 25.

61 *Falk*, wie Anm. 52.

62 *Falk*, wie Anm. 55.

63 Vgl. vor allem Studien von Heidi *Becker*, Klaus *Lammeyer*, Fatma *Massoud*, Herbert-Wilhelm *Müller*, Rainer *Paslack*, Erich *Poppe*, Heike *Willig*, abgedruckt in *Falk*, Handbuch..., wie Anm.26. Demnächst sollen weitere einschlägige Studien veröffentlicht werden von Thomas *Göbel*, Volker *Hemberger*, Christoph *Korwes* und Marguerite *Pélissier*.

64 In *Falk*, wie Anm. 55, wurde der Umbruch seit 1910 aufgezeigt. Inzwischen, 1993, hat Christoph *Korwes* in einer Marburger Hausarbeit zum Staatsexamen: Gustav Meyrink und der äternistische Umbruch in der deutschen Literatur um 1910, die Umbruchsstruktur bei Meyrink bereits im Jahre 1908 nachgewiesen

65 Zur **Periode von 1770** vgl. *Falk*, Walter: Komponentenanalyse und Epochendeutung.- In: Hommage à Maurice Marache. Les Belles Lettres Nice. 1972, S. 239-153. (Nachdruck in: *ders.*: Die Entdeckung..., wie Anm. 21, S. 67-84); *ders.*.: Der epochengeschichtliche Wandel beim frühen Goethe. - In: August Nitschke (Hg.): Verhaltenswandel in der Industriellen Revolution.- Stuttgart 1975, S. 41-48. (Nachdruck in: *ders.*: Die Entdeckung..., wie Anm.21, S.113-121.); *ders.*: Vom Strukturalismus ..., wie Anm. 21; *ders.*: Über die Potentialgeschichte und ihre Perioden in der deutschen Literatur 1750-1890.-In: W. Haubrichs (Hg.): Probleme der Literaturgeschichtsschreibung. Zeitschrift

für Literaturwissenschaft und Linguistik (LiLi), Beiheft 10. Göttingen 1979, S. 124-154. (Nachdruck in: *ders.*: Die Entdeckung..., wie Anm. 21, S. 185-214); *Bernsmeier*, Helmut: Das Bild des Körperbehinderten in der deutschsprachigen Literatur des 19. und 20. Jahrhunderts. - Frankfurt a.M./Bern/Cirencester 1980; *Pflüger*, Georg: Die Komponentenanalyse und das Problem der ästhetischen Wertung. Eine wissenschaftshistorische und literaturtheoretische Diskussion anhand ausgewählter Dichtungen von Joseph von Eichendorff. - Frankfurt a.M./Bern/NewYork/Paris 1990.

Zur **Periode von 1820** vgl.: *Falk*: Der kollektive Traum..., wie Anm.52; *Bernsmeier*: Das Bild..., wie Anm. 65; *Becker*, Heidi: Thomas Mann: Der kleine Herr Friedemann. - In: Falk: Handbuch..., wie Anm. 26, S. 204-208; *Pflüger:* Die Komponentenanalyse..., wie Anm. 65; *Falk*: Franz Kafka..., wie Anm. 55; *Bernsmeier:* Der Wandel..., wie Anm. 56.

Zur **Periode von 1880** vgl.: *Falk*, Walter: Impressionismus und Expressionismus. - In: W. Rothe (Hg.) Expressionismus als Literatur. - Bern/Freiburg i.Br./ 1969, S. 69-86 (Nachdruck in: *ders.*: Die Entdeckung der potentialgeschichtlichen Ordnung. Kleine Schriften 1956-1984. I. Teil: Der Weg zur Komponentenanalyse.- Frankfurt a.M. /Bern/New York, 1985, S.359-377.); *Falk:* Der kollektive Traum..., wie Anm. 52; *Bernsmeier:* Das Bild..., wie Anm. 65; *Massoud*, Fatma und *Willig*, Heike: Stefan George: Komm in den totgesagten park.- In: Falk, Handbuch..., wie Anm. 26, S.77-80 und 195-200; *Müller*, Herbert-Wilhelm und *Paslack*, Rainer: Hugo von Hofmannsthal: Der weiße Fächer. - In Falk, Handbuch..., wie Anm. 26, S.80-89 und 200-204; *Falk*, Walter: Georg Trakl: Verfall.- In Falk, Handbuch..., wie Anm. 26, S. 94-104 und 209-216; *Falk*, Walter: Die Literatur vor dem Ersten Weltkrieg. Funkkolleg Jahrhundertwende 1880-1930. Die Entstehung der modernen Gesellschaft. Studienbegleitbrief 11. - Weinheim und Basel 1989, S. 39-75; *Falk*, Walter: „Heil mir, daß ich Ergriffene sehe". Literatur vor dem Ersten Weltkrieg.- In: A. Nitschke, G. Ritter, D. J. Peukert, R. vom Bruch (Hg.): Jahrhundertwende. Der Aufbruch in die Moderne. 1880-1930. Bd. 2. Reinbeck bei Hamburg 1990, S. 184-194; *Falk*: Franz Kafka..., wie Anm. 55; *Bernsmeier:* Der Wandel..., wie Anm. 56.

Zur **Periode von 1920** vgl.: *Bernsmeier*: Das Bild..., wie Anm. 65; *Massoud*, Fatma: Epochengeschichtliche Aspekte in der Lyrik Karl Krolows. - Frankfurt a.M./Bern 1981; *Falk*, Walter: Epochale Hintergründe der antiautoritären Bewegung. Ein Beitrag zur literaturwissenschaftlichen Diagnose der Sozialgeschichte. - Frankfurt a.M./Bern 1983; *Willig*, Heike: Wilhelm Lehmann oder die ewige Natur im Wandel.- In: Falk: Epochale Hintergründe..., wie oben, S. 89-101; *Massoud*, Fatma: Karl Krolow oder ein Weg von der Natur zur Sprache.- In: Falk: Epochale Hintergründe..., wie oben, S.102-112; *Bernsmeier*, Helmut: Jurij Brezan oder die Suche nach dem Fundament des realen Sozialismus. - In: Falk: Epochale Hintergründe...wie oben, S. 113-124; *Falk*, Walter: Heinrich Böll oder der Christ als Außenseiter. - In: Falk: Epochale Hintergründe..., wie oben, S. 125-142; *Ruhrmann*, Margret: Ilse Aichinger und der grüne Esel. In: Falk: Epochale Hintergründe..., wie oben, S. 143-152; *Falk*, Walter: Franz Kafkas Roman „Das Schloß" im epochengeschichtlichen Zusammenhang. - In: Falk: Die Entdeckung..., wie Anm. 21, S. 349-369; *Falk*, Walter: Parallele Ägypten. Die epochengeschichtlichen Verhältnisse in der ägyptischen und deutschen Literatur des 20. Jahrhunderts. Mit Beiträgen von Neimat Hussein Sirry, Azza Saadi Naguib, Angham Basta, Samia El Shinawi, Iman Schalaby, Antoinette Wahba. - Frankfurt a. M./New York/ Nancy 1984; *Aizu-Hofmaier*, Yukiko: Epochale Strukturen in der japanischen Literatur aus den vierziger und fünfziger Jahren. Ein Beitrag zur Neuen Epochenforschung. - In Bachmayer, E., Herbrett, W., Linhart, S. (Hg.): Japan von Aids bis Zeh. Referate des achten Japanologentages vom 26. bis 28. September 1990 in Wien. Zweiter Teil. - Wien 1991, S. 363 ff.

Zur **Periode von 1950** vgl. *Bernsmeier:* Das Bild..., wie Anm. 65; *Massoud*: Epochengeschichtliche Aspekte..., wie oben; *Falk:* Epochengeschichtliche Hintergründe..., wie oben; *Willig:* Wilhelm Lehmann..., wie oben; *Massoud:* Karl Krolow..., wie oben; *Bernsmeier:* Jurij Brezan..., wie oben; *Falk:* Heinrich Böll..., wie oben; *Ruhrmann:* Ilse Aichinger..., wie oben; *Paslack,* Rainer: Ingeborg Bachmann oder die Suche nach einer neuen Sprache. - In: Falk: Epochale Hintergründe..., wie oben, S. 153-163; *Müller*, Herbert-Wilhelm: Martin Walser oder das Unerträgliche und seine Einübung.- In: Falk: Epochale Hintergründe..., wie oben, S. 164-179; *Müller*, Herbert-Wilhelm: Hans Magnus Enzensberger oder die einsame Ächtung der Affirmation. - In: Falk: Epochale Hintergründe..., wie oben , S. 180-195; *Bernsmeier*, Helmut: Wolf Biermann oder das Große Gebet eines Kommunisten. - In: Falk: Epochale Hintergründe..., wie oben, S. 196-202; *Runzheimer*, Doris: Peter Handke oder die Beschimpfung des Publikums.- In: Falk: Epochale Hintergründe..., wie oben , S. 203-214; *Falk*, Walter: Epochengeschichtliche Aspekte der Dichtungen von Barbara Frischmuth. - In: Falk: Die Entdeckung..., wie Anm. 21, S. 215-234; *Falk*, Walter: Die Ordnung in der Geschichte. Eine alternative Deutung des Fortschritts. - Stuttgart/Bonn 1985; *Runzheimer*, Doris: Peter Handkes Wendung zur Geschichte. Eine komponentialanalytische Untersuchung.- Frankfurt a.M./Bern/New York/Paris 1987; *Aizu-Hofmaier*, Yukiko: Epochale Strukturen..., wie oben; *Guth*, Stephan: Zwei Regionen - eine Literaturgeschichte? Zwei zeitgenössische Romane aus Ägypten und der Türkei und die Möglichkeit einer übergreifenden Periodisierung nahöstlicher Literaturen. - In: Die Welt des Islam, Bd. XXXIV, 2 1994, S. 218-245.

66 Neben der Untersuchung von Helmut *Bernsmeier*: Der Wandel um 1880 ..., wie Anm. 56, vgl. vor allem *Falk:* Vom Strukturalismus..., wie Anm. 21, sowie: Der kollektive Traum..., wie Anm. 52, und: Franz Kafka..., wie Anm.55.

67 Vgl. *Falk*: Epochale Hintergründe..., wie Anm. 65.

68 Vgl. *Falk*: Parallele Ägypten..., wie Anm. 65

69 Vgl. *Aizu-Hofmaier*, Yukiko: Epochale Strukturen..., wie Anm. 65.

70 *Falk*, Walter: Der Faktor X in der Geschichte.- In: *ders.*: Die Ordnung..., wie Anm. 65, S. 108-138.

71 *Falk*: Vom Strukturalismus..., wie Anm. 21.

72 *Falk*, Walter: Die Neue Epochenforschung und Kant; Vorüberlegungen zur Identifizierung des Faktors X in der Geschichte. In: *ders.*: Die Entdeckung..., wie Anm. 21, S. 123 ff und 143 ff.

73 *Falk*: Über die Potentialgeschichte..., wie Anm. 65.

74 Vgl. *Falk*: Die Ordnung..., wie Anm. 65.

75 Vgl. *Falk*: die Ordnung..., wie Anm. 65.

76 An anderer Stelle habe ich diese Zeit auch als „Schöpfungszeit" bezeichnet; vgl. *Falk*, Walter: Hawking irrt! Über das Problem der Zeit.- Stuttgart/Bonn 1991.

77 Vgl. dazu *Falk*: Die Ordnung..., wie Anm. 65, sowie *ders.*: Hawking irrt!..., wie Anm. 76.

78 *Sheldrake*, wie Anm. 2, S. 227 ff.

79 *Sheldrake*, wie Anm. 2, S 223.

80 *Falk*: Die Ordnung..., wie Anm. 65, S. 377.

81 Vgl. *Falk*, Walter: Vom Strukturalismus..., wie Anm. 23.

82 *Havel*, Václav: Briefe an Olga. Betrachtungen aus dem Gefängnis.- Reinbeck bei Hamburg 1984.

83 *Falk*, Walter: Václav Havels Briefe aus dem Gefängnis. Wo der Mensch zu Hause ist. Ein Dialog. - Taunusstein 1994.

SELBSTORGANISATION UND GATTUNGSPOETIK - ANNÄHERUNGEN AN EIN UNIVERSALES DOMINANZENSYSTEM

1. Selbstorganisation und PAR-Struktur.

Der Begriff "Selbstorganisation" ist zur Kennzeichnung einer seit den sechziger Jahren konstatierbaren Forschungsrichtung geprägt worden, die das Hervortreten einer bestimmten Gestalt in der Natur - oder auch in der Gesellschaft - dann zu erklären sucht, wenn deren Zurückführung auf eine mechanistisch wirkende Ursache unmöglich ist. Als Paradigma pflegt eine Entdeckung angeführt zu werden, die Henri Bénard schon am Beginn des 20. Jahrhunderts machte, deren Bedeutung aber erst jetzt begreiflich wurde. Wenn in einem nach oben offenen Behälter eine dünne Flüssigkeitsschicht einer Wärmequelle ausgesetzt wird, so kommt es nicht allein zu einer Erhitzung der Flüssigkeit, sondern auch zu einer mechanistisch nicht mehr erklärbaren Bildung eines Wabenmusters.

Eine umsichtige Darstellung hat diese bedeutsame wissenschaftliche Bewegung durch Rainer Paslack gefunden.[1] Durch ihn wurde auch der Vorschlag unterbreitet, sie als "Neue Systemforschung" zu bezeichnen und damit auf eine andere Forschungsrichtung zu beziehen, die gleichfalls seit den sechziger Jahren zur Geltung gekommen ist, auf die "Neue Epochenforschung". Maßgeblich war für ihn dabei vermutlich die Tatsache, daß die von dieser thematisierten epochalen Sinnsysteme sich einer Erklärung durch eine mechanistisch wirkende Ursache gleichfalls widersetzen.

Mit einer der innerhalb der Neuen Epochenforschung entwickelten Methoden, der "Komponentenanalyse", kennt sich Paslack besonders gut aus[3]. Überzeugt, daß der für ihre Grundthese erhobene Anspruch auf universale Geltung berechtigt sei[2], fragte er sich, ob die durch die Dreiheit von Potentialem, Aktualem und Resultativem geprägte komponentiale Struktur nicht im Bereich der Neuen Systemforschung wiederentdeckt werden könne. In einer 1992 erschienenen Studie "Potentialismus und Selbstorganisation" vertrat er dann die These, daß ein Transfer der aus Problemzusammenhängen der Literaturwissenschaft entwickelten Begriffsdreiheit in die Natur- und Gesellschaftswissenschaft tatsächlich möglich sei. Um die nun erheblich ausgedehnte Reichweite anzudeuten, gab er ihr einen neuen Namen. Er bildete ihn, indem er die Anfangsbuchstaben der drei Begriffe zusammenfaßte: "PAR-Struktur"[4].

Diese Studie wurde mir bereits durch Korrekturabzüge bekannt. In einem 1991 bei einer wissenschaftlichen Tagung gehaltenen Vortrag setzte ich mich mit ihr auseinander. Ich konnte sie in allgemeiner Form bejahen, meinte jedoch auch Modifikationen vorschlagen zu sollen. Durch die damaligen Überlegungen kamen mir Sachverhalte vor Augen, die mir so wichtig erschienen, daß ich mich entschloß, sie ausführlicher zu behandeln, womöglich in einem kleinen Buch.

Die Beanspruchung durch andere Aufgaben hat die Ausarbeitung dieser Schrift dann verhindert. Inzwischen hat der Weitergang meines Nachdenkens dazu geführt, daß es mir nun zweckmäßig erscheint, den Problemkomplex, um den es geht, im Rahmen einer weiter ausgreifenden systematischen Darstellung zu behandeln. Diese wird meine Arbeitskraft gewiß während längerer Zeit beanspruchen. Andererseits sind die damals angestellten Überlegungen durch den Gedankengang, den ich in der Studie „Rupert Sheldrakes ‚Revolutionierung des wissenschaftlichen Denkens‘ und die komponentialanalytische Forschung“ beschrieben habe, für mich auf neue Weise aktuell geworden. Gesetzt, daß die von Sheldrake entdeckten morphischen Felder tatsächlich in der Natur erscheinende Wesensentsprechungen zu den in der Kultur nachweisbaren komponentialen Sinnstrukturen sind, so könnte es noch weitere Entsprechungen zwischen Natur und Kultur geben, und eine von ihnen könnte gerade in dem Bereich liegen, auf den Paslack aufmerksam gemacht hat. (Übrigens hat er auch selbst auf Sheldrake ausdrücklich Bezug genommen[5].) So erschien es mir ratsam, eine vorläufige Fassung meiner einschlägigen Überlegungen schon jetzt der Öffentlichkeit vorzulegen. Der Anstoß durch Paslack hat mich veranlaßt, den genetischen Aspekt meiner Überlegungen in besonderem Maße zu berücksichtigen. Dadurch ist sichtbar geworden, daß der Gang der Erkenntnis in einem eigentümlichen Zickzack verlief. Da dieses wohl nicht allein durch Zufälle bestimmt wurde, hoffe ich, daß die vorliegende Studie auch dann noch als nicht ganz überflüssig erscheinen wird, wenn sie durch die geplante systematische Darstellung in anderer Hinsicht überholt sein mag.

Im Titel dieser Studie muß die Selbstorganisation genannt werden, obwohl sie dann gar nicht erörtert wird. Als der maßgebliche Bezugsbereich innerhalb der Natur sollte sie bei der Lektüre nie aus dem Blick gelassen werden. Die Überlegungen selbst konzentrieren sich ganz auf die im Zeichen der Neuen Epochenforschung aufgefaßte Kultur, genauer auf jene ihrer Aspekte, die Paslack zufolge wegen ihrer Geprägtheit durch die PAR-Struktur zu Phänomenen der Selbstorganisation in Bezug gesetzt werden können. Dabei soll es vor allem um die Darstellung von Klärungen gehen, die meines Erachtens nötig sind, wenn das von Paslack auf den Weg gebrachte Unternehmen glücken soll. Manche Klärungen waren schon vorgenommen, als Paslack seine Studie verfaßte, konnten von ihm jedoch nicht berücksichtigt werden, weil sie noch nicht öffentlich mitgeteilt worden waren, andere sind gerade erst durch seine Initiative veranlaßt worden.

2. **Epochal- und Wiederholungsstrukturen**

Obwohl ich im folgenden, wie angekündigt, vor allem die Genese von Einsichten beschreiben möchte, erscheint es mir zweckmäßig, mit einer These systematischer Art zu beginnen:

Die Gestalten, die durch Selbstorganisation in der Natur und in der Gesellschaft entstehen können, treten, sofern sie nicht einen rein zufälligen Charakter haben, wieder und wieder auf, immer, wenn der ihnen entsprechende Anlaß gegeben ist. Epochen dagegen erscheinen nie in zufälliger Art, da sie in jedem Fall in einem sinnvollen Zusammenhang mit einem Vorher und einem Nachher stehen, und sie werden immer durch eine einzigartige Qualität bestimmt, weswegen sie sich niemals wiederholen können.

Zwischen den epochalen Strukturen und denen der Selbstorganisation besteht also ein Wesensunterschied. Das schließt allerdings nicht aus, daß sie auch an einer Gemeinsamkeit teilhaben. Sollte dies der Fall sein, so wäre es durchaus berechtigt, bestimmte Phänomene aus den beiden Bereichen auf gleichartige Weise zu benennen. Paslack konzentrierte sich ganz auf die Beschreibung der für ihn neuen Möglichkeit. Darum findet man bei ihm keinen ausdrücklichen Aufweis der mit der gleichen Benennung unterstellten Gemeinsamkeit. In einem gewissen Umfang – und das heißt: auf ergänzungsbedürftige Weise – kann das Unterlassene jedoch ohne weiteres nachgetragen werden.

Das ist der Fall, obgleich der Unterschied bisweilen Züge des Unvereinbarlichen annimmt. Regelmäßig ist das zu beobachten, wenn er als Ausdruck einer unüberbrückbaren Kluft zwischen Natur und Kultur gedeutet wird. Deren Existenz gilt vielfach als geradezu selbstverständlich. Die Humanwissenschaften pflegen sich ja seit langem, und nicht selten noch immer, als durch und durch historische Disziplinen zu verstehen, und in den Naturwissenschaften war es, und ist es häufig noch heute, üblich, von der Prämisse auszugehen, daß die Gesetze der Natur seit Ewigkeiten bestünden und unveränderlich seien.

Aber das für die Kultur so bezeichnende Moment der qualitativen Einzigartigkeit findet sich durchaus auch in der Natur, nämlich in der „Stammesgeschichte“ oder „Phylogenese“. Es besteht in einem Hervortreten jeweils neuartiger und immer einzigartiger organischer Systeme, das etwas wie eine neue Epoche in der Natur einleitet. Auch in der anorganischen Natur muß es solche Epochen gegeben haben. Umgekehrt ist eine zu beliebig häufiger Reproduktion fähige Kreativität auch beim Menschen zu konstatieren. Ein Beispiel dafür bietet jenes Forschungsfeld, das die Literaturwissenschaft als „Gattungspoetik“ bezeichnet. In anscheinend allen Kulturen neigen Menschen dazu, Geschichten zu erzählen. Wann immer diesem Bedürfnis nachgegeben wird, entstehen sprachliche Gebilde mit einer gleichartigen, dem Erzählen entsprechenden und zum Beispiel vom Singen deutlich sich abhebenden Grundstruktur. Vergleichbares findet man auch jenseits des dichterischen Sprechens in vielen anderen Bereichen der Kultur.

Gegebenheiten dieser Art, die durch die Wiederkehr typischer Muster charakterisiert sind, kann man als *Wiederholungsstrukturen* bezeichnen. Dadurch grenzt man sie ab von den in ihrem Wesen tief verschiedenen, weil durch je einzigartige Qualitäten geprägten *Epochalstrukturen.* In der Kultur sind diese Epochalstrukturen die vorherrschenden, in der Natur dagegen sind es die Wiederholungsstrukturen. Aber existent sind beide Strukturarten in beiden Bereichen der Welt.

Angesichts dieser Gemeinsamkeit ist grundsätzlich durchaus mit der Möglichkeit zu rechnen, daß Begriffe, die aus Beobachtungen von Geisteswissenschaftlern entwickelt wurden, auch im Bereich der Naturwissenschaft sinnvoll angewandt werden können. Aber natürlich bleibt zu fragen, ob diese Möglichkeit gerade im speziellen Fall der komponentialanalytischen gegeben ist.

Die für die komponentiale Dreiheit beanspruchte Universalität ist auf die Sphäre des Epochalen bezogen. Vielleicht könnte sie mit Nutzen auch auf jene Prozesse in der Natur angewandt werden, die meist noch immer als solche der "Evolution" bezeichnet werden, obgleich Konrad Lorenz bereits 1973 zeigte, daß sie nicht durch langsame Entwicklung, sondern durch sprunghafte "Fulgurationen" zustande kommen.[5] (Zur Besonderheit der komponentialanalytische Epochenforschung gehört es ja, daß sie das Moment des sprunghaften Wandels in der Literaturgeschichte sehr klar beschreiben und deuten konnte.) Ob es sich tatsächlich so verhält, muß ich hier offen lassen.

Als Paslack vorschlug, die komponentiale Begriffsdreiheit auf Gegebenheiten der Natur anzuwenden, sprach er mit den Phänomenen der Selbstorganisation nicht Epochal-, sondern Wiederholungsstrukturen an. In meinem 1991 gehaltenen Referat suchte ich anhand eines Beispiels aus der Literaturtheorie den Nachweis zu erbringen, daß dies grundsätzlich berechtigt war. Dabei setzte ich bei Überlegungen an, die ich in einem 1971 gehaltenen (aber erst 1985 im Druck erschienenen[6]) Vortrag dargestellt und in späteren Jahren aus Anlaß von Lehrveranstaltungen weiterentwickelt hatte. Nachträglich erscheint mir nun folgender Sachverhalt bemerkenswert.

Die Komponentenanalyse existierte 1971 bereits seit acht Jahren, doch ihre Theorie war damals noch nicht so weit gediehen, daß die Grundkomponenten als Repräsentationen von Potentialem und Aktualem hätten begriffen werden können. Sie wurden lediglich durch die Begriffe „Impuls“ und „Opposition“ charakterisiert. Es waren genau diejenigen Erörterungen zur Literaturtheorie, die ich jetzt zugunsten von Paslacks Vorschlag anführen möchte, die mir erstmals Anlaß gaben, die Begriffe des

Potentialen und des Aktualen in solcher Weise zu benutzen, daß sie auf ein Drittes verwiesen, und zwar auf ein solches, das ich schon damals als das Resultative bezeichnete. Einige Jahre später kam mir der Gedanke, daß die Begriffe, die ich bisher für – so darf ich nach den obigen Ausführungen jetzt sagen – Wiederholungsstrukturen geprägt hatte, auch bei der komponentialanalytischen Dreiheit und also auch in bezug auf Epochalstrukturen sinnvoll verwendet werden können. Da sie sich in dieser Anwendungsweise bewährten, wurde diese beibehalten.

Diesen Vorgang meinte ich hier erwähnen zu sollen, weil er zeigt, daß der von Paslack gewiesene Weg von mir selbst schon einmal gegangen worden ist, allerdings in umgekehrter Richtung, nämlich von den Wiederholungsstrukturen aus hin zu den Epochalstrukturen. Wie ich bei Paslack feststellte, daß er eine theoretische Rechtfertigung für das Begehen des Weges unterließ, so muß ich das auch bei mir konstatieren. Jedoch habe ich mich bei der ersten Anwendung der Begriffsdreiheit auf Wiederholungsstrukturen um eine Begründung hierfür durchaus bemüht. Es kam dazu im Zuge eines Versuchs, die Grundprobleme der Literaturtheorie neu zu durchdenken.

3. Zur Literaturtheorie

Die Lehre von der Eigenart der dichterischen Literatur wurde schon in der Antike begründet. Was mich veranlaßte, über ihre Grundlagen neu nachzudenken, war ein außerwissenschaftlicher, allerdings enorm universitätsbezogener Vorgang, nämlich die antiautoritäre Bewegung. Diese ließ bei nicht wenigen Studenten der Germanistik an meiner Universität Marburg – wie auch an anderen – die Meinung entstehen, es sei die Zeit gekommen, um die hergebrachte Literaturwissenschaft, die als eine ausgesprochen „bürgerliche" Institution galt, abzuschaffen. In besonderem Maße nahm man ihr das Reden vom „Dichterischen" übel, das als Ausdruck eines Willens zum Verbrämen der Wirklichkeit galt. Es wurde verlangt, Literatur in allen Erscheinungsformen als Ausdruck einer bestimmten politischen Tendenz zu begreifen und diese als Folge sozio-ökonomischer Ursachen zu erklären. Dem konnte ich nicht zustimmen. Was mich daran hinderte, waren nicht allein die Lehren, die mir durch „bürgerliche" Literaturwissenschaftler zuteil geworden waren, sondern auch, und sogar vor allem, ganz persönliche Erfahrungen.

Am wichtigsten waren wohl solche, die mir im Jahre 1941, also mitten im Krieg, Leo Wohleb, der spätere südbadische Staatspräsident, der damals Direktor des humanistischen Gymnasiums in Baden-Baden und mein Griechischlehrer war, vermittelt hatte. Wohleb übersetzte mit meiner Klasse die Tragödie „Antigone" von Sophokles aus dem Jahre 442 v. Chr. und ließ uns durch seine Kommentare begreiflich werden, daß Antigone in einen Konflikt geriet zwischen Geboten, die ein König erlassen hatte, und „ungeschriebenen Gesetzen", die von den Göttern stammten, und daß sie sich für die letzteren entschied, obgleich sie das mit dem Tod bezahlen mußte. Wohleb hielt es für wichtig, daß wir Jungen, die bald Soldaten und im Krieg aktiv werden würden, die in dieser Dichtung enthaltene Botschaft nicht nur mit dem Kopf zur Kenntnis nähmen, sondern erlebten. So ließ er uns das Werk wiederholt in deutscher Übersetzung mit verteilten Rollen lesen. Das regte dann ihn selbst zu etwas weiterem an, nämlich mit uns eine öffentliche Aufführung einzuüben. Diese fand im Baden-Badener Stadttheater tatsächlich statt, und sie wurde sogar zweimal wiederholt. Wohleb hatte sie durch einen Zyklus öffentlicher Vorträge, in denen er die Problematik des Stücks interpretierte, in der Bevölkerung vorbereitet.

Ich weiß nicht, was das Erlebnis dieser Dichtung für meine Klassenkameraden bedeutete. Bei mir hatte es zur Folge, daß ich, der ich dem „Führer" und der nationalsozialistischen Ideologie verfallen war, begriff, daß höher als alle Befehle von Menschen die Menschlichkeit steht. Das war natürlich gerade damals ein Politikum. Aber zu einem solchen wurde es nicht, weil wir uns mit den sozialen und wirtschaftlichen Verhältnissen auseinandergesetzt hätten, in denen Sophokles lebte, sondern weil wir uns von dem „Geist" bewegen ließen, den dieser seinem Werk verliehen hatte.

Erst nach dem Krieg wurde mir völlig klar, wie menschenfeindlich die politische Macht war, der ich dann auch als Soldat gedient hatte. Wenn ich mich nach der Heimkehr entschloß, Literaturwissenschaft zu studieren, so vor allem wohl wegen jenes Antigone-Erlebnisses. Die Dichtung galt mir als Gegenkraft zur politischen Ideologie. Später mußte ich einsehen, daß bisweilen auch Dichter irren, ja daß sie falsche Propheten werden können. Aber auch das wurde mir nur erkennbar, weil ich mich auf ihre Werke in ihrer dichterischen Eigenart eingelassen hatte. Das Ernstnehmen des Dichterischen war meiner Überzeugung nach ein wichtiges Mittel zur Wahrung des Menschlichen.

Darum erfüllte es mich mit großer Trauer, als ich mitansehen mußte, wie viele Studenten der Germanistik durch die antiautoritäre Bewegung sich dazu bringen ließen, die Besonderheit des Dichterischen rundweg zu leugnen. Ich hielt es für meine Pflicht, in meinen Lehrveranstaltungen darzulegen, daß die von der bisherigen Literaturwissenschaft vorgenommene Aussonderung der Dichtung aus dem Gesamtbereich der Literatur, also: des Geschriebenen, nicht die Folge einer „bürgerlichen" Ideologie war, sondern gute sachliche Gründe hatte.

Zu diesem Zweck griff ich auf Aristoteles zurück und führte aus, daß er eine Besonderheit der Dichtung sichtbar gemacht habe, die ernsthaft gar nicht bestritten werden könne. Er erreichte dies, indem er die Werke der Dichter von denen der Geschichtsschreiber abhob. Die Geschichtsschreiber suchten, wie er darlegte, zu erfassen, was wirklich geschehen ist, die Dichter aber nicht. Statt dessen handelten sie von dem, was hätte geschehen können.

Bei dieser Unterscheidung ließ Aristoteles allerdings gerade dasjenige Moment aus, das vielen Studenten jetzt als das allerwichtigste erschien, das des Politischen. So ergänzte ich seine Erörterungen. Ich verwies zunächst auf Friedrich Schlegel, der im Jahre 1897 in einem Aufsatz über Georg Forster diesen als „gesellschaftlichen Schriftsteller" bezeichnet und dieser Figur die des wissenschaftlichen und des dichterischen Schriftstellers hinzugefügt hatte[7]. Diese Unterscheidung hatte dann, so legte ich dar, Friedrich Georg Hegel weiter ausgearbeitet. Er ordnete den politisch wirksamen Schriftsteller der „Redekunst" zu und den wissenschaftlichen - wie einst Aristoteles - der „Geschichtsschreibung". Dabei gab er sehr genaue Kriterien der Unterscheidung an. Solche nannte er ebenfalls im Hinblick auf den Dichter[8].

Aber auch letztere zu zitieren, war in jenen Jahren kaum möglich, ohne entweder höhnisches Gelächter oder wütenden Protest zu provozieren; es waren nämlich solche der Ästhetik, und alles Ästhetische galt damals als Merkmal der Flucht aus der Wirklichkeit. So überlegte ich, ob das von Hegel Gemeinte nicht auch anders gedacht und bezeichnet werden könne.

Die Antwort war nicht schwer zu finden, denn bei Aristoteles lag sie ansatzweise bereits vor: Er hatte die Dichtung ja nicht vom Begriff der Schönheit, sondern von dem der Möglichkeit aus gedeutet. In seinem Sinne konnte man die Dichtung statt als schöne Literatur als „Potentialliteratur" begreifen. Wie sie sich dann von anderen literarischen Kategorien abhob, suchte ich am Beispiel von Texten aus der Zeit um den Ersten Weltkrieg zu zeigen.

Zunächst führte ich eine Rede an, die nach dem Ausbruch des Kriegs ein Abgeordneter im Deutschen Reichstag hielt. Er wandte sich darin an seine Kollegen und suchte sie dazu zu bewegen, der Aufnahme von Kriegskrediten durch die Regierung zuzustimmen. Dieser Text war eindeutig als Ausdruck eines politischen Wollens verfaßt worden. Ein anderer Text, den ich anführte, stammte von einem Wissenschaftler. Er behandelte Vorgänge während des Krieges, die er selbst nicht billigte, die er aber nicht verschweigen durfte, weil sie der historischen Wirklichkeit zugehörten. Es ging ihm nicht um eine Veränderung der Wirklichkeit, sondern um ihre Erkenntnis in bereits abgeschlossenen Zügen. Schließlich zitierte ich ein Gedicht von Georg Heym mit dem Titel „Der Krieg". Heym war bereits 1912, also vor dem Ausbruch des Kriegs, gestorben und dieses Gedichte hatte er im Jahr zuvor verfaßt. Er bezog sich nicht auf einen wirklichen Krieg, sondern beschrieb einen möglichen.

Heym hatte selbstverständlich viele Einzelmomente aus der von ihm erlebten Wirklichkeit aufgenommen, aber er hatte sie benutzt, um ein Gleichnis von einer Sinnmöglichkeit zu gestalten. So gehen Dichter, wie ich darlegte, immer vor. Ihre Werke können tatsächlich einer besonderen Kategorie der „Potentialliteratur" zugewiesen werden. Zum Zweck der klareren

Differenzierung kann man, so meinte ich weiter sagen dürfen, die anderen Kategorien auf analoge Weise benennen. Der Verfasser eines politischen Textes setzt sich mit seiner sozialen Wirklichkeit auseinander und versucht auf das darin vorfindliche Wollen seiner Mitbürger Einfluß auszuüben. Für ihn ist Schreiben ein gesellschaftlicher Akt. Die ihm entsprechende Literatur kann man als „Aktualliteratur“ bezeichnen. Auch der Verfasser einer wissenschaftlichen Abhandlung setzt sich mit Wirklichkeit auseinander, aber mit einer solchen, die nicht mehr zu beeinflussen, weil bereits abgeschlossen ist. Wenn er schreibt, so aus einem ganz anderen Grund, nämlich um die Ergebnisse seines Studiums der Wirklichkeit darzustellen. Sein Text hat einen resultativen Grundcharakter. Man kann ihn einer Kategorie der „Resultativliteratur“ zuordnen.

Auf diese Weise sind die Begriffe, die Rainer Paslack dann als die der PAR-Struktur bezeichnen sollte, entstanden. Dokumentiert ist dies in dem oben schon erwähnten Vortrag aus dem Jahre 1971. Ich gab ihm den Titel „Kategorien der Literatur“[8]. In ihm sprach ich die Überzeugung aus, daß die Hauptaufgabe der Literaturwissenschaft in der Erforschung der Besonderheiten der Potentialliteratur bestehe. Die Strukturmuster, auf die ich mich dabei bezog, hatten zweifellos den Charakter von Wiederholungsstrukturen. Es durfte angenommen werden, daß immer dann, wenn ein Text verfaßt wird, eines der drei Muster zur Geltung kommt. Insofern waren die in diesem Vortrag entwickelten Überlegungen jenen Gedankengängen nah verwandt, die damals mit der Erforschung der Selbstorganisation befaßte Gelehrte anstellten. Von diesen wußte ich allerdings nichts, und so blieb mir natürlich auch die dann von Paslack entwickelte Vorstellung fremd, daß ein Transfer der soeben entwickelten Begriffsdreiheit in die Naturwissenschaft möglich sei. Wohl aber kam mir der Gedanke, daß es vielleicht im Bereich der Literaturwissenschaft selbst ein weiteres Anwendungsgebiet für sie gebe.

4. Zur Gattungspoetik

Der zweite Anwendungsbereich der neuen Begriffsdreiheit, den ich im Vortrag “Kategorien der Literatur“ ins Auge faßte, war derjenige einer universalen Untergliederung der Dichtung. Dabei war ich mir bewußt, daß in der Literaturwissenschaft zwar die Existenz einer Vielzahl von konkreten Gattungen für sicher galt, diejenige aber von etwas wie zeitlosen Fundamenten der Gattungen zwar immer wieder angenommen, jedoch nie wirklich bewiesen worden war.

Schon die Begründer der abendländischen Poetik, Platon und Aristoteles, sahen sich veranlaßt, innerhalb der Dichtung ins Prinzipielle gehende Unterscheidungen vorzunehmen. Dabei setzte Platon drei Grundarten an, allerdings eher nebenbei. Aristoteles stellte dem Epos mit Nachdruck dramatische Dichtungen gegenüber. Was ihn in erster Linie interessierte, waren aber die Eigenarten konkreter Gattungen wie der Tragödie und der Komödie oder auch des Dithyrambus, der Ode etc.

Während des Mittelalters war die aristotelische Poetik im Abendland verschollen. Im Orient kannte man sie, benutzte sie aber vor allem als Übungsbuch für die Logik. Ihre Wiederentdeckung in Europa führte zu einer lebhaften Diskussion über Fragen literarischer Gattungen, zunächst vor allem in Italien, dann aber auch in anderen Ländern.[9] Das Interesse galt weiterhin, wie bei Aristoteles selbst, den konkreten Gattungen. Meist wurden als Kriterien Gesichtspunkte der Rhetorik benutzt. Nur ausnahmsweise orientierte man sich nicht an den jeweils zu erwartenden rednerischen Effekten, sondern an den Weisen des Sprechens, so im frühen 17. Jahrhundert der Spanier Francisco Cascales. Bei ihm hatte das zur Folge, daß er eine Dreizahl von „especies" ansetzte, nämlich die epische, die lyrische und die szenische. Dieser Gedanke wurde zunächst jedoch nicht weiterverfolgt.

Wichtig für den Fortgang der Diskussion sollte es werden, daß gegen die Mitte des 18. Jahrhunderts in Deutschland ein Buch von Charles Batteux mit dem Titel „Les beaux arts réduits à un même principe" mehrfach übersetzt und viel diskutiert wurde, und daß einer der Übersetzer Johann Adolf Schlegel war, der Vater von Friedrich Schlegel. Letzterer regte später einen wichtigen Neuansatz an. Ehe dieser gefunden werden konnte, mußte es allerdings erst zu einer geistigen Revolution kommen.

Wie alle anderen Literaturtheoretiker seiner Zeit war Batteux darum bemüht, ewig gültige Normen der Literatur zu formulieren. Dabei ging er derart vor, daß er für die gängigen Vorstellungen von den Gattungen nach Oberbegriffen suchte. Hierbei gelangte er zunächst zu den Begriffen der Dramatik und der Epik, dann auch noch der Lyrik, schließlich überdies der Didaktik. Johann Adolf Schlegel bearbeitete verschiedene Neuauflagen, und währenddessen wuchs bei ihm, wie Klaus Scherpe gezeigt hat[10], einer damaligen Zeitstimmung entsprechend, die Skepsis gegenüber der ewigen Gültigkeit der angesetzten Normen. Diese wurde dann Anfang der siebziger Jahre durch Johann Gottfried Herder endgültig als irrig erwiesen mit der unwiderleglichen These, daß die Werke Shakespeares in den damals allbekannten Konflikt mit den aristotelischen Normen nicht deshalb gekommen waren, weil - wie noch Lessing meinte - ein Genie wie er sich an Normen nicht zu halten brauchte, sondern weil er in einer Zeit lebte, in der diese, die der griechischen Lebensweise entsprachen, ihre Gültigkeit längst verloren hatten. Diese These bewirkte eine geistige Revolution, weil aus ihr zu folgern war, daß es ewige Normen überhaupt nicht gibt.

In der Folge setzte, vor allem in Deutschland, wo Herder natürlich in erster Linie wirkte, eine Suche nach Sachverhalten ein, die vielleicht, ohne einen normativen Charakter zu haben, doch der Orientierung dienen könnten; denn ganz ohne diese auszukommen, erschien menschenunmöglich.

Auf vorläufige Weise zuerst bei Kant, dann ganz ausdrücklich bei Fichte tauchte der Gedanke auf, daß in der qualitätsverändernden Bewegung selbst ein übergeordnetes Moment enthalten sei, das Orientierung biete, das Prinzip der Dialektik. Von Fichte übernahm diesen Gedanken alsbald der damals noch sehr junge Friedrich Schlegel, und er wandte ihn erstmals auf einen konkreten geschichtlichen Zusammenhang an. Bei dieser höchst folgereichen Übertragung - sie sollte dann zum Vorbild für Hegel, Comte, Marx und viele andere werden - machte sich der junge Mann Vorstellungen zunutze, die er aus der Arbeit seines Vaters kannte. In „Über das Studium der griechischen Poesie“ suchte er 1795 zu zeigen, daß in der Dichtung der Griechen zuerst die Epik dominiert habe, dann die Lyrik und schließlich die Dramatik, weil sie „Zeitalter“ durchliefen, die einen epischen, einen lyrischen, einen dramatischen Charakter gehabt hätten.[11]

Die Möglichkeit, Grundformen des Dichterischen mit dem geschichtlichen Qualitätswandel in Verbindung zu bringen, wirkte damals faszinierend. Sie wurde von einer ganzen Reihe der besten Köpfe aufgenommen, unter ihnen vor allem von Hegel. Aber bald erwies sich, daß die neuen Kriterien viel weniger eindeutig waren, als es zunächst schien, und sogar zu einem schlimmen historischen Wirrwar führten. Nachträglich darf man die Vermutung aussprechen, daß deren eigentliche Ursache die unvermittelte Vermischung von Wiederholungs- und Epochalstrukturen war. Goethe zog schließlich die Konsequenz aus dem Durcheinander, löste die drei Grundweisen des Dichtens von der Geschichte ab und erklärte sie zu „Naturformen der Poesie“, also zu Urgattungen, die mit der Natur des Menschen gegeben sind. In seinen „Noten und Abhandlungen“ zum Westöstlichen Divan“ schrieb er 1819:

> „Es gibt nur drei echte Naturfomen der Poesie: die klar erzählende, die enthusiastisch aufgeregte und die persönlich handelnde: *Epos, Lyrik* und *Drama*. Diese drei Dichtweisen können zusammen oder abgesondert wirken. In dem kleinsten Gedicht findet man sie oft beisammen, und sie bringen eben durch diese Vereinigung in engstem Raume das herrlichste Gebild hervor, wie wir an den schätzenswertesten Balladen aller Völker deutlich gewahr werden.“[12]

Diese These hätte eine genauere Erforschung von Grundstrukturen, die offenbar von allen Dichtern vorausgesetzt wurden, anregen können; aber die im 19. Jahrhundert eben sich konstituierende Germanistik war an ganz anderen Themenbereichen interessiert. Gegen Ende des Jahrhunderts wurde die Problematik der „Naturformen“ wiederentdeckt, vor allem durch Wilhelm Dilthey. Er vertrat die Auffassung, daß die spezifisch menschlichen Produkte nie auf rein mechanistische Weise erklärt werden könnten, weswegen es nötig sei, die Regelmäßigkeiten zu studieren, die bei den schöpferischen Akten, aus denen sie hervorgehen, wirksam werden. (Sein Programm nahm also in einem wesentlichen Aspekt, allerdings im Bezug nur auf den Menschen, die Erforschung der kreativen „Selbstorganisation" vorweg.[13])

Diltheys Anregungen wurden aufgenommen, doch blieben wirklich befriedigende Ergebnisse aus. Warum das so war, lehrte, zumindest zu einem Teil, Emil Staiger mit seinem Buch „Grundbegriffe der Poetik" von 1946 begreifen. Wenngleich einst Goethe darauf aufmerksam gemacht hatte, daß man Auswirkungen aller drei „Naturformen" in ein und derselben Dichtung finden könne, hatte er doch die Begriffe „Epos", „Lyrik", „Drama" beibehalten. Sie aber brachten fast notwendig die Vorstellung von gewissen massiven Einheiten mit sich, wie sie mit Recht angesetzt werden, wenn man z.B. von einem Roman oder von einer Komödie spricht. In solchen Fällen darf man vom Einzelwerk erwarten, daß es mit allen Teilen seiner Gattung gemäß ist: im guten Roman ist alles romanhaft, in der guten Komödie gibt es nichts, das nicht komödienhaft wäre. Bei den Naturformen ist es anders. Staiger schrieb:

> „Ein lyrisches Gedicht (...) kann, gerade weil es ein Gedicht ist, nicht bloß lyrisch sein. Es nimmt in verschiedenen Graden und Arten an allen Gattungsideen teil, und nur ein *Vorrang* des Lyrischen bestimmt uns, die Verse lyrisch zu nennen."[14]

Es geht nicht um Lyrik, sondern um das Lyrische, nicht um Epos und Drama, sondern um das Epische und das Dramatische, also um Strukturmuster. Das arbeitete Staiger sehr klar heraus. Überdies legte er auch dar, daß mit der Thematisierung der mit dem Wesen des Menschen verbundenen „Naturformen der Poesie" der Bereich der Dichtung überstiegen wird. Er sagte von seiner Poetik:

> „Sie kündigt sich an als literaturwissenschaftlicher Beitrag zum Problem der allgemeinen Anthropologie, d.h. sie bemüht sich nachzuweisen, wie das Wesen des Menschen im Bereich des dichterischen Schaffens erscheint. Eben deshalb leugnet sie nicht, sondern betont mit allem Nachdruck, daß die Geltung der Gattungsbegriffe nicht auf die Literatur beschränkt ist, daß es sich hier um literaturwissenschaftliche Namen für allgemeine Möglichkeiten des Menschen handelt. Auf die Frage ‚Was ist der Mensch?' ist die ganze Problemstellung ausgerichtet."[15]

Von Staigers Poetik gingen bedeutende Anregungen auf die Literaturwissenschaft aus. Nach einiger Zeit erwies sich jedoch, daß die Weise wie er die Strukturmuster gefaßt hatte, zu eng war. Es wurden, davon wird noch die Rede sein, Ergänzungen vorgeschlagen. Auch sie erwiesen sich als fruchtbar. Gleichwohl ist auch Staigers Bemühung stecken geblieben. Offensichtlich war seine Weise des Versuchs zur anthropologischer Fundierung abwegig. Er wählte sich dazu die von Martin Heidegger in „Sein und Zeit" (1927) entwickelte Thesen über die sogenannten „Ekstasen der Zeitlichkeit". Abgesehen davon, daß Staiger diese Wahl nicht zureichend zu begründen vermochte, stützte er sich damit auf eine der schwächsten Stellen des großen philosophischen Werkes[16]. Die Diskussion um Staigers - trotz allem in manchen Aspekten wegweisendes - Buch faßte Klaus W. Hempfer im Jahre 1973 zusammen:

> „Wegen der Widersprüche, in die sich der Autor verwickelt - aufgrund seiner Ansätze verwickeln mußte -, kann eine Gattungstheorie, die die Trias der Grundhaltungen in der skizzierten Art und Weise als ewig präexistente, im Sein des Menschen begründete Ideen annimmt, als falsifiziert gelten. Jeder neue Versuch, hinter der Vielfalt des Geschichtlichen ein Konstantes aufzudecken, hätte folglich einen anderen Weg einschlagen müssen."[17]

Hempfer erörterte auch andere Ansätze, vor allem auch solche, die aus der Linguistik entwickelt worden waren, kam jedoch bei ihnen gleichfalls zu einem negativen Ergebnis. Damit konnte es scheinen, als sei die Diskussion um die „Naturformen der Poesie", wie Goethe gesagt, oder um die „Gattungsstile", wie Staiger sich ausgedrückt hatte, definitiv geschlossen. Aber ohne Hempfers Buch noch kennen zu können, hatte ich gerade damals den Versuch unternommen, mir vom Begriff der drei Kategorien der Literatur aus einen Weg zu den Gattungsstilen zu bahnen. Als ich Helfers Untersuchung dann studierte, schien es mir, daß sie seiner Begehung keine Hindernisse in den Weg legte.

5. Die dichterischen Gattungsstile als dominante Strukturmuster

Die damals angestellten Überlegungen habe ich nicht veröffentlicht. Eine Niederschrift von ihnen fand sich jedoch in meinen Papieren in der Form einer „Diskussionsvorlage" für ein Seminar über die deutsche Ballade, das ich zusammen mit meinem Kollegen aus der Linguistik Rudolf Freudenberg im Wintersemester 1973/74 abhielt. Ausgangspunkt war für mich dabei, wie gesagt, die zuvor entdeckte Möglichkeit, im Gesamtbereich des Geschriebenen drei Kategorien zu unterscheiden und sie als Manifestationen von Potentialität, Aktualität und Resultativität zu deuten. Im übrigen wurde für mich Staigers schon von Goethe vorweggenommene, aber noch nicht konsequent ins Begriffliche übersetzte Einsicht maßgeblich, daß die Gattungsstile keine konkreten Gattungen sind, die alle Einzelteile eines Werks normativ prägen. Das von Staiger dabei der Alleinherrschaft entgegengestellte Prinzip der Vorherrschaft oder der Dominanz hatte ich schon bei der Bestimmung der Kategorien der Literatur genutzt. Ihm entsprechend hatte ich betont, mit der Zuweisung eines Textes zur Kategorie der Potentialliteratur werde keinesfalls geleugnet, daß in ihm auch Zeugnisse eines politischen Wollens und von fundiertem Wissen vorkommen, also Momente, die in der Aktual- und in der Resultativliteratur beheimatet sind. Mitgemeint war, daß in der agitatorischen und in der wissenschaftlichen Literatur in untergeordneter Weise die jeweils anderen Strukturmuster auftreten können.

Zusammenfassend gesagt, hatte ich angenommen, daß im Gesamtbereich des Geschriebenen oder der Literatur drei jeweils dominante Strukturmuster auftreten können: das Muster der **Potentialdominanz (=PD)** bei der dichterischen oder Potentialliteratur, das Muster **Aktualdominanz (=AD)** bei der politischen, der agigatorischen Literatur und das Muster der **Resultativdominanz (=RD)** bei der Erkenntnisse vermittelnden, der wissenschaftlichen Literatur. (Vgl. Abb. 1)

Abb. 1

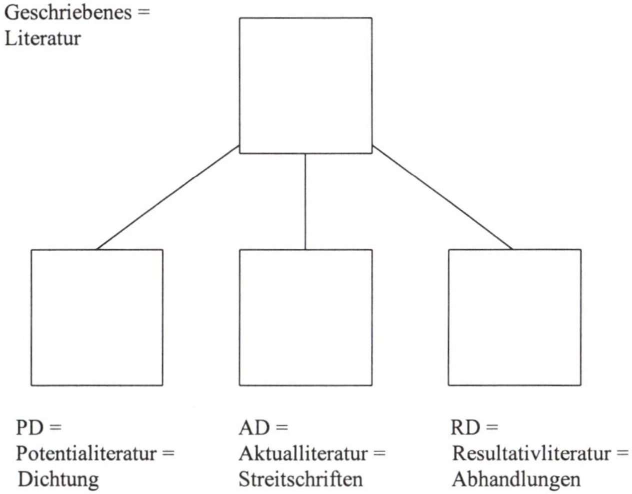

Jetzt schien mir, daß alles darauf ankomme, auch die Gattungsstile als Dominanzen zu begreifen. Für wegweisend hielt ich folgende Sätze von Staiger:

> „Die *Substantive* Epos, Lyrik, Drama gebraucht man in der Regel als Namen für das Fach, in das eine Dichtung als ganzes nach bestimmten, äußerlich sichtbaren Merkmalen gehört. (...) Etwas anderes meinen die *Adjektive* lyrisch, episch, dramatisch. (...) <Es sind> keine Namen von Fächern, in denen man Dichtungen unterbringen kann. Die Fächer, die Arten haben sich seit der Antike ins Unübersehbare vermehrt. Die Namen Lyrik, Epos, Drama genügen bei weitem nicht, sie zu benennen. Die Adjektive lyrisch, episch, dramatisch dagegen erhalten sich als Namen einfacher Qualitäten, an denen eine bestimmte Dichtung Anteil haben kann oder auch nicht. Deshalb können wir damit ein Werk aus jedem beliebigen Fach bezeichnen.“[18]

An dieser Erkenntnis orientiert, war nun zu fragen, ob es möglich sei, das Lyrische, das Epische, das Dramatische als Dominanzen innerhalb der bei der Potentialliteratur bestehenden Potentialdominanz ausfindig zu machen. Um einen Einstieg zu gewinnen, konnte man diese Frage präzisieren und nach einer etwaigen durch einen der drei Gattungsstile bedingten Verstärkung der Potentialdominanz Ausschau halten. Tatsächlich mußte man dann nach einer Antwort nicht lange suchen. Oft schon war festgestellt worden, daß das spezifisch Dichterische am intensivsten im Bereich des Lyrischen zum Ausdruck komme. Überdies hatte Staiger darauf aufmerksam gemacht, daß das Ich des lyrischen Gedichts keinen festen Stand in der Wirklichkeit habe, weswegen es im Französischen nicht als „moi", sondern als „je" zu bezeichnen wäre.[19] Man konnte von ihm auch sagen, es existiere etwa so, wie ein Ich im Traum. Das alles verwies auf jenen schwebenden Zustand, der dem nicht Wirklichen, sondern Möglichen eigen ist, und also auf eine Potentialdominanz.

Sodann war zu fragen, ob es innerhalb der dichterischen Literatur auch eine Aktualdominanz gebe, also eine Weise, in der fortwährend ein in der bestehenden Wirklichkeit erscheinendes Wollen anderer Menschen angesprochen würde. Auch in diesem Fall fand sich eine unkomplizierte Antwort. Staiger hatte herausgearbeitet, daß im Dramatischen kein einzelnes Ich spricht, aber alle Personen in gewisser Weise immer dasselbe sagen, nämlich daß das, was ist, nicht sein solle, sondern verändert werden müsse[20]. Im Dramatischen besteht eine Aktualdominanz.

Nun verblieb noch die erzählende Dichtung. Sie ließ sich ebenso leicht mit dem noch übrigen dritten Begriff, mit dem der Resultativdominanz, zusammendenken. Wieder konnte dabei der Rückbezug auf Staiger hilfreich sein. Im Gegensatz zum lyrischen Ich verfügt, wie Staiger darlegte, das erzählende über einen festen Standpunkt und dieser ist ihm auch nötig, weil es ihm darum geht, Wissen auszubreiten, indem es, wie explizit oft der Märchenerzähler, in unausdrücklicher Weise immer beginnt: „Es war einmal..."[21] Diese Sprechweise korrespondiert derjenigen des Wissenschaftlers im allgemeinen und des Geschichtsschreibers im besonderen. Sie ist von einer Resultativdominanz geprägt. (Vgl. Abb. 2)

Abb. 2

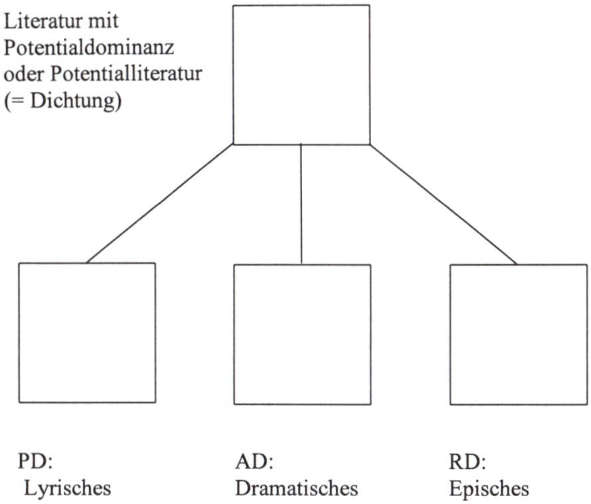

6. Eine Zweideutigkeit

Als ich Hempfers Buch las, das sich als Nekrolog auf die Lehre von den Naturformen der Poesie darstellte, war ich überzeugt, daß es einem Scheintoten gewidmet war. Vielleicht hätte ich damals versuchen sollen, die an Literaturtheorie interessierte Öffentlichkeit mit meinen Überlegungen bekannt zu machen. Möglicherweise wäre eine entsprechende Schrift einem Leser in die Hände gefallen, der sich auch über Neuerungen in der Naturwissenschaft informierte, und er hätte dann festgestellt, daß ich im Bereich der Literatur in ähnlicher Weise Wiederholungsstrukturen ansetzte wie die Vertreter der Selbstorganisation in verschiedenen Bereichen der Natur. Am Ende hätte er dann vielleicht sogar, wie später Paslack, die Vermutung ausgesprochen, daß die von mir verwandte Begriffsdreiheit in die naturwissenschaftlichen Zusammenhänge übernommen werden könnte. Von meiner Seite wäre dagegen nicht das mindeste einzuwenden gewesen. Aber eine derartige Publikation unterließ ich damals, möglicherweise weil ich gerade eine Irritation durch ein gravierendes Problem erlebte, das ich nicht zu lösen vermochte.

Auf dieses Problem stieß ich, als ich einer weiteren damals gemachten Entdeckung nachging. Bei der Komponentenanalyse hatte ich anfangs den Grundgegensatz als einen solchen zwischen einem Haupt- und einem Kontrastthema beschrieben. Dann war mir aufgefallen, daß die komponentiale Dreiheit klarer erkennbar wurde, wenn man ihn als einen solchen von Impuls und Opposition faßte; denn dadurch wurde betont, daß die dritte Komponente den Charakter eines Resultats hat. Bei der Bestimmung der Kategorien der Literatur zeigte sich dann, daß der Begriff des Resultativen sehr gut auch zu den ganz anderen Zusammenhängen paßte, um die es hier ging. Das führte dann weiter zu der Frage, ob etwa auch die Begriffe des Potentialen und des Aktualen in die Terminologie der Komponentenanalyse übernommen werden könnten. Entsprechende Experimente verliefen positiv. So entschloß ich mich, bisweilen die Grundkomponenten auch als die Potential- und die Aktualkomponente zu bezeichnen. In dem 1972 abgeschlossenen Manuskript des Buches „Der kollektive Traum vom Krieg" machte ich von dieser Möglichkeit erstmals in einer für die Öffentlichkeit bestimmten Arbeit Gebrauch.

Mir war immer klar, daß die Begriffsdreiheit im Zusammenhang der Komponentenanalyse etwas anderes bedeutet als in dem der Literaturtheorie und der Gattungspoetik. Seit dem Jahre 1973 wurde es mir sogar möglich, den Unterschied präzise zu benennen. In diesem Jahr entwarf ich in dem Vortrag „Textlinguistik und Komponentenanalyse" ein Textmodell, das erlauben sollte, die linguistischen - und auch die strukturalistischen - Strukturen von der komponentialanalytischen zu unterscheiden. Dabei setzte ich eine Ebene I an, auf der massive Einheiten, isolierbare Elemente, erscheinen, nämlich die verschiedenen Wörter, eine Ebene II, die durch Relationen zwischen diesen Elementen gebildet wird, und eine Ebene III des Sinnganzen, das alle Elemente und ihre sämtlichen Relationen umfaßt und durchdringt. Es gab für mich keinen Zweifel, daß das Potentiale, Aktuale und Resultative dann, wenn es in der Literaturtheorie oder in der Gattungspoetik erscheint, durch die Gegebenheiten der Ebene II geprägt ist, während es als Manifestation der komponentialen Sinnstruktur der Ebene III zugehört. Aber ein Unterschied setzt immer Gemeinsames voraus und darum vermag man ihn ganz erst dann zu begreifen, wenn man dieses erkannt hat. In diesem Fall wollte es mir aber nicht gelingen, das von mir vorausgesetzte Gemeinsame gedanklich zu erfassen.

Wahrscheinlich war mir damals noch nicht hinreichend bewußt, daß die in der Natur vorherrschenden Wiederholungsstrukturen auch in der Kultur wirksam sind und daß umgekehrt die in der Kultur dominanten Epochalstrukturen auch in der Natur vorkommen. Die Einsicht in diese Art von Gemeinsamkeit hätte mir vielleicht ein wenig weitergeholfen. Aber eine Lösung hätte mein Problem dadurch nicht gefunden. Weiterhin hätte ich ja nicht zu sagen vermocht, wieso der Dreiheit des Potentialen, des Aktualen und des Resultativen sowohl bei den Epochal- als auch bei den Wiederholungsstrukturen eine fundamentale Bedeutung zukommt.

Wäre mir die Klärung des Grundes der Gemeinsamkeit damals gelungen, so hätte ich wohl Vorkehrungen getroffen, um bei meinen Lesern eine Vermischung der zwei Erscheinungsweisen, wie sie dann bei Paslack eingetreten ist, zu verhindern. Nachträglich sage ich mir, daß ich, wenn mir die

Klärung schon nicht gelang, gut getan hätte, wenigstens auf das offene Problem ausdrücklich hinzuweisen.

Zu meiner Entlastung darf ich allerdings anführen, daß ich 1975, also gerade in der Zeit, in der mich die beschriebene Problematik beschäftigte, der Einladung zu einer Kurzzeitdozentur an der Kairo Universität folgte und dann 1976 eine dreijährige Gastprofessur an dieser Universität antrat. Die Tätigkeit in Kairo eröffnete mir die Möglichkeit, ein Forschungsprojekt vorzubereiten und dann auch durchzuführen, mit dem die Anwendbarkeit der Komponentenanalyse auf außereuropäische Texte geprüft werden sollte. Dieses Projekt erzwang bei mir eine Konzentrierung auf die Probleme der Epochengeschichte. Bald begannen völlig unerwartete Sachverhalte sichtbar zu werden und sie beanspruchten nun meine ganze Aufmerksamkeit. (Am Schluß konnte dann die These vertreten werden, daß sich seit den zwanziger Jahren in Ägypten derselbe epochengeschichtliche Prozeß vollzogen hat wie in Mitteleuropa[22]).

Es war erst nach meiner Rückkehr nach Marburg im Jahre 1979, daß auch die Probleme der Gattungspoetik für mich wieder aktuell wurden.

7. Über Rollenstile

Anlaß für die erneute Beschäftigung mit der Gattungspoetik gab mir der Umstand, daß im Fach Neuere deutsche Literatur in Marburg ein Turnus eingerichtet worden war, der jeden Professor verpflichtete, für Studienanfänger in regelmäßigen Abständen eine einführende Lehrveranstaltung abzuhalten. Ich hielt es für selbstverständlich, in diesem Rahmen auch mit der Lehre von den literarischen Gattungen und ihren Problemen bekannt zu machen. Unumgänglich war es dabei, die Überlegungen von Emil Staiger zu referieren und dann auch über Einwände zu berichten, die gegen sie vorgebracht worden waren. Dabei führte ich die grundsätzlichen Bedenken von Hempfer an, aber auch weitere Vorbehalte, die Staigers Deutungen der einzelnen Gattungsstile als zu eng bezeichneten.

Bei den grundsätzlichen Bedenken stellte ich die Möglichkeit zur Diskussion, daß sie ansatzweise behoben werden könnten, wenn man zunächst drei Kategorien der Literatur anhand von Dominanzen des Potentialen, des Aktualen und des Resultativen unterschiede und dann innerhalb der Potentialliteratur nach abermaligen Dominanzen fragte. Dann kam ich auf die Einzeleinwände zu sprechen, und nun schien es, daß dieselbe Begriffsdreiheit abermals Lösungen anbot. Ich bezog mich auf folgende Überlegungen:

Einer dieser Einwände wurde von Franz K. Stanzel herausgearbeitet, erstmals im Jahre 1964 in der Schrift „Typische Formen des Romans"[23]. Darin stellte er fest, daß Staiger sich bei der Bestimmung des Epischen an Homer orientiert und deshalb einen Erzähler im Auge gehabt habe, von dem er mit Recht sagen konnte, sein Wissen sei eine Allwissenheit, da es aus einer völligen Übersicht über das Geschehene hervorgehe. Diese Eigenschaft des Erzählers der Homerischen Dichtungen kehre jedoch, so gab Stanzel nun zu bedenken, keineswegs in allen erzählerischen Werken wieder. So beschränkten sich manche Erzähler auf die Mitteilung von Sachverhalten, die sie selbst erlebt hatten oder auf die Wiedergabe von ihnen zugänglichen Berichten. Ein solcher Erzähler, ein „Ich-Erzähler“, verfüge also keineswegs über ein so umfassendes Wissen wie derjenige der Homerischen Dichtungen, den man auch als den „auktorialen“ bezeichnen könne.

Überdies gebe es einen Erzähler, dessen Wissen von einer dritten Art sei. Er erzähle, indem er sich in den Wissenshorizont einer Person oder einer Gruppe von Personen versetze. Ihn bezeichnete Stanzel als den „personalen“ Erzähler

Ein Erzähler kann also, so folgerte der österreichische Anglist, eine von drei möglichen „Haltungen“ einnehmen. Staigers Begriff des epischen Stils fiel zu eng aus, weil in ihm nur eine davon berücksichtigt wurde.

Die drei Haltungen kamen nun, wie Stanzel meinte, nicht zufällig zustande. Bei der personalen Haltung konstatierte er eine eigentümliche Verwandtschaft mit dem Schauspielhaften:

> „Sobald der Erzähler ganz hinter seine Charaktere zurückgetreten ist, glaubt der Leser nicht mehr den Erzähler als Vermittler der Geschichte vor sich zu haben, sondern unterwirft sich der Illusion, ähnlich wie in einem Schauspiel unmittelbar vor der dargebotenen Szene zu stehen.“[24]

Möglicherweise stellte er eine ähnliche Verwandtschaft dann auch zwischen dem Ich-Erzähler und dem lyrischen Ich fest. Jedenfalls schrieb er, „daß die drei Typen des Romans in einer auffälligen Korrespondenz zur herkömmlichen Gattungstriade Epik, Lyrik, Dramatik stehen, bzw. zu den ‚Grundbegriffen der Poetik‘, wie sie Emil Staiger auffaßt“[25]. Allerdings wußte er nicht zu sagen, „wie weit mit dieser Korrespondenz ein konkreter Zusammenhang“ aufzuweisen sei[26].

Das Bestehen eines konkreten Zusammenhangs darf angenommen werden, wenn die im Gesamtzusammenhang der Dichtung festgestellten Dominanzen innerhalb der epischen Dichtung wiederkehren. Dann wäre zu sagen, daß das innerhalb des Dichterischen von einer Resultativdominanz geprägte Epische einer weiteren Resultativdominanz Raum geben könne und diese dann an der auktorialen Erzählhaltung erscheine, die ausgesprochen epische Epik mit sich bringe. Das Epische könne jedoch im Rahmen seiner selbst und also seiner Resultativdominanz auch eine Aktualdominanz entstehen lassen, und das sei dann der Fall, wenn der Erzähler die personale Haltung

Abb. 3

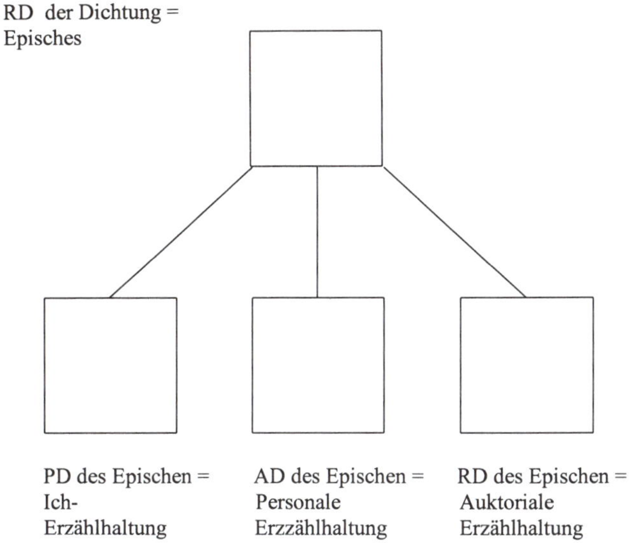

annehme und szenische Darstellungen gestalte. Und schließlich sei innerhalb des Epischen auch noch eine Potentialdominanz möglich, indem ein dem lyrischen Ich verwandter Ich-Erzähler das Wort ergreift. (Vgl. Abb. 3).

So plausibel dies sich ausnehmen mag, wird man doch zögern es zu akzeptieren, wenn nicht Analoges auch beim Lyrischen und beim Dramatischen nachgewiesen werden kann. Nun ist ein so umfassender Verbesserungsvorschlag wie im Hinblick auf Staigers Begriff des Epischen im bezug auf seinen Begriff des Lyrischen meines Wissens nicht entwickelt worden. Wohl aber wurde dieser von verschiedenen Seiten kritisiert, weil er zu sehr an jener Lyrik orientiert sei, die von Goethe und der deutschen Romantik verfaßt wurde. In ihr erscheint in der Tat ein Ich, das ohne festen Halt ist und hinfließt - in der Natur, im Traum. Aber wie verhält es sich mit jener Lyrik, in der ein Sänger Protest erhebt gegen gesellschaftliche Mißstände oder auch einen Lobpreis anstimmt auf einen Fürsten oder auf eine schöne Dame? Muß in ihr das Ich nicht einen stabilen Standpunkt einnehmen? Und erscheint es in der sogenannten Gedankenlyrik, wie sie z.B. Schiller verfaßt hat, nicht unter abermals ganz anderen Bedingungen? Da es fähig ist, anspruchsvolle Denkzusammenhänge zu entwickeln, muß es jedenfalls ganz anders beschaffen sein, als Staigers haltloses „je".

Wenn man nach möglichen Dominanzen fragt, so lassen sich diese Einwände ohne weiteres aufnehmen. Das Ich der Gedankenlyrik ist ein wissendes Ich wie das eines Erzählers oder eines Wissenschaftlers. Mit ihm verbindet sich eine Resultativdominanz. Und das Ich im Preis- oder Protestlied verhält sich wie die Figuren im Drama oder wie der Verfasser eines politischen Textes. Es zeigt eine Aktualdominanz an.

Abb. 4

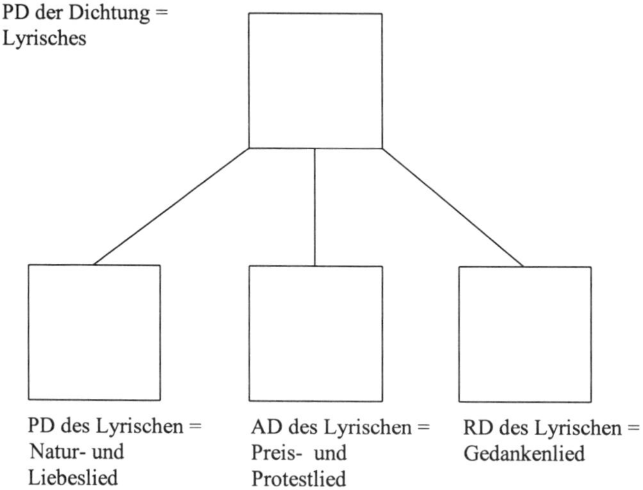

Nach dieser Überlegung bleibt zu fragen, ob Staigers Bestimmungen des Lyrischen etwa der noch verbleibenden lyrischen Potentialdominanz entsprechen. Die Antwort ist eindeutig: so verhält es sich in der Tat. Genau wie Staiger beim Epischen die Resultativdominanz innerhalb des Epischen erfaßt hat, so nun beim Lyrischen dessen Potentialdominanz, und also das spezifisch Lyrische im Lyrischen. (Vgl. Abb. 4)

Im Hinblick auf Staigers Begriff des dramatischen Stils wurde ebenfalls Kritik vorgebracht. In diesem Fall führte das jedoch auch, wie beim epischen Stil, zu einem Ergänzungsvorschlag, wenngleich nicht zu einem so umfassenden. Er ist Volker Klotz mit seinem Buch „Geschlossene und offene Form des Dramas“ von 1960 zu verdanken[27].

Ähnlich wie dann Stanzel, hielt Klotz Staigers Entwurf für nicht falsch, aber ergänzungsbedürftig. Er legte dar, daß sich bestimmte Dramen, die er unter dem Begriff der „geschlossenen Form“ zusammenfaßte, von Staiger her gut begreifen lassen. Unter den Eigenarten dieser Form hob er seinerseits die enge Verkettung der Szenen und auch der Dialoge hervor.

Exemplarisch konnte er dies vor allem an Dramen Schillers aus seiner „klassischen“ Schaffenszeit aufzeigen.

Einer andersartigen, der „offenen Form“ gehören nach Klotz Dramen wie Georg Büchners „Woyzeck“ an. Hauptkennzeichen von ihr ist die mangelnde Verfugtheit von Dialogen und Szenen. Den dadurch entstehenden „zentrifugalen Tendenzen der Handlung“ müssen „zentripetale Kräfte“ entgegenwirken. Ihr Ausgangspunkt ist vor allem eine Hauptfigur, ein „zentrales Ich“.

> „Eine bestimmte dramatische Person steht im Vordergrund, besser im Mittelpunkt. Sie hält zusammen die Fülle der dispergierenden Szenen und der darin zur Anschauung kommenden Welt“[28].

Dieses Merkmal zeigt an, daß die offene Form des Dramas „bis zu einem gewissen Grad zwischen dem Dramatischem und dem Epischen“ steht; denn konstitutiv für das Epische ist ja das Hervortreten einer zentralen Figur im Erzähler. Durch die offene Form kommt es also zu einer „Episierung des Dramas“[29].

Ausgedrückt in den hier eingeführten Begriffen bedeutet das, daß beim offenen Drama eine Resultativdominanz vorliegt. Das geschlossene Drama stellt, genau wie die anderen von Staiger herausgearbeiteten Stileigenarten, die reinste Erscheinungsweise des Gattungsstils dar: es entspricht der Aktualdominanz.

Nun fehlt innerhalb des Dramatischen noch eine dritte Dominanz, die des Potentialen. Sie müßte in einer Entsprechung zum Lyrischen stehen. Man braucht dies nur festzustellen, um die Lösung schon in Händen zu haben. Es gibt eine von Klotz nicht berücksichtigte, nicht allzu häufig, aber bisweilen doch in großer Klarheit auftretende dritte Form des Dramas. Sie pflegt als „lyrisches Drama“ bezeichnet zu werden. Musterbeispiele dafür findet man im Frühwerk von Hugo von Hofmannsthal. Ich nehme an, daß für jeden, der diese kleinen Meisterwerke kennt, die Existenz einer dramatischen Potentialdominanz evident ist. (Vgl. Abb. 5)

Somit hat sich gezeigt, daß innerhalb aller drei von Staiger beschriebenen Gattungsstile Dominanzen auftreten. Man kann das auch so ausdrücken, daß man sagt, es würden innerhalb der Gattungsstile bestimmte Rollen übernommen. Dann mag man von jeweils drei *Rollenstilen* sprechen.

In meinen Lehrveranstaltungen forderte ich nach Darlegungen wie den soeben beschriebenen die Studenten auf, bei beliebigen dichterischen Texten

Abb. 5

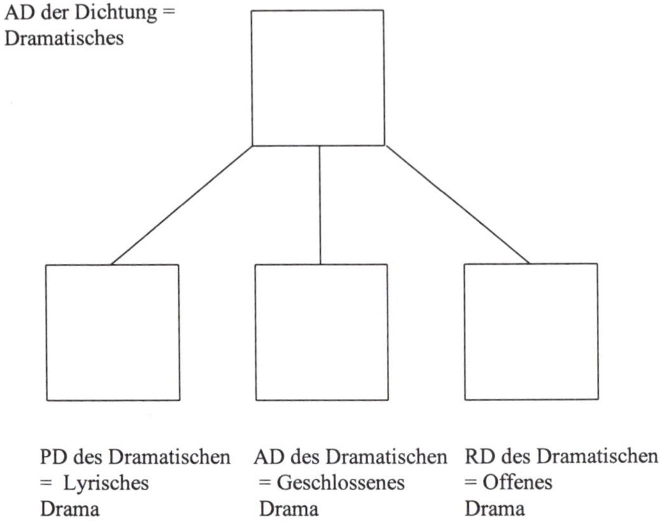

zu prüfen, ob in ihnen Auswirkungen der Gattungs- und der Rollenstile zu erkennen seien. Diese Versuche verliefen positiv. So meinte ich feststellen zu dürfen, daß es gelungen sei, die Existenz von Staigers Gattungsstilen nach einigen Präzisierungen in der Form von dominanten Mustern doch noch zu bestätigen und darüber hinaus sogar innerhalb von ihnen die Wirkung derselben Dominanzenstrukturen sichtbar zu machen.

8. Verirrungen

Hätte Rainer Paslack von diesen Einsichten Kenntnis erlangt, so hätte ihn das zu der Frage veranlassen können, ob diese Dominanzenmuster zu den Phänomenen der Selbstorganisation nicht besser paßten als die epochalen Strukturen. Das hätte ihm vielleicht geholfen jenen Irrtum zu vermeiden, der dann den Erkenntnisgewinn seiner Studie über „Potentialismus und Selbstorganisation" beeinträchtigen sollte. Für sicher halte ich diese Konsequenz allerdings keineswegs. Die Auseinandersetzung mit Wiederholungsstrukturen konnte anscheinend zur Folge haben, daß man zu einer Verirrung solcher Art geradezu gedrängt wurde. Dafür spricht ein paradoxes Verhalten von mir selbst, dessen ich mir in der Zwischenzeit bewußt geworden bin.

In einem Vortrag des Jahres 1991 stimmte ich, wie erwähnt, Paslacks Vorschlag, die PAR-Struktur auf Phänomene der Selbstorganisation anzuwenden, zu, erhob aber Einwände gegen sein Parallelisieren von

Phänomenen der Selbstorganisation mit solchen der Epochengeschichte. Sodann suchte ich zu zeigen, daß es im Bereich der Kultur von der PAR-Struktur geprägte Muster gibt, bei denen das Ansetzen einer Verwandtschaft mit den in Frage stehenden Naturphänomenen legitim ist. Zu diesem Zweck beschrieb ich die Dominanzenstrukturen von Rollenstilen, Gattungsstilen, Literaturkategorien. Dann suchte ich zu zeigen, daß es möglich sei, dieselben Dominanzenstrukturen auch noch oberhalb des Bereichs der Literatur auf verschiedenen weiteren Abstraktionsebenen wiederzuerkennen. In Erinnerung an Staigers These, daß die Gattungsstile letztlich in der Seinsweise des Menschen gründeten, suchte ich schließlich noch eine Strukturschicht zu bestimmen, die allen vorstellbaren Weisen menschlicher Tätigkeit vorherginge und als ihr Ursprung gelten könnte.

Dieser letzte Schritt erschien mir als eine logische Konsequenz des Beschreibungsprozesses, der in immer höhere Höhen der Abstraktion geführt hatte. Ich wurde mir nicht bewußt, daß ich jetzt, weil ich mich auf nichts aus dem Menschlichen mir Bekanntes mehr beziehen konnte, diese Grundbestimmungen fingieren mußte. Noch weniger wurde mir klar, daß ich mit diesen Fiktionen eine Aussage über den Beginn eines qualitativen Wandels machte, eines Wandels aus einem Bereich, in dem Menschliches noch nicht manifest ist, in einen, in dem es zu erscheinen beginnt. Tatsächlich aber war ich aus dem Beschreiben von Wiederholungsstrukturen plötzlich ausgebrochen und hatte einen Vorgang aus der Sphäre der Epochalstrukturen thematisiert. Ich war derselben Verirrung verfallen, die ich in Paslacks Studie soeben moniert hatte.

Heute mutet mich dies um so merkwürdiger an, als ich mich zwei Jahre zuvor intensiv mit einem Problemzusammenhang auseinandergesetzt hatte, der mir jetzt als weitere Variante dieser selben Verirrung erscheint. Anlaß dazu hatte mir das Buch „A Brief History of Time“[31] gegeben. Obschon sein Verfasser Stephen Hawking bis dahin keine popularwissenschaftlichen Schriften, sondern nur hoch spezialisierte Arbeiten verfaßt hatte und durch sie mit an die Spitze der physikalischen Forschung gelangt war, sollte dieses Buch bald zu einem Welt-best-seller werden. Dazu kam es nicht allein, weil Hawking sich bemüht hatte, seine Überlegungen auch für Nichtfachleute verständlich zu machen, sondern auch, weil viele Leute empfanden, daß diese für ihr eigenes Weltverständnis wichtig seien. Meinerseits setzte ich mich mit dem Buch in einem Vortrag auseinander, den ich 1989 hielt und der dann 1991 im Druck erschien[32].

Vielleicht noch ungewöhnlicher als der Publikumserfolg dieses Buches ist sein Anlaß. Hawking verfaßte es nämlich, um über eine Erkenntnis hinwegzukommen, die er selbst errungen und die ihm dann weltweiten Ruhm eingebracht hatte. Ihr Hintergrund war die im Jahre 1965 möglich gewordene empirische Bestätigung einer schon seit den zwanziger Jahren mit rein theoretischer Begründung vertretenen These, wonach das Universum nicht, wie die Physiker bis dahin angenommen hatten, immer schon existierte, sondern einmal, mit einem „Urknall“, begonnen hat. Hierauf bezogen, führte Hawking nun den Nachweis, daß beim Urknall Bedingungen gegeben waren, die es der Physik unmöglich machen, über ihn hinauszudenken und in den ihm vorausgegangenen Bereich einzudringen. Damit erregte Hawking unter den Physikern weltweit erhebliches Aufsehen. Das dürfte für ihn persönlich um so erfreulicher gewesen sein, als es niemandem gelang, ihn zu widerlegen. Aber allmählich wurde er sich bewußt, daß seine Erkenntnis eine Folgerung nötig machte, die jeder, der, wie er selbst, darauf hoffte, daß die Physik eines Tages die ganze Welt würde erklären können, als äußerst betrüblich empfinden mußte: Nie würde es möglich werden zu erkennen, warum die Welt überhaupt entstanden ist und warum gerade mit den Gesetzen, die sich an ihr zeigen. Zu den Fragen, die danach für immer unbeantwortet bleiben mußten, gehörten auch gerade für den Physiker so wichtige wie die, warum die Anfangsgeschwindigkeit des Urknalls genau diejenige war, die eine Balance hielt zwischen dem Verpuffen der Urmaterie und ihrem Zusammensacken, oder die, warum die Expansionsbewegung sich zwar gleichmäßig vollzog und doch in ihr sich etwas wie Knoten bilden konnten, nämlich die Gestirne.

Hawking wollte sich mit dem Verlust des Glauben an die Unbegrenztheit der naturwissenschaftlichen Denkweise nicht zufrieden geben. Einen Ausweg sah er in einem Rückgriff auf eine in der Mathematik entwickelte Vorstellung, die mit dem Begriff “imaginäre Zahlen“ bezeichnet wird. Er wandte die imaginären Zahlen auf die Zeit an und erreichte dadurch, daß eine „imaginäre Zeit“ zur Erscheinung kam. Das war gleichbedeutend mit dem Verschwinden der realen Zeit. Aus diesem Vorgang meinte Hawking schließen zu dürfen, daß die reale Zeit nie wirklich, sondern immer nur scheinbar existiert habe. So bezeichnete er sie nun als eine Fiktion, die von ihm sichtbar gemachte imaginäre Zeit aber als die wahre.

Indem die reale Zeit verschwand, kam natürlich auch das Phänomen des Anfangs in der realen Zeit (oder auch: des Anfangs von realer Zeit) zum Verschwinden. Und damit verlor die Zwangslage des Physikers, einen Anfang erklären zu müssen und dies nicht zu können, alles Bedrängende: wenn der Anfang gar nicht existierte, war er auch nicht erklärungsbedürftig.

Hawkings Beweisführung war in der Hauptsache eine rein mathematische. Allerdings bezog er sich in ihr auch auf das Phänomen der realen Zeit, das keine mathematische Größe ist und dementsprechend seinen Ort außerhalb der Mathematik hat. Darum stellte sich ihm die Aufgabe, die Inexistenz der realen Zeit auch mit nichtmathematischen Mitteln zu beweisen. Er bemühte sich darum. Dabei verließ er den Bereich der Naturwissenschaft und bewegte sich in dem der Humanwissenschaft. Ich meinte in meinem Vortrag zeigen zu können, daß ihm dieser Versuch völlig mißlungen ist. Daraus war meines Erachtens zu folgern, daß nicht die reale Zeit eine Fiktion ist, sondern die imaginäre. Eine Fiktion ist auch Hawkings gesamte

Beweisführung, insofern diese mehr sein soll als ein selbstgenugsames mathematisches Spiel, nämlich ein Mittel zur Deutung von Wirklichkeit.

Darüber hinaus unternahm ich es darzutun, daß diese Verirrung unvermeidlich nur unter der Voraussetzung war, daß die in der Physik maßgebliche Vorstellung von Zeit alles Zeithafte umfaßt. Das aber ist unmöglich; denn der Beginn einer neuen Sinnqualität, der jede Epoche einleitet, macht, wie ernsthaft nicht bestritten werden kann, Zeit manifest und bleibt der physikalischen Messung doch völlig entzogen. Das bedeutet nun, wie ich weiter ausführte, keineswegs, daß solcher Beginn der Vernunft unzugänglich sei. Wer die komponentiale Struktur kennt, weiß, daß qualitativ Neuartiges als Resultatives aufzufassen ist und daß dieses zurückverweist auf Aktuales und auf Potentiales. Da der Beginn des Universums zweifellos eine neuartige Qualität darstellt, entspricht er dem Begriff des Resultativen. Damit verweist er auf einen Prozeß, aus dem unsere Welt hervorging. Von ihm wissen wir, daß in ihm Potentiales und Aktuales zur Wirkung kam. Dank dieses Wissens müßten die Grundzüge des Schöpfungssprozesses für uns erkennbar sein.

In dem Vortrag über Hawking ist die Einsicht enthalten, daß - gesagt in den in der vorliegenden Studie entwickelten Begriffen – bei einer Orientierung an Epochalstrukturen ein Denken über den Urknall hinaus möglich ist, hingegen bei einer Orientierung an Wiederholungsstrukturen – zu denen auch die mathematischen gehören – nicht. Bei meinem Versuch, das aus der Gattungspoetik heraus entwickelte Dominanzensystem bis in höchste Höhen der Abstraktion zu verfolgen, bin ich nun nicht an die Anfangsgrenze des Universums, wohl aber an die des Menschseins gelangt. Wie zuvor schon mit dem Beginn des Lebens ist an ihr eine völlig neuartige Grundqualität existent geworden. Eigentlich hätte ich mir sagen müssen, daß über diese Grenze mit den im Dominanzensystem erfaßten Wiederholungsstrukturen ebenso wenig hinausgedacht werden könne wie mit der Mathematik über den Urknall. Aber ich habe dies unterlassen und so kam es dazu, daß ich auf einmal nicht mehr in der Wirklichkeit existente Strukturen beschrieb, sondern eine Fiktion hervorbrachte. Seitdem mir dies klar geworden ist, bin ich froh, daß dieser Vortrag nie gedruckt wurde.

In zwei späteren Schriften habe ich dann den Versuch unternommen, über den Anfang nicht allein des Menschseins, sondern auch unserer Welt in legitimer Weise, orientiert an der Komponentialstruktur, hinauszudenken[33]. Stephen Hawking hätte diesen Versuch aus der Sicht seines berühmten Buches selbstverständlich zurückweisen müssen; denn eine andere Denkweise als die von der neuzeitlichen Physik entwickelte war ihm damals unvorstellbar. Inzwischen hält er seine damalige Position jedoch für ergänzungsbedürftig. In dem 1993 erschienenen Sammelband „Black holes and Baby Universes and Other Essays“ legte er u.a. dar, daß das physikalische Denken an eine unübersteigbare Grenze nicht nur am Beginn der materiellen Welt gelange, sondern auch an deren Ende, und dieses befinde sich in der Seinsweise des Menschen. „Liebe, Glaube und Moral gehören“, so sagte er jetzt, „einer anderen Kategorie an als die Physik. Aus den physikalischen Gesetzen <kann man> nicht ableiten, wie wir uns verhalten sollen.“[34] Die Entscheidung über das menschliche Verhalten werde letztlich immer durch den freien Willen getroffen. Dessen Existenz sei oft bestritten worden, aber angesichts der menschlichen Wirklichkeit erweise sich diese Leugnung als unhaltbar.

> „Mir ist aufgefallen, daß sogar Menschen, die behaupten, alles sei vorherbestimmt und es stehe nicht in unserer Macht, etwas daran zu ändern, nach links und recht sehen, bevor sie die Straße überqueren. (...) Wir können unser Verhalten nicht nach dem Glauben ausrichten, alles sei vorherbestimmt, weil wir nicht wissen, was vorherbestimmt worden ist. Statt dessen müssen wir uns an die operative Theorie halten, daß wir einen freien Willen haben und daß wir für unser Handeln verantwortlich sind.“[35]

Die Einsicht, daß im Menschen Qualitäten wirksam sind, die sich aus der physikalischen Welt in keiner Weise ableiten lassen, bedeutete für Hawking eine Ergänzung seiner These über die Grenze der physikalischen Denkweise. Da die Existenz der spezifisch menschlichen Qualitäten ihm als Tatsache galt, die nicht unbedacht bleiben durfte, trat für ihn die Möglichkeit einer den Besonderheiten des Menschlichen gerecht werdenden Denkweise in den Blick. Wenn sie in der Lage war, die Grenzmauer der physikalischen Welt zum Menschen hin zu überspringen, so war für sie wahrscheinlich auch die Mauer an deren Beginn kein unüberwindliches Hindernis. Dementsprechend hielt Hawking es nicht mehr für ausgeschlossen, über die Ursache des Universums eines Tages doch noch rationale Aussagen machen zu können. „Meine Arbeit hat,“ so sagte er in einem Rundfunkinterview, das an Weihnachten 1992 gesendet wurde, “lediglich gezeigt, daß man nicht behaupten muß, das Universum habe als eine persönliche Laune Gottes begonnen. Trotzdem bleibt die Frage: Warum macht sich das Universum die Mühe zu existieren? Wenn Sie wollen, können sie Gott als die Antwort auf diese Frage definieren.“[36]

In der vorliegenden Studie soll die Frage nach der Ursache der Welt und des Menschen nicht diskutiert werden, weil es in ihr um Wiederholungsstrukturen geht. Aber deren Ursache gehört mit zu ihrem Thema. Der eigenartige Umstand, daß sie sich dem unmittelbaren Zugriff entzieht und sogar eine Art Einnebelung erreicht, indem sie die Bildung von Fiktionen anregt, kann als Anzeichen dafür gewertet werden, daß sie ihren Ort gar nicht innerhalb unserer Welt hat, sondern jenseits von ihr, und also Bestandteil der großen Kraft ist, welche die Welt erschuf.

Wie schon erwähnt, bietet die Kenntnis der komponentialen Sinnstruktur eine Möglichkeit, über den Beginn der Welt hinauszudenken, weil dieser Beginn als das Resultative eines Prozesses gedeutet werden kann, der sich in der Vor-Welt zutrug. Diese Möglichkeit möchte ich hier nutzen, um die Herkunft der PAR-Struktur zu klären.

9. Über die Herkunft der PAR-Struktur

Wenn man den Uranfang unserer Welt als Resultativität deutet, so schreibt man ihr bestimmte Qualitäten zu, die ihr mitgegeben sein müssen. Bei genauerer Betrachtung hat sich gezeigt, daß diese hoch kompliziert sind. Aber sie haben auch einen einfachen Aspekt, und zur Beantwortung der Frage nach der Herkunft der PAR-Struktur genügt es, diesen in den Blick zu fassen.

Insofern das Anfängliche unserer Welt dem Begriff des Resultativen entspricht, gehört es der komponentialen Struktur an. Das bedeutet im Hinblick auf die Kraft, die in den vorweltlichen Verhältnissen wirksam wurde, zunächst zweierlei. Zum ersten muß, weil die Komponenten Gliederungsmomente einer Einheit sind, diese Kraft in ihrem Wesen einheitlich gewesen sein. Das schließt nicht aus, daß in ihr auch Chaotisches zur Wirkung kam. Aber wenn dies der Fall war, so muß es im Schaffensakt selbst von Einheitlichkeit umfangen worden sein. Zum zweiten kann diese Einheitlichkeit nicht von der Art sein, die wir von Monolithen kennen. Es muß in ihr Wesensverschiedenes wirksam geworden sein - Potentiales und Aktuales -, und zwar gerade auch beim Akt des Schaffens selbst.

Sodann verweist das Moment der Resultativität auf einen Prozeß. Dieser wiederum läßt Zeithaftigkeit sichtbar werden. Was vor der Welt existierte und bei ihrer Erschaffung wirksam wurde, hatte also nicht den Charakter eines „nunc stans", eines stehenden Jetzt. Es war nicht im Sinne von Aristoteles ein Beweger, der selbst von aller Bewegung frei wäre, und auch keine aller Zeithaftigkeit enthobene Idee im Sinne von Platon. Allerdings heißt Zeithaftigkeit im Hinblick auf die vorweltliche Schaffenskraft nicht Vergänglichkeit, sondern Neuerungsfähigkeit.

Schließlich zeigt das Moment der Resultativität auch an, daß die Neuerung, welche aus dieser Kraft hervorgeht, nie von der Art einer Eruption ist, gesetzt daß diese ein regel- und ordnungsloser Ausbruch sei. Resultativität kann immer nur dadurch entstehen, daß zwei Kräfte zusammenwirken, und eine von ihnen muß von der Art des Aktualen sein, die andere von der des Potentialen. Das bedeutet, daß in der vorweltlichen Schaffenskraft eine Ordnung zur Geltung kommt. Diese Ordnung wird durch die jeweils erstehenden Neuerung nie erst hervorgebracht. Auch wird sie durch eine Neuerung niemals verändert. Sie muß in jedem Neuerungsakt in einer in den Grundzügen unveränderlichen Weise zur Geltung kommen. Eine Auswirkung davon ist in der komponentialanalytischen Praxis seit langem wohl bekannt: Das Verhältnis der Sinnkomponenten kann außer auf diachrone auch auf synchrone Weise gedacht werden.

Zu den angesprochenen Komplikationen, die hier nicht erörtert werden sollen, gehört der Umstand, daß die Resultativität des Urschöpfungsaktes zwar die Welt begründet hat, mit ihr jedoch nicht völlig identisch ist. So muß nicht alles für die Welt Fundamentale ein unmittelbares Produkt des vorweltlichen Schöpfungsaktes sein. Doch wenn sich in der Welt Momente nachweisen lassen, für die innerhalb von ihr keine Ursache zu finden ist, so darf mit hoher Wahrscheinlichkeit angenommen werden, daß sie aus dem Urschöpfungsakt stammen. Mit Sicherheit kann dies von denjenigen gesagt werden, von denen ich soeben zeigte, daß sie durch das Zusammenwirken von Potentialem und Aktualem in der Vor-Welt in das Resultative eingingen. Diese für die Welt konstitutiven Momente sind: die gegliederte Einheit, die Zeithaftigkeit als Neuerungsfähigkeit und die Geordnetheit gemäß der Dreiheit von Potentialem, Aktualem und Resultativem.

Diese letztere verliert mit der Ankunft in der Resultativität des Schöpfungsprozesses den Bezug auf das zeitliche Nacheinander. Im Fundament der Welt eingetroffen, nimmt diese Ordnung die Form des Nebeneinander an. Nun hat sie mit dem Bezug auf das Nacheinander auch den Bezug auf das Einheitsstiftende der Neuerungszeit verloren. Böte sich nicht ein anderes Mittel der Einheitlichkeit an, so brächen das Potentiale, das Aktuale und das Resultative in der Welt, und zugleich die Welt selbst, auseinander. Dies kann dadurch verhindert werden, daß jedes der drei Momente einen Teil der beiden anderen in sich aufnimmt. Dann ist zwar das Potentiale noch das Potentiale und das Aktuale noch das Aktuale, das Resultative noch das Resultative, aber nicht in der Form der Allein-, sondern der Vorherrschaft, in der Form der Dominanz. Mit der Bildung der Welt geht die Ausprägung von drei nebeneinander existenten, aber aufeinander bezogenen Dominanzen einher. Mit ihnen erschien erstmals das Strukturmuster, das in der vorliegenden Studie in spezifizierter Form am Beispiel von Gegebenheiten aus dem Bereich der Dichtung herausgearbeitet wurde. Dem Vorschlag von Rainer Paslack folgend, kann man es als das der PAR-Struktur bezeichnen

Die PAR-Struktur ist das universale Merkmal einer stabilen Ordnung der Welt, die von der Ordnung des Prozesses der qualitativen Neuerungen tief verschieden, zugleich ihr jedoch auch nahe ist. Dieser Sachverhalt macht mir nachträglich verständlich, warum ich in der oben geschilderten Weise in Jahren, in denen ich mit Entdeckungen im Bereich der komponentialanalytisch thematisierten Epochengeschichte beschäftigt war, auch die Grundbegriffe der PAR-Struktur im Hinblick auf Kategorien der Literatur fassen und danach umgekehrt diese auch zur Verdeutlichung der komponentialen Sinnstruktur verwenden konnte. Außerdem macht es mir besser begreiflich, warum bei mir später, ähnlich wie auch bei Rainer Paslack, eine Verwechslung zwischen Epochal- und Wiederholungsstrukturen möglich wurde. Darüber hinaus verleiht es Paslacks These von der Verwandtschaft zwischen der Neuen Epochenforschung, der die Komponentenanalyse zugehört, und der Neuen

Systemforschung, die vor allem durch die Thematisierung der Selbstorganisation getragen wird, eine zusätzliche Plausibilität.

Damit die Existenz dieser Verwandtschaft genau geprüft werden kann, muß allerdings versucht werden, von der Ordnung, die oben anläßlich der Erörterung der Rollenstile, der Gattungsstile, der Literaturkategorien in den Blick getreten ist, weitere Bereiche ausfindig zu machen. Da nun soeben ihr mutmaßlicher Anfang gedeutet werden konnte, möchte ich den Versuch unternehmen, sie von der höchsten Stufe aus in absteigender Richtung zu beschreiben. Theoretisch ist dies aufgrund des zuerst von Emil Staiger klar erkannten Prinzips der Dominanzen möglich. Wenn klar ist, welche allgemeine Qualitäten dem Potentialen, dem Aktualen und dem Resultativen auf einer bestimmten Stufe eigen ist, kann versucht werden, eine von ihnen als die dominante zu denken. Das bringt notwendig eine Spezifizierung mit sich. Und diese stellt das Allgemeine auf der nächst niedrigeren Stufe dar.

Grundsätzlich müßte eine Klärung der Ordnung in allen Bereichen der Welt möglich sein. Aber um erkennen zu können, welche Momente bei der jeweiligen Spezifizierung in Frage kommen, sind immer Fachkenntnisse nötig. So werde ich mich auf den Versuch beschränken, jenen Ausschnitt aus der Gesamtordnung zu beschreiben, der zu den schon erörterten tiefen Stufen hinführt. Um mich auf die Begriffsdreiheit des Potentialen, Aktualen und Resultativen in bündiger Weise beziehen zu können, werde ich den von Paslack eingeführten Begriff der PAR-Struktur übernehmen. In meinem Gebrauch wird er streng auf Wiederholungsstrukturen beschränkt bleiben und also nie auf Epochalstrukturen angewandt werden.

10. Über die Ursituation und den Menschen als Zweitschöpfer: „RD 1“

Wenn man vom „Urknall“ spricht, so thematisiert man den Beginn der Welt im Aspekt der Physik. Dieser Beginn muß jedoch auch den Anfang von Momenten enthalten haben, die der Physik gar nicht zugänglich sind. Ein menschliches Kind trägt schon im Mutterleib die Fähigkeiten zum aufrechten Gang oder zum Sprechen in sich, die bei ihm erst sehr viel später zum Tragen kommen. So war die Welt von allem Anfang an ein Bereich, in dem einmal Leben und in dem sogar das Menschsein entstehen konnte. Vermutlich kam in der Dreiheit von anorganischer, organischer und menschlicher Natur die PAR-Struktur in der allgemeinsten Weise zur Erscheinung.

Geht man dieser Vermutung nach, so muß man allerdings berücksichtigen, daß die Begriffe der PAR-Struktur aus dem Blick auf Gegebenheiten der menschlichen Kultur gefaßt worden sind. Sie müssen also umgeprägt werden.

Wenn man fragt, ob in der unbelebten und der belebten Welt Eigenarten dieser Struktur zu erkennen seien, so fällt auf, daß in der belebten ein Moment der Neuerung wirkt, das in der unbelebten in gleicher Weise nicht zu finden ist. Das spricht dafür, daß die belebte Welt durch eine besondere Nähe zum Potentialen ausgezeichnet ist, die unbelebte aber durch eine spezifische Affinität zum Aktualen. Allerdings ist zu bedenken, daß das Potentiale im vormenschlichen Leben noch nicht jene Fähigkeit zu Neuerungen qualitativer Art beinhaltet, deren Auswirkungen wir aus der Kulturgeschichte kennen, sondern lediglich eine Tendenz zur Vermehrung innerhalb eines gleichbleibenden Rahmens. Diese mag man in ganz allgemeiner Weise als *„das Expansive"* bezeichnen.

Bezieht man nun die unbelebte Natur auf das Aktuale, so muß man berücksichtigen, daß das Moment des „Bisher" bei ihm von nur sehr geringer Bedeutung sein kann, weil ja dasjenige der qualitativen Neuerung kaum zur Geltung kommt. Am wichtigsten ist bei diesem Aktualen wohl der Umstand, daß in ihm eine Kraft wirkt, die alles Einzelne zusammenhält. Vielleicht ist sie angemessen bezeichnet durch den Begriff *„das Kontraktive"*.

Da die drei Konstitutiva der PAR-Struktur zusammengehören, müßte seit dem Urknall in der Tat nicht allein das Kontraktive existent gewesen sein, sondern, wenn auch nur in vorläufigen Ausdrucksformen, das Expansive. Darüber hinaus müßte, allerdings in nur ganz rudimentärer Ausprägung, auch schon das vorhanden gewesen sein, was dann in der Menschheit das Maßgebliche werden sollte. Nun ist angesichts des „Resultativen" natürlich noch nachdrücklicher als gegenüber dem „Potentialen" zu sagen, daß vor dem Erscheinen des Menschen der aus der Kulturgeschichte bekannte Qualitätswandel in keinem Fall beobachtet werden konnte. Deswegen bedarf der Inhalt des Begriffs hier eines anderen Schwergewichts. Vielleicht liegt es in dem Umstand, daß es in der belebten Natur, und wohl auch schon in der unbelebten, Momente gibt, die nicht einfach sich selbst zum Vorschein bringen, sondern auf anderes hinweisen, und insofern die Existenz des anderen in der Weise voraussetzen, wie es bei jeder Demonstration der Fall ist. Dann könnte man das Resultative im vormenschlichen Bereich auch *„das Demonstrative"* nennen.

Mit dem Beginn der Welt könnte das Dominanzensystem der PAR-Struktur in der Dreiheit von Kontraktivem, Expansivem und Demonstrativem hervorgetreten sein. Ob das tatsächlich der Fall war, müßte allerdings erst durch Erprobungen festgestellt werden. Die Begriffe sind nur als Denkhilfen gemeint, nicht als Bezeichnungen von Erkenntnissen.

Bei einer Eprobung wäre, wie bereits erwähnt, von jedem der drei allgemeinsten Begriffe aus zu fragen, welche Spezifizierung zustande kommt, wenn man den Begriffsbereich gemäß der PAR-Struktur untergliedert und jeweils eines der drei Momente als dominant denkt. Man steigt dann von der Spitze der Dominanzenpyramide als einer Stufe Nummer eins eine Stufe tiefer, und danach eine weitere und so fort, immer vom Abstrakteren zum Konkreteren.

Die Begriffe des Expansiven, Kontraktiven und Demonstrativen sind gedacht als mögliche Ansatzpunkte zu einer Erforschung des Dominanzensystems im vormenschlichen Bereich. Betrachtet man das Menschliche in diesem Rahmen, so ist von ihm zu sagen, daß es mit seinen Besonderheiten in der Sphäre des Demonstrativen hervortritt. Hier verleiht es dem, was das Demonstrative sein kann, seinen höchsten Ausdruck. Sollen, wie in der vorliegenden Studie, einzig die Dominanzen innerhalb der Kultur thematisiert werden, so ist es ratsam, die bisher benutzte Begriffsdreiheit wieder aufzunehmen, und zwar, um Verwirrungen zu vermeiden, schon bei der ersten, auch die organische und unorganische Natur umfassenden Stufe. Unter diesem Gesichtspunkt ist also von der **Stufe 1** zu sagen, daß ihre Aktualdominanz (= AD 1) durch die Grundzüge der anorganischen Natur gebildet wird, ihre Potentialdominanz (= PD 1) durch das Konstitutive der organischen Natur und ihre Resultativdominanz (= RD 1) durch das Fundament des Menschseins. (Vgl. Abb. 6)

Abb. 6

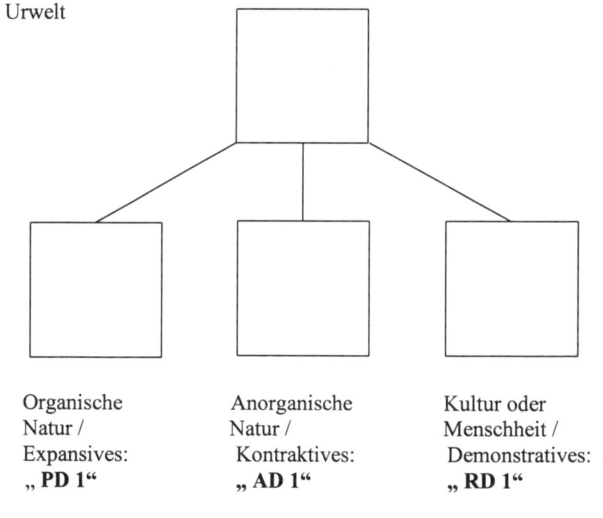

Mit dem Erscheinen des Menschlichen nimmt das Dominanzensystem einen spezifischen Grundcharakter an, der es von der unbelebten und der belebten Natur wesentlich unterscheidet. Da wir wissen, daß der Mensch sehr viel später zu existieren begann als das Leben und dieses wiederum sehr viel später als der anorganische Kosmos, liegt es nahe, sich das Verhältnis der drei Welten als Abfolge vorzustellen. So berechtigt das unter sonstigen Gesichtspunkten ist, wäre es bei der Orientierung am Dominanzenssystem doch ganz verfehlt. Das Menschliche gehört hier nicht deshalb zum dritten

Konstitutivum, weil es am spätesten existent wurde, sondern weil es in seinem Wesen mit dem Demonstrativen aufs engste verbunden ist.

Mit dieser Feststellung ist zuvörderst gesagt, daß wesentliche Momente der anorganischen und der organischen Natur im Menschen wiederkehren, und zwar nicht allein aus genetischen, sondern auch aus strukturontologischen Gründen. Sodann ist damit jedoch auch angezeigt, daß deren Bedeutung sich beim Menschen insofern verändert, als sie hier einem anderen System zugehören.

Die Beachtung beider Momente ist sehr wichtig, wenn die PAR-Struktur entsprechend der Anregung von Rainer Paslack zu „komparatistischen" Studien genutzt wird, wenn also Erkenntnisse aus den drei Welten hin und her übertragen werden. Man muß sorgsam darauf achten, daß die vormenschlichen Welten nicht auf unangemessene Weise „humanisiert" werden. Mit aus diesem Grund habe ich vorgeschlagen, bei ihnen die PAR-Struktur besser über die Begriffe des Expansiven, Kontraktiven und Demonstrativen in den Blick zu fassen. Unbedingt muß auch eine Deutung von Menschlichem aus den vormenschlichen Systemzusammenhängen vermieden werden. Da dieser Fehler durch ein fast selbstverständlich gewordenes Denkmuster - das in der Evolutionstheorie gründet - nahegelegt wird, ist dazu eine bewußte Entscheidung nötig. Im Folgenden werde ich mich, wie angekündigt, auf Überlegungen zum Menschlichen beschränken, weswegen Verirrungen der eben genannten Art hier nicht zu befürchten sind.

Da die zu benennenden PAR-Strukturen notwendig einem sehr hohen Abstraktionsgrad entsprechen, trägt es vielleicht zu ihrer besseren Verständlichkeit bei, wenn ich sie nicht allein durch einen sachbezogenen Begriff charakterisiere, sondern für jede auch noch die Bezeichnung einer bestimmten Weise der - berufsartigen - menschlichen Tätigkeit einsetze, notfalls eine ad hoc erfundene.

Zu Benennung der Eigenart des Menschen hat die griechische Metaphysik den Begriff des intelligenten Tiers eingeführt. Er hat sich im 20. Jahrhundert unter verschiedenen Gesichtspunkten als unzulänglich erwiesen, teils aus philosophischen, teils aus naturwissenschaftlichen Gründen, teils auch wegen der simplen Tatsache, daß mit den Computern Apparate gebaut worden sind, die in hohem Maße das zu leisten vermögen, was bis dahin als Privileg der menschlichen Intelligenz gegolten hatte. Die Besonderheit des Menschen manifestiert sich auf einzigartige Weise an einer anderen Fähigkeit, nämlich an der des Schaffens. Einzig der Mensch vermag in schöpferischer Weise Werke hervorzubringen, die es in der äußeren Natur nicht gibt und die auch nicht – wie das Gewebe der Spinnen – durch die eigene Natur determiniert sind. Insofern könnte man vom Menschen sagen, daß er in seinem Wesen ein „Schöpfer" sei.

Indessen legt die Geistesgeschichte der letzten Jahrhunderte es nahe, diesen Namen zu ergänzen. Bisweilen hat man nämlich, erfüllt vom Zauber dieses Namens, geglaubt, man könne von dem Umstand ganz absehen, daß der Mensch sich immer in einer Natur vorfindet, die den Charakter der Geschaffenheit hat, und insofern nie ein originärer, sondern immer nur ein sekundärer Schöpfer sein kann. Die Folge davon war immer eine unselige Verzerrung des Denkens. Vielleicht trägt es dazu bei, eine solche in der Zukunft zu vermeiden, wenn man einen in dieser Hinsicht eindeutigen Kunstnamen benutzt und den Menschen als den **„Zweitschöpfer“** bezeichnet. Dieser Name soll hier die Stufe „Resultativdominanz 1“ oder **„RD 1“** charakterisieren.

11. Über den Zweitschöpfer als Seher, Erwiderer und Zeichensetzer: „RD 2“

Auf der Stufe „RD 2“, zu der man gelangt, indem man in Gedanken eines der drei Konstitutiva dominant sein läßt und nun fragt, wie es sich als Folge davon spezifiziert, sind die ersten spezifisch menschlichen Dominanzen zu erwarten.

Bei der *Potentialdominanz* tritt diejenige Fähigkeit des Menschen hervor, die bei seiner schöpferischen Existenz die maßgebliche ist. Sie besteht in der Phantasie, verstanden als Kraft zur Wahrnehmung neuer Sinnmöglichkeiten. Indem man dies feststellt, konstatiert man auch, daß die menschliche Schöpferkraft sich wesenhaft von den Kräften der außermenschlichen Natur unterscheidet, denen bisweilen, vor allem auch von Vertretern der wissenschaftlichen Bewegung der Selbstorganisation, „Kreativität“ zugeschrieben wird. Die Wirkung dieser Kräfte überschreitet zwar den Bereich des Mechanischen, nicht aber den der Wiederholungsstrukturen. Für die schöpferische Phantasie dagegen sind die Wiederholungsstrukturen zwar unentbehrlich, aber nur so wie dem Wanderer der Weg; ihr Ziel liegt immer in Epochalstrukturen. Das zeigt sich am deutlichsten in der Kulturgeschichte, in der immer wieder Produkte hervortreten, welche Transparente einer bis dahin noch nie sichtbar gewesenen Sinnmöglichkeit sind. Der Bezug auf Epochalstrukturen manifestiert sich aber auch an eher alltäglichen menschlichen Produkten, da auch ihnen der Charakter der Neu- und Einzigartigkeit eigen ist. Keines von ihnen wäre entstanden, wenn die in ihm gestaltete Sinnmöglichkeit zuvor nicht gesehen worden wäre. In der Potentialdominanz wird der Mensch also primär als *Seher* tätig.

Als solcher steht er notwendig immer dem Unterschied gegenüber, der ein Neuartiges vom Bisherigen abhebt. Das aber heißt, daß er wesenhaft mit der Zeit verbunden ist. Die Zeit darf hier abermals nicht, wie es üblich und durch die physikalischen Zeitmeßverfahren festgeschrieben ist, als Vergänglichkeit aufgefaßt werden, jedenfalls nicht primär. Als Urereignis der Zeit muß die Neuerung gedacht werden (nur wo Neuerung ist, wird etwas alt, muß etwas vergehen). Dies vorausgesetzt, kann gesagt werden, daß der umfassende Grundzug des Potentialen im Bereich des Menschlichen die *Zeithaftigkeit* ist. Sie kommt zusammen mit der Potentialdominanz auf der Stufe „RD 2" zum Tragen.

Durch eine *Aktualdominanz* wird auf dieser Stufe bewirkt, daß der Mensch sich einer schon bestehenden Wirklichkeit gegenüber und durch sie herausgefordert sieht. Diese Wirklichkeit wird zum Teil eine natürliche, teilweise aber immer auch eine menschliche sein. Die letztere ist es, die den Menschen als solchen angeht. Sie verlangt vom herausgeforderten Menschen eine Antwort. Wenn dieser dann selbst tätig wird, so erscheint er als jemand, den man als den *Erwiderer* bezeichnen kann.

Während der Mensch als Seher aus einer immer einmaligen Individualität heraus tätig wird und dabei von seinen Mitmenschen unabhängig bleibt, vermag er als Erwiderer ohne Bezug auf andere Menschen gar nicht er selbst zu sein. Wie für den Seher die Zeithaftigkeit, so ist für den Erwiderer die *Gesellschaftlichkeit* das Maßgebliche.

Bei der *Resultativdominanz* der Stufe „RD 2" macht sich der Umstand geltend, daß Produkte des Menschen, sofern sie spezifisch menschlicher Art sind, aus einem Zusammenwirken menschlicher Potentialität und menschlicher Aktualität hervorgehen, also letztlich aus einem Zusammenwirken von Zeithaftigkeit und Gesellschaftlichkeit. Als Folge davon überschreiten sie den Zusammenhang des bis dahin Bestehenden und zeigen zugleich einen neuartigen an. In vielen Fällen mag der Unterschied praktisch gering sein, doch prinzipiell ist er immer gegeben. So erweist sich der Mensch in seinem Produzieren als Setzer eines Zeichens für einen neuen Zusammenhang, oder kurz: als *Zeichensetzer.*

Der Zusammenhang, auf den das produzierte Zeichen verweist, ist derjenige der vom Seher wahrgenommenen neuen Sinnmöglichkeit. Jedoch ist ein Zeichen selbst nicht mehr nur eine Möglichkeit, sondern etwas Wirkliches. Als solches kann es nur erscheinen innerhalb eines Zusammenhangs, der auch seinerseits verwirklicht ist. Einen solchen mag man als „Werk" bezeichnen. So darf man vom Zeichensetzer sagen, daß der Ort, an dem er sein Zuhause hat, die *Werkhaftigkeit* ist. (Vgl. Abb.7)

Die nunmehr erreichte Charakterisierung des Zweitschöpfers Mensch als eine Sehers, eines Erwiderers und eines Zeichensetzers, zugehörig der Zeithaftigkeit, der Gesellschaftlichkeit und der Werkhaftigkeit, unterscheidet sich erheblich von der noch immer vorherrschenden Meinung, das Wesentliche sei über ihn gesagt durch die Definition als „animal rationale". Die größere Differenzierung ist eine notwendige Folge der ausdrücklichen Berücksichtigung von Systemzusammenhängen. So hat Niklas Luhmann, zu dessen größten Verdiensten es gehört, unter systemtheoretischen Gesichtspunkten die Kategorie „Sinn" in die Gesellschaftswissenschaft

Abb. 7

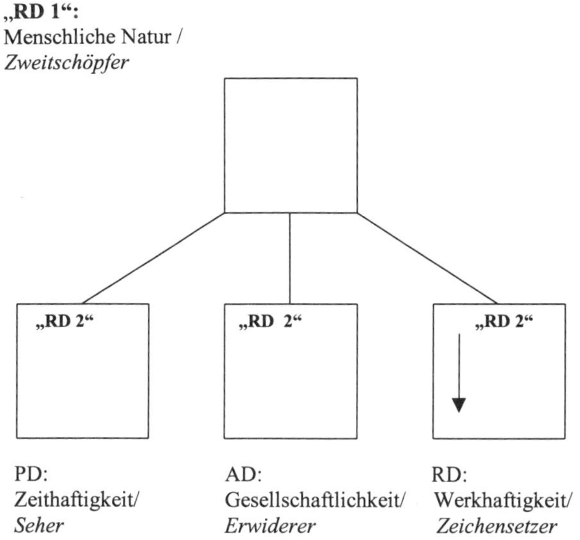

eingeführt zu haben, eine recht ähnliche Bestimmung der menschlichen Grundverfassung vorgeschlagen. Sie unterscheidet sich von der hier entwickelten erheblich nur deshalb, weil Luhmann den zeichenhaften Charakter der von Menschen produzierten „Sachen“ nicht berücksichtigte. Im ersten Band seines Buches „Gesellschaftsstruktur und Semantik“ von 1980 schrieb er:

> „Aller konkreten Typifikation voraus lassen sich an jedem Sinn drei verschiedene Dimensionen der Verweisung auf anderes unterscheiden: die Verweisung auf andere sachliche Sinngehalte in der Bedeutung des älteren Begriffes von Realität, die Verweisung auf zeitlich Distanziertes, Vergangenes oder Künftiges, die Verweisung darauf, wie andere Personen erlebend oder handelnd sich auf den gleichen Sinn beziehen. Entsprechend können wir *Sachdimension, Zeitdimension* und *Sozialdimension* unterscheiden als allgemeine Formen für die Abwandlung der Artikulation von Welt; oder auch: als allgemeine Formen der Ordnung von Selektion.“[37]

12. Über den Zeichensetzer als Rhythmiker, Sprecher, Bildner: „RD 3“

Bei der Stufe „RD 2“ stellt sich die Frage, ob man, um schließlich zu den Kategorien der Literatur zu gelangen, beim Seher, beim Erwiderer oder beim Zeichensetzer weiterdenken solle, also ob entweder im Bereich der Zeithaftigkeit oder der Gesellschaftlichkeit oder der Werkhaftigkeit. Mir scheint, daß die dritte Spalte eindeutig die angebrachte ist, da die Literatur ja einen ausgesprochen werkhaften Charakter haben wird. So ist nun also weiter zu fragen, welche Dominanzen sich auf der Stufe „RD 3" beim *Zeichensetzer* und innerhalb der *Werkhaftigkeit* bilden können.

Eine *Potentialdominanz* führt beim Zeichensetzer dazu, daß Werke entstehen, bei denen dem Moment der Zeithaftigkeit, bestimmt durch die Tendenz zur Neuerung, besondere Bedeutung zukommt. Deren Grundstruktur wird durch die komponentiale Dreiheit angezeigt. Die komponentialanalytische Epochenforschung hat erwiesen, daß in der epochalen Sinnerfahrung Sequenzen auftreten und daß epochale Sinneinheiten durch den rhythmischen Wechsel zweier Grundtypen von einander unterschieden werden[38]. Das Hauptmerkmal dürfte darum der Rhythmus sein. Die Position, die sich bei Potentialdominanz bildet, kann wohl als eine solche der *Musikalität* bezeichnet werden, der in ihr tätige Mensch als der *Rhythmiker.*

Die *Aktualdominanz* der Stufe „RD 3" kommt zustande, indem der Zeichensetzer in der Gesellschaftlichkeit tätig wird. Zeichen, die als Antwort gemeint und auf Mitmenschen bezogen sind, entstehen im Bereich der *Sprachlichkeit.* In diesem verwandelt sich der Zeichensetzer zum *Sprecher.*

Bei der *Resultativdominanz* der Stufe „RD 3" wird die Zeichensetzung gewissermaßen verdoppelt. Das bedeutet, daß das Zeichen ausgearbeitet wird zu einem umfassenden Bild. Die dabei eingenommene Position ist die der *Bildhaftigkeit*, der hier tätige Mensch ist der *Bildner.* (Vgl. Abb. 8)

Vielleicht ist es an dieser Stelle nicht überflüssig, noch einmal zu betonen, daß das Dominanzensystem nichts mit der Entwicklungsgeschichte der verschiedenen menschlichen Fähigkeiten zu tun hat. Es wäre also völlig abwegig anzunehmen, hier würde die Meinung vertreten, der Mensch habe in seiner Frühzeit lange nicht sprechen können und habe sich darum mit der Anfertigung von Zeichen begnügen müssen. Mit dem Dominanzensystem wird vielmehr unterstellt, daß alle darin genannten Fähigkeiten, also auch die zum Sprechen, dem Menschen immer schon eigen gewesen sind, seitdem er Mensch wurde. Damit aber soll andererseits keineswegs behauptet werden, daß er von diesen allen seit je Gebrauch machte oder hätte Gebrauch machen können. Wir wissen heute, daß auf der Erde seit etwa vier Millionen Jahren ein Lebewesen existierte, das sich von allen Säugetieren dadurch unterschied, daß es dauerhaft auf zwei Beinen ging, und also wohl ein Mensch war. Seine Mundhöhle und der Rachenraum waren jedoch so eng, daß jenes Artikulieren, das für uns Heutige zum menschlichen Sprechen gehört, unmöglich vollzogen werden konnte. Trotzdem muß dieses Lebewesen, wenn es denn wirklich bereits ein Mensch war, die Fähigkeit zum Sprechen in sich getragen haben – ebenso wie heute ein neugeborenes Kind oder ein stummer Erwachsener.

Abb. 8

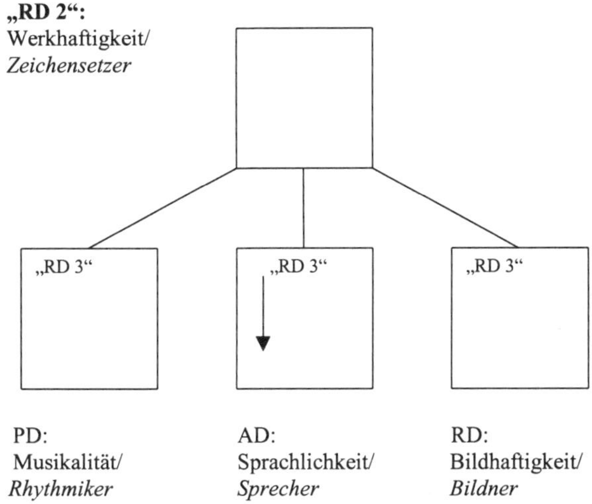

13. Über den Sprecher als Ausrufer, Reder, Schreiber: „RD 4“

Der weitere Weg zu den Kategorien der Literatur geht selbstverständlich vom S*precher* und der *Sprachlichkeit* aus, also von der Aktualdominanz der Stufe „RD 3“.

Wenn bei einem aus einem Zeichensetzer hervorgegangenen Sprecher auf der Stufe „RD 4“ eine *Potentialdominanz* auftritt, so kommt innerhalb des Sprechens das Zeithafte und Rhythmische zu besonderer Geltung, während der Umstand, daß der Sprecher sich an einen Mitmenschen wenden kann, zurücktritt. Eine Sprache dieser Art kennen wir vor allem aus Ausrufen und Aufschreien. Der gemeinte Sinn wird weitgehend durch eine Lautmelodie ausgedrückt (aaaaaah, á, a-haaa etc.). Die Position, die hier zum Tragen kommt, mag man als die des *Aufschreien*s bezeichnen. Um den ihr zugehörigen Menschen zu charakterisieren, kann man den Begriff *Ausrufer* prägen..

Bei einer *Aktualdominanz* des Sprechers tritt das Moment seiner Gesellschaftsbezogenheit, das vom Ausrufer herabgemindert wird, umgekehrt in verstärkter Weise hervor. Nun wendet sich der Sprecher nämlich ganz explizit einer anderen Person, oder auch mehreren, zu und antwortet durch sein Reden. Die für diese Position charakteristische Weise des Sprechens kann man vielleicht durch den Ausdruck *Wechselrede* bezeichnen. Gemeint ist jene Art von Sprache, welche die Linguistik zu ihrem Hauptarbeitsfeld gewählt hat.

Der Mensch, der sich dieser Sprache bedient, ist derjenige, der redet, der *Reder* (zu unterscheiden vom „Redner“, der Reden hält).

Bei der *Resultativdominanz* tritt, ähnlich wie bei der Potentialdominanz, das Moment der Gesellschaftlichkeit zurück. Doch hier gelangt nun dasjenige der Werkhaftigkeit zur Vorherrschaft. Die Sprache wird zu einem Bild gestaltet, das eine feste Gestalt hat. Damit wird sie zur *Literatur*. In deren Umkreis wird der Sprecher zum *Schreiber.*

Der Schreiber kann einen Federkiel oder einen Füllhalter, eine Schreibmaschine oder auch einen PC benutzen, er kann auf Pergament oder Papier oder auch auf Seide schreiben. Möglich ist aber auch, daß er auf jedes Werkzeug und jedes äußere Schreibmaterial verzichtet und einfach ins Gedächtnis schreibt, ins eigene oder in das eines Zuhörers. Entscheidend für das Schreiben ist, daß die Sprache aus der Wechselrede herausgehoben und zu einer festen Gestalt geprägt wird. Die Menschen können also zu Schreibern geworden sein lange bevor die „Schrift“ erfunden wurde. (Vgl. Abb. 9)

Abb. 9

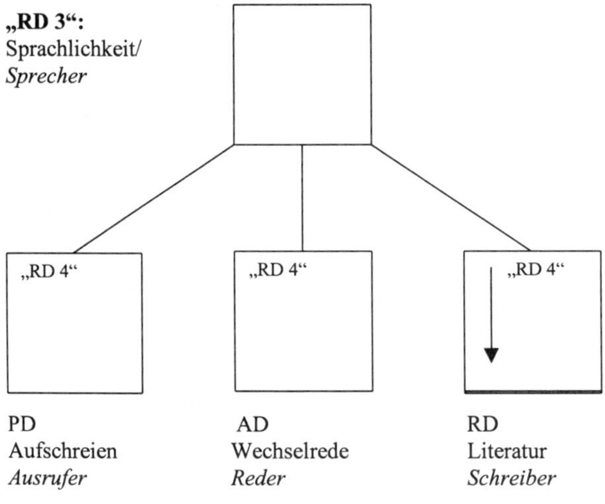

14. Über den Schreiber als Dichter, Propagandist, Gelehrter: „RD 5“

Nachdem der Mensch auf der Stufe 2 des Dominanzensystems zum Zeichensetzer geworden ist, auf der Stufe 3 zum Sprecher, konnte er auf der Stufe 4 zum Schreiber werden (oder auch zum Ausrufer oder zum Reder). Hat er sich entschieden, als Schreiber tätig zu sein, so hat sich ihm das Feld der Literatur eröffnet. Es ist jenes, das oben im Kapitel 3 in den Blick getreten ist.

Bei jener Gelegenheit berichtete ich von einem in einem Vortrag von 1971 (und zuvor in Lehrveranstaltungen) unternommenen Versuch, herauszuarbeiten, daß sich die dichterische Literatur von anderen Arten der Literatur auf markante Weise unterscheidet und darum bei der wissenschaftlichen Untersuchung eine besondere Art des Vorgehens nötig macht. Den Gedanken, das Geschriebene in drei Kategorien zu unterteilen, übernahm ich von Friedrich Schlegel und Friedrich Georg Hegel. Den Ansatz zu dem weiteren Gedanken, das Dichterische nicht, wie um 1800 üblich, vom Moment der Schönheit, sondern von dem der Möglichkeit her begrifflich zu deuten, verdankte ich Aristoteles. (Es war nur der Ansatz zu dieser Deutung, den ich bei Aristoteles fand; denn er meinte das Mögliche noch nicht, wie dann Heidegger, von dem ich beeinflußt war, als Sinnmöglichkeit.)

Als ich damals *Literaturkategorien* zu beschreiben suchte, war ich von der Vorstellung, daß sie innerhalb eines Dominanzensystems auf einerStufe „RD 5" hervortreten, noch weit entfernt. Dementsprechend hätte ich in jenen Jahren noch nicht sagen können, daß der Schreiber bei einer*Potentialdominanz* zum *Dichter* wird, bei einer *Aktualdominanz* zum *Propagandisten* und bei einer *Resultativdominanz* zum *Gelehrten*. Gleichwohl habe ich heute keinen Anlaß, das in dieser Hinsicht damals Gesagte wesentlich zu verändern. Zur Kennzeichnung der drei Kategorien sprach ich damals nur von Potential-, Aktual- und Resultativliteratur. Gemeint waren Texte, die man charakterisieren kann mit den Worten *Dichtung, Streitschriften, Abhandlungen*. (Vgl. Abb. 10).

Abb. 10

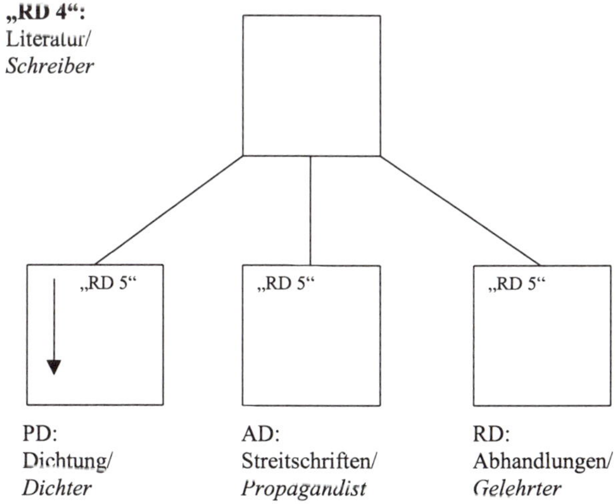

15. Über den Dichter als Lyriker, Dramatiker, Epiker: „RD 6“

Als Hempfer gezeigt hatte, daß Staigers Versuch, die Gattungsstile aus „ewig präexistenten, im Sein des Menschen begründeten Ideen“ abzuleiten, gescheitert sei, meinte er, „jeder neue Versuch, hinter der Vielfalt ein Konstantes aufzudecken“, müsse „einen anderen Weg einschlagen“[39]. Das ist nun tatsächlich geschehen. Der Weg, den ich hier gegangen bin, ist weit außerhalb von Staigers Denkfeld verlaufen. Gleichwohl führte er zu Einsichten, die in den Grundzügen mit denen von Staiger übereinstimmen.

Ein Mensch, der sich entschieden hat, ein Zeichensetzer zu werden und ein Werk zu schaffen, der sich weiterhin entschlossen hat, dabei im Bereich des Sprachlichen, und also als Sprecher, tätig zu werden und der danach noch den Entschluß faßte, daß sein Werk ein geschriebenes sein sollte, ein literarisches, und überdies auch noch des Willens wurde, nicht als Propagandist und nicht als Gelehrter zu schreiben, sondern als Dichter, er muß nun noch eine weitere Entscheidung fällen. Zu seinem Glück kommt es dazu wie auch zu allen früheren, ohne daß er sich dessen in der Regel bewußt wird, und also ganz mühelos. Jetzt geht es darum, ob er als *Lyriker* dichten will, als *Dramatiker* oder als *Epiker*. Die drei Tätigkeitsfelder, die beansprucht werden, kann man einfach als die des *Lyrischen*, des *Epischen* und des *Dramatischen* bezeichnen. Es liegt auf der Hand, daß beim ersten eine *Potentialdominanz* besteht, beim zweiten eine *Aktualdominanz* und beim dritten eine *Resultativdominanz.* (Vgl. Abb. 11)

Abb. 11

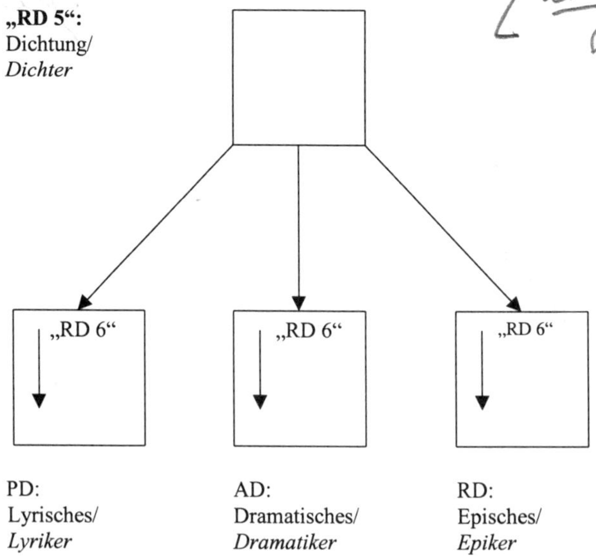

Das Verdienst von Emil Staiger, im Hinblick auf die *Gattungsstile* den Grundgedanken des dominanten Strukturmusters, das zusammen mit zwei untergeordneten auftritt, erstmals klar herausgearbeitet zu haben, ist um so größer, als er - jedenfalls nach meinem Wissen – zuvor in keinem anderen Zweig der Wissenschaft entwickelt worden ist. Wenn das in der Dichtung entdeckte Muster in menschlichen Verhältnissen wiedererkannt werden konnte, die ihren Ort weit jenseits von ihr haben, so darf dies als Bestätigung der Auffassung gewertet werden, daß die Potentialliteratur in besonderem Maße zur Erhellung der conditio humana geeignet ist.

Im übrigen ist der Umstand hoch bedeutsam, daß die ersteErkenntnis der Dominanzenstruktur in der Auseinandersetzung mit den Gegebenheiten gerade der Stufe „RD 5“ möglich wurde. Auf dieser Stufe werden die Strukturmuster des Dominanzensystems nämlich als Gestaltungsprinzip wirksam. Das zeigt sich deutlich, wenn man die Stufe „RD 4“ zum Vergleich in den Blick faßt.

Durch den „Schreiber“ dieser Stufe entstehen Literaturwerke, Texte. Für diese ist die Gestalt wichtig, insofern sie in sich geschlossene, nach außen hin klar abgegrenzte Einheiten darstellen. Innerhalb dieser Gestalt kommen die Strukturmuster des Dominanzensystems zwar vor, und sie können in ihr auch erkannt werden (weswegen eine klare Unterscheidung der verschiedenen Literaturkategorien möglich ist), aber sie erscheinen nicht in der Form ausdrücklicher Gestaltetheit. So kann bei einem Text mit Aktualdominanz, der eine agitatorische Grundtendenz aufweist, durch eine Analyse festgestellt werden, welche Momente von Wissen er enthält und auch, welcher aus dem Dichterischen entliehener Mittel er sich bedient, aber zur Erhellung der agitatorischen Grundabsicht wird das im allgemeinen wenig beitragen.

Wie im Gegensatz hierzu auf der Stufe „RD 5“ Strukturmuster des Dominanzensystems als wesentliche Gestaltungsmittel wirksam werden, kann man sich leicht am Beispiel des Dramatikers klar machen. Häufig fühlt sich ein Dramatiker veranlaßt, eine seiner Figuren eine Geschichte erzählen zu lassen. Damit fügt er der Abfolge des dialogischen Hin und Her ganz offen etwas wie einen Fremdkörper ein, sogar derart deutlich, daß dieser vom Leser oder Zuhörer unweigerlich wahrgenommen wird. Selbstverständlich wird ein künstlerisch versierter Dramatiker dieses Andersartige zu seinen übergeordneten dramatischen Zwecken nutzen, etwa indem er ihm die Funktion eines retardierenden Momentes, das die Spannung erhöht, zuerteilt. Dabei kann er eine Figur längere Zeit ungestört berichten oder aber sie immer wieder durch ungeduldige Zuhörer unterbrochen werden lassen. In jedem Fall kommt das epische Moment in seiner wesenhaften Verschiedenheit vom Dramatischen zur Geltung.

Bei der wissenschaftlichen Analyse müßte dieser Sachverhalt ausdrücklichen gewürdigt werden. Würde man das Erzählen einer Figur deshalb, weil es ja in den weiteren dramatischen Zusammenhang integriert ist, als rein dramatisches Stilmittel behandeln, so bliebe die Analyse ergänzungsbedürftig, wenn sie nicht sogar ein schiefes Bild vermittelte. Dasselbe gilt selbstverständlich auch für das Auftreten lyrischer Strukturen in einem Drama, etwa indem ein Lied gesungen oder ein Monolog gesprochen wird. Im übrigen wäre Analoges von Dichtungen zu sagen, bei denen das epische oder das lyrische Muster dominiert.

So viel ich Staiger verdanke, mußte ich von seinen Überlegungen doch auch abweichen. Das war vor allem beim Entwurf des Systems der Dominanzen der Fall. Die Pyramide, die sich zufolge der von mir versuchten Darstellung über den Gattungsstilen erhebt, liegt ganz außerhalb von Staigers Vorstellungen. Ähnlich blieb ihm auch der Gedanke fremd, daß die Gattungsstile in sich selbst gegliedert sein könnten. Wie ich schon darlegte, ist dieser jedoch, wenn auch nur ansatzweise, bald nach der Publikation von Staigers bahnbrechendem Werk gefaßt worden.

16. Über Lyriker, Dramatiker und Epiker als Träger von Rollenstilen: „RD 7“

Wie im Kapitel 7 dargelegt, wurde bei der Diskussion um Emil Staigers Buch „Grundbegriffe der Poetik“ wiederholt der Einwand vorgebracht, daß seine Bestimmung der Gattungsstile bei weitem nicht allen Texten gerecht würde, die sie eigentlich umfassen müßte. Wenn man den Ausschnitt des Dominanzensystems kennt, den ich hier beschrieben habe, mag man meinen, es hätte doch ganz einfach sein müssen, die von Staiger für die Gattungsstile geprägten Begriffe auch zu Gliederungen innerhalb der Gattungsstile zu erproben. Tatsächlich hat Stanzel die Vermutung ausgesprochen, daß zwischen den von ihm herausgearbeiteten drei Spezifikationen des epischen Gattungsstils und Staigers Dreiheit der Gattungsstile eine Beziehung bestehe. Wenn er dann nicht in der Lage war, diese genauer zu beschreiben, und wenn im Fall der zwei anderen Gattungsstile eine entsprechende Überlegung gar nicht erst publiziert wurde, so lag das wohl daran, daß Staigers Begriffe auch insofern zu eng waren, als sie einen Bezug auf das ja auch von ihm thematisierte höhere Allgemeine, auf die von ihm postulierten anthropologischen Grundzüge, kaum zum Ausdruck brachten.

Als dank der Begriffe der PAR-Struktur solches Allgemeine klar in den Blick gefaßt werden konnte, wurde diese Spezifizierung, wie das Kapitel 7 gezeigt haben dürfte, ohne weiteres möglich. Allerdings kam eine Besonderheit der Stufe der Rollenstile damals deshalb noch nicht in den Blick, weil die Beschreibung des Ausschnitts aus dem Dominanzensystem noch ausstand.

Dabei konnte dann bei jeder Stufe die durch die jeweilige Dominanz ermöglichte Tätigkeit so genau erfaßt werden, daß sich zu ihrer Illustrierung etwas wie ein Beruf anführen ließ. Es waren die folgenden: Stufe 1 / RD: der

Zweitschöpfer; Stufe 2 / RD: der Zeichensetzer; Stufe 3 / AD: der Sprecher; Stufe 4 / RD: der Schreiber; Stufe 5 / PD: der Dichter; Stufe 6 / PD: der Lyriker, AD: der Dramatiker, RD: der Epiker. Die sechste Stufe brachte insoweit eine Abweichung von der Art der früheren mit sich, als an der Stelle von einer einzigen Figur drei genannt werden mußten. Bei der Stufe 7 aber läßt sich eine eigenständige Figur überhaupt nicht anführen. Statt ihrer müssen Varianten der Repräsentanten der Gattungsstile aufgeführt werden: Naturlyriker, politischer Lyriker, Gedankenlyriker; lyrischer Dramatiker, Dramatiker der geschlossenen Form, Dramatiker der offenen Form; Ich-Erzähler, personaler Erzähler, auktorialer Erzähler.

Die 7. Stufe vermittelt den Eindruck, daß das System auf ihr ausfranst. (Vgl. Abb.12). Vielleicht enthält dieser Eindruck schon die Erklärung für die eigenartige Beschaffenheit dieser Stufe: Wahrscheinlich geht mit ihr das System zu Ende.

Dem entspricht ein bemerkenswerter Sachverhalt. Bei der Stufe 4 begann eine Bindung der Strukturen an feste Gestalten. Für den auf dieser Stufe wirksamen Schreiber war das Prägen von Sprache in einer bestimmten Form der Ausdruck seines Wesens. Der Dichter der Stufe 5 behielt diese

Abb. 12

„RD 6“:
Gattungsstile

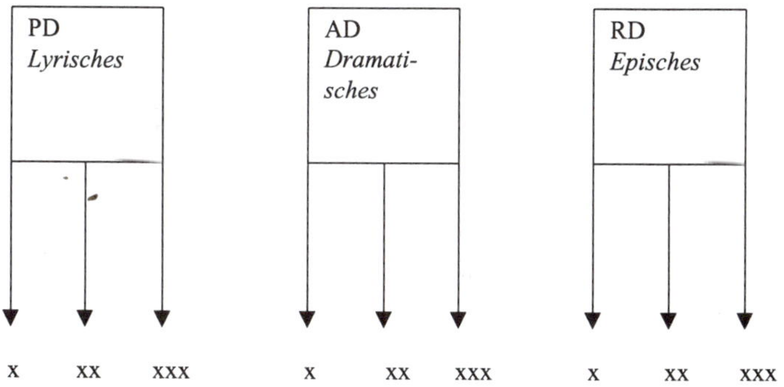

„RD 7“:
Rollenstile

x = PD /
Naturlyriker
x x= AD /
Protestlyriker
xxx = RD /
Gedankenlyriker

x = PD /
Lyr. Dramatiker
xx = AD /
Dram. d. gesch. Form
xxx = RD /
Dram. d. offenen Form

x = PD /
Ich-Erzähler
xx = AD /
Personaler Erz.
xxx = RD /
Auktorialer Erz.

Bindung bei. Zu einer Lösung von ihr kam es auch noch nicht auf der Stufe 6, wie sich z.B. daran zeigt, daß man dem Text einer Dichtung in aller Regel auf den ersten Blick ansieht (also ohne ihn noch gelesen zu haben), ob bei ihm das Lyrische, das Dramatische oder das Erzählerische dominiert. Die Rollenstile der Stufe 7 dagegen geben sich nach außen hin kaum zu erkennen. Um sie zu identifizieren, muß man den Text von innen betrachten.

Derselbe Sachverhalt hat auch Auswirkungen auf die Möglichkeit, das Verfahren der Komponentenanalyse anzuwenden. Grundsätzlich besteht sie überall, wo eine Sinneinheit manifest ist. Das ist bei den Verhältnissen der Stufen 4, 5 und auch noch 6 regelmäßig der Fall, jedoch nicht mehr bei der Stufe 7. (Übrigens ist ein ähnliches Ausfransen, das eine Bildung weiterer Systemeinheiten nicht mehr zuläßt, auch in der komponentialanalytisch erforschten Epochengeschichte zu beobachten; in diesem Fall vollzieht sich das Ausfransen bei den Phasen.)

17. Das Dominanzensystem und die Möglichkeit einer Kulturmedizin

Um die beschriebenen sieben Stufen ausfindig zu machen, war für mich ein Nachdenken nötig, das sich – mit ausgedehnten Intervallen – über Jahre hinzog. Diese Langsamkeit wurde sicher durch den Umstand bedingt, daß ich keinerlei Vorbild kannte, an dem ich mich hätte orientieren können. Das schließlich erreichte Bild erscheint mir nun sowohl bei jedem Stufenschritt als auch in seiner Gesamtheit (vgl. Abb. 13) voll überzeugend. Ich hoffe, daß es mit ihm gelungen ist, ein Hauptproblem der Literaturtheorie, die Begründung der universalen Züge der Gattungspoetik, zu lösen.

Bei der Herleitung der gattungspoetischen Strukturen ging ich von der These aus, daß sie Spezifikationen der PAR-Struktur sind, die, wie ich zuvor meinte zeigen zu können, allen menschlichen Tätigkeiten zugrunde liegt und sogar in der anorganischen und der organischen Natur wirksam ist. Das von mir hier beschriebene Bild stellt also nur einen schmalen Ausschnitt aus dem in der PAR-Struktur gründenden universalen Dominanzensystem dar. In der menschlichen Tätigkeit müßte es seit je zur Geltung gekommen sein, ohne daß sich ein Bewußtsein von ihm gebildet hätte. Seine Erkenntnis wird denn auch nicht die Folge haben, daß die von ihm regulierten Tätigkeiten nun besser ausgeführt werden könnten als zuvor. Die unbewußte Wirkung bedarf keiner Verbesserung und sie ist ihrer nicht einmal fähig.

Allerdings ist das Bewußtsein keine mechanische Widerspiegelung dessen, was ist, sondern immer auch ein Ausdruck menschlichen Wollens. Aus verschiedenen Gründen ist es möglich, daß sich ein individueller oder kollektiver Wille bildet, der die regulierende Wirkung des Dominanzensystem verdunkelt oder verfälscht. Die Folge ist eine kulturelle Erkrankung. Die

Abb.13

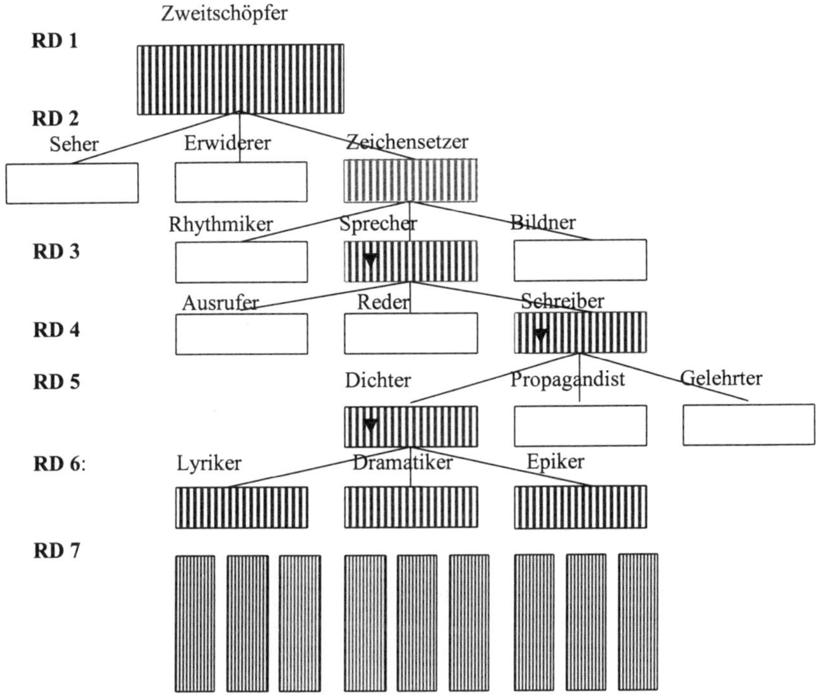

Kenntnis des Dominanzensystems kann helfen, den gesunden Zustand wiederherzustellen.

Ein Beispiel dafür bietet jene von Studenten der Generation von 1968 vertretene eigentümliche Vorstellung von Dichtung, die mich zur ersten Formulierung der PAR-Struktur anregte. Es gab damals genug Literaturwissenschaftler, die aufgrund ihrer Erfahrung im Umgang mit Dichtung von der Verfehltheit dieser Vorstellung überzeugt waren. Aber alle Versuche, dies zu erweisen, wurden als Ausgeburten einer bürgerlichen Ideologie abgetan. Meinem Versuch erging es nicht besser. Wäre das Dominanzensystem jedoch damals schon bekannt und auch anerkannt gewesen, so wäre es manchem der Antiautoritären schwerer gefallen, die angestrebte Revolution der Gesellschaft auch im Bereich der Literaturwissenschaft zu vertreten. Und hätte sich die große Masse, die bisweilen Vernunftgründen kaum zugänglich ist, dadurch zunächst auch nicht aufhalten lassen, so wäre nach dem Abflauen des revolutionären Sturms die Rückbesinnung auf solide Kriterien und sogar die nun nötig gewordene Selbstkritik sehr viel leichter gefallen.

Aus der Kenntnis des Dominanzensystems könnte sich ein Wissenschaftszweig entwickeln, der etwas wie eine Kulturmedizin darstellen würde. Dazu wird es allerdings so lange nicht kommen, als nur der hier beschriebene Ausschnitt bekannt ist. Das Dominanzensystems müßte in der ganzen Breite der menschlichen Kultur erforscht werden. Nachdem das Prinzipielle geklärt ist, dürfte es Fachleuten aus anderen Disziplinen nicht allzu schwer fallen, Ergänzungen vorzunehmen. Trotzdem wird die Gesamtaufgabe nur sehr langsam gelöst werden, wenn sie lediglich sporadisch von Einzelforschern angepackt wird. Eigentlich nötig wäre die Etablierung eines umfassenden interdisziplinären Projekts. Aus Altersgründen bin ich selbst dazu nicht mehr in der Lage. Vielleicht aber faßt ein Jüngerer den Mut zu dieser Aufgabe. (So lange es mir möglich ist, würde ich ihn, falls er es wünscht, selbstverständlich gerne beraten.)

In einer etwaigen Kulturmedizin würde es vor allem um die Korrektur eines Fehlverhaltens gehen, das bei der *Rezeption* von Kulturprodukten zur Geltung kommt. Bei der kulturellen *Produktion* hat das Dominanzensystem jedoch gleichfalls eine fundamentale Bedeutung. Seine Wirkung vollzieht sich auch hierbei weitgehend unbewußt. Bliebe sie aus, so wüßten die Rezipienten mit den ihnen vorgelegten Produkten gar nichts anzufangen. Deren Identifizierung hängt davon ab, daß der Produzent in sie Strukturmuster des Dominanzensystems eingearbeitet hat, die der Rezipient wiederzuerkennen vermag.

Wenn sich der Produzent z.B. eines dichterischen Werks beim Gestalten seiner inneren Stimme überläßt, so wird er in dieser Hinsicht kaum Fehler machen. Aber die menschliche Freiheit wirkt sich auch bei ihm aus und so ist er nicht gefeiht vor einem Eigensinn, der Verzerrungen verursachen kann. Interessante Beispiele dafür ließ die Ideologie des Naturalismus entstehen. Ihr zufolge liegt in der Kunst die Tendenz, Natur zu werden. Angewandt auf das Erzählen bedeutete dies, daß versucht werden mußte, das Erzählte so darzustellen, als ob es sich von selbst vollzöge, ohne die Intervention eines Erzählers. Da dies aufgrund der im Dominanzensystem angelegten Regelmäßigkeiten nicht möglich ist, wurden naturalistische Erzähler zu den merkwürdigsten Verrenkungen gezwungen. Ihre Auswirkungen werden von einem Leser, der nicht naturalistisch, sondern natürlich denkt, als künstlerische Fehler empfunden. Er kann sich dabei allerdings nur auf sein Gefühl berufen. Die Kenntnis des Dominanzensystems erlaubt, auch die Verirrungen von Kulturproduzenten auf rationale Weise festzustellen. Die Kulturmedizin könnte ihre Tätigkeit also auf den Bereich der kulturellen Produktion ausweiten.

18. Existiert das Dominanzensystem auch in der Natur?

Wenn die PAR-Struktur, wie oben dargelegt, in dem Schöpfungsakt entstand, der die Welt hervorbrachte, so muß sie auch außerhalb der Kultur, nämlich in der Natur, existent sein. Fahndet man hier nach ihr, so wird es allerdings, wie ich ebenfalls bereits dargetan habe, zweckmäßig sein, die Begriffe des Potentialen, des Aktualen und des Resultativen zu ersetzen und z.B. mit denen des Expansiven, des Kontraktiven und des Demonstrativen zu arbeiten. Da ich hier keine naturwissenschaftlichen Einzelprobleme erörtern werde, kann ich dem Leser die Mühe ersparen, sich an eine abermalige terminologische Neuerung zu gewöhnen. Ich werde den Ausdruck „PAR-Struktur“ also beibehalten.

Von der PAR-Struktur suchte ich in der vorliegenden Studie zu zeigen, daß sie einerseits eine Wiederholungsstruktur ist und darum von den qualitative Erneuerungen mit sich bringenden Epochalstrukturen streng unterschieden werden muß, andererseits diesen derart nahe steht, daß der Gebrauch der Begriffe des Potentialen, Aktualen und Resultativen in beiden Fällen gerechtfertigt ist. Dieser Umstand kann bei der Suche von PAR-Strukturen in der Natur hilfreich sein. Deren Auftreten ist am ehesten in solchen Bereichen der Natur zu erwarten, in denen nicht die mechanistische Gleichförmigkeit herrscht, sondern etwas wie Kreativität zu verzeichnen ist. Das sind nun vor allem diejenigen, die unter dem Begriff „Selbstorganisation“ zusammengefaßt zu werden pflegen. Dieser Umstand bestätigt mit Nachdruck die Grundthese von Paslack, auf die ich mich in dieser Studie immer wieder bezogen habe.

Vielleicht bietet schon der von mir beschriebene Ausschnitt aus dem Dominanzensystem in der Kultur ausreichende Anhaltspunkte für den Versuch, Auswirkungen der PAR-Struktur auch in der Natur zu finden. Ein Naturwissenschaftler, der sich auf ihn einläßt, wird allerdings wahrscheinlich mit dem Gefühl zu kämpfen haben, sich mit etwas Kuriosem, wenn nicht gar Unanständigem, abzugeben. Seit Jahrhunderten ist es üblich, Erkenntnisse der Naturwissenschaft in die Humanwissenschaft zu übernehmen und auf den Menschen anzuwenden. Dabei wurde vom Wissenstransfer immer unterstellt, daß er sich in einer Einbahnstraße vollziehe. So verstößt es zumindest gegen den guten naturwissenschaftlichen Geschmack, wenn nun Thesen aus der Humanwissenschaft, und gar noch aus demjenigen Sektor von ihr, der weithin als der allerwindigste gilt, aus dem der Literaturwissenschaft, in die Naturwissenschaft übernommen werden sollen, und sei es auch nur versuchsweise.

Aber wenn derartige Empfindungen sich einstellen, so sollte man, wie ich meine, das Folgende bedenken. Der Vorrang der Naturwissenschaft hatte einen Grund, der selbst nicht wissenschaftlicher Art war. Seit dem 16. Jahrhundert breitete sich unter Wissenschaftlern ein – früher in dieser Form nie konstatierbares – Interesse an Gesetzmäßigkeiten aus, die mit mechanischer Notwendigkeit zur Wirkung kommen. Diese fand man am klarsten ausgeprägt in der Natur, und zumal in der unbelebten. Ein vorwissenschaftliches Interesse führte dazu, daß diejenige Disziplin, die das Mechanische am klarsten zu fassen vermag, die Physik, in den Ruf kam, die Wissenschaft katexochen zu sein. Aber schon seit der Begründung der Quantentheorie, und dann erst recht mit der Thematisierung der Selbstorganisation haben maßgebliche Physiker sich selbst vom Ideal des Mechanischen teilweise distanziert. Und wenn es bei der Selbstorganisation um „Kreativität“ geht, so befassen sich nun auch Physiker mit einem Bereich der Welt, von dem niemand bestreiten wird, daß er beim Menschen sehr viel stärker ausgeprägt ist als in der unbelebten Natur. So sollte es nicht verwunderlich sein, daß es für Humanwissenschaftler am leichtesten ist, einschlägige Erkenntnisse zu gewinnen. Und da Kreativität beim Menschen etwas mit Phantasie zu tun hat und da Bilder der Phantasie am deutlichsten in der Dichtung hervortreten, steht die Literaturwissenschaft den relevanten Phänomenen wohl am nächsten.

Zu den Grundfragen, die bei einem Forschen nach Zeugnissen des Dominanzensystems in der Natur zu klären wären, gehört sicherlich die, ob auch in der Natur eine Stufung festgestellt werden kann, und wenn ja, ob sie sich als Entsprechung zu der hier aufgezeigten deuten läßt. Sollte dem so sein, so wäre es ratsam, weiter zu fragen, ob von der Stufe 5 ab auch in der Natur feste Gestalten zu konstatieren sind. Wenn ja, so ließen sich diese vielleicht im Sinne von Rupert Sheldrake als morphische Felder fassen. In diesem Falle wäre damit zu rechnen, daß von dieser Stufe an außer den Mustern der PAR-Struktur auch Manifestationen der komponentialen Sinnstruktur erkennbar würden. Eine klare Unterscheidung zwischen den ontologischen Ebenen II und III müßte also auch hier vorgenommen werden. Von den morphischen Feldern wäre nicht anders als von den komponentialen Sinnstrukturen anzunehmen, daß sie auf den großen Prozeß des qualitativen Wandels bezogen seien, sie auf jenen, der in der Naturwissenschaft als „Evolution“ bezeichnet wird. Möglicherweise könnten auch jene strukturellen Gliederungsmomente wiedererkannt werden, die in der Literaturgeschichte Perioden und Phasen kennzeichnen.

Verschiedene Naturwissenschaftler, und unter ihnen gerade auch Sheldrake, haben neuerdings erkannt, daß die Evolutionstheorie wie sie auf der Grundlage der Thesen von Darwin errichtet worden ist, zum Verständnis des Prozesses qualitativer Wandlungen, der sich in der Natur zugetragen hat, bei weitem nicht ausreicht. Darum wird wohl auch in dieser Hinsicht eine Diskussion um einen Neuansatz geführt werden müssen. In ihr wird es um Epochalstrukturen gehen und von ihnen versuchte ich in der vorliegenden Studie zu zeigen, daß sie von den hier erörterten Wiederholungsstrukturen wesensverschieden, trotzdem mit ihnen aber auch verwandt sind. So ist zu erwarten, daß im Zuge einer etwaigen Klärung des Dominanzensystems auch in der Natur der Qualitätswandel, der sich in ihr zugetragen hat, immer wieder mit in den Blick treten wird, sowohl in seinen verwandten als auch in seinen wesensverschiedenen Zügen. Vielleicht ist es darum nützlich, wenn ich den bezüglichen Gegensatz ein weiteres Mal, und nun auf andere Weise, zu beschreiben versuche. Dazu werde ich allerdings in die Gegebenheiten der Kultur zurückkehren. Daß eine Übertragung auch dieser Überlegungen auf die Natur möglich wäre, halte ich für wahrscheinlich, ihre Art und Weise muß ich jedoch ganz offen lassen.

19. Das Dominanzensystem und der Sinn

Als von der Möglichkeit die Rede war, daß die Erkenntnis des Dominanzensystems zur Begründung einer neuen Art von Medizin führen könnte, kam die menschliche Freiheit in den Blick. Sie ist es, was uns ein Abweichen – auch – von der uns im Dominanzensystem gegebenen Ordnung erlaubt. Darüber hinaus und vor allem ist sie aber nötig, damit das Dominanzensystem auf spezifisch menschliche Weise überhaupt zur Geltung kommen kann. Es ist zwar in der menschlichen Natur angelegt, aber auf andere Art als z.B. die biologischen Funktionen. Wirksam wird es immer nur dann, wenn ein Mensch bereit wird, einen Produktionsakt zu vollziehen. Die Bereitschaft kann ihm nie von außen aufgezwungen werden. Sie entsteht in seinem Inneren aus seiner Freiheit. Sowie sie sich gebildet hat, wendet sich der Mensch dem gleichfalls in seinem Inneren vorfindlichen Dominanzensystem zu. Dann trifft er, orientiert durch seine Intuition, eine Reihe von Entscheidungen zugunsten einer der Möglichkeiten, die sich ihm auf jeder Stufe anbieten. Der Wahlvorgang muß immer von der Stufe 1 ausgehen, denn jede niedrigere Stufe setzt eine Entscheidung bei der höheren voraus.

Bei diesen Entscheidungen bietet nun das Dominanzensystem selbst keinerlei Orientierungsmöglichkeit. Es bewirkt lediglich, daß nach jeder Entscheidung für eine bestimmte Dominanz die dieser entsprechende Struktur in das Produkt eingeht. Das muß so sein; denn die Strukturen des Dominanzensystem können von sich aus ein Produkt nie zu einem Ganzen fügen. Ihre Wesenseigenschaft liegt in der Möglichkeit zur Unterscheidung. Sie kann bewirken z.B., daß eine Potentialdominanz eben eine solche ist, und nicht eine Aktual- oder eine Resultativdominanz, oder daß sie etwa auf der Stufe 3 hervortritt und nicht auf der Stufe 2 oder der Stufe 4.

Die Strukturen des Dominanzensystems sind bei der Produktion unentbehrlich, aber sie verfügen selbst über keine Produktionskraft. Man kann sie mit dem in einem Klavier angelegten Tönesystem vergleichen. Die Töne eines Klaviers erklingen nie von selbst, sondern sind auf die Tätigkeit eines Pianisten angewiesen. Wie dieser völlig anders beschaffen ist als das Klavier, so ist die produzierende Kraft vom Dominanzensystem tief verschieden.

Jedoch erscheint sie, wie ich schon betonte, im selben Autor, der über das Dominanzensystem verfügt.

Fraglos ist sie unendlich viel eingeschränkter als dieses. Sie steht nicht mit dem in Verbindung, was für Menschen immer und überall möglich ist, sondern mit dem, was in einer bestimmten Situation auf einzigartige, noch nie zuvor erschienene und völlig unwiederholbare Weise jetzt verwirklicht werden kann. Aber gerade infolge dieser Eingeschränktheit ist sie in der Lage, etwas zu transportieren, das dem Dominanzensystem durch seine Qualität absolut überlegen ist: einen Sinn

Während ein Autor über das Dominanzensystem zu verfügen vermag, kann er den Sinn nie erzwingen. Er erscheint in ihm durch einen Einfall, in der Art eines Geschenks. Allerdings ist dieses Geschenk besonderer Art, insofern der Autor völlig auf es angewiesen ist. Ohne Einfall kann er kein Werk schaffen. Denn die mit dem Einfall gekommene Sinnmöglichkeit ist es, was dem Autor erlaubt, im Labyrinth des Dominanzensystems sich zurecht zu finden. Bei jeder Wahl, die er zu treffen hat, berät sie ihn. So wird das Werk notwendig zu einem Sinn-Bild, zum gestalteten Bild des Sinnes, der dem Autor eingefallen ist.

Wenn der Gestaltungsakt beendet ist, entschwindet der mit dem Einfall gekommene Sinn aus dem Autor. Er existiert jedoch weiter im Werk. Hier können ihm nun Menschen begegnen, die selbst den vom Autor aufgenommenen Einfall nicht hatten. Dazu ist es für sie nötig, daß sie sich mit den einzelnen Wörtern des Werks und mit den in ihm angelegten Mustern von Relationen beschäftigen, zumal auch mit denjenigen, die aus dem Dominanzensystem stammen. Aber in ihnen finden sie den Sinn selbst niemals, sondern nur Hinweise auf ihn. Warum das so ist, erklärt das Modell von den drei Textebenen. Der Sinn erscheint auf der Ebene III der Texte, die Muster des Dominanzensystems aber sind Wiederholungsstrukturen, die der Ebene II zugehören.

Der in einem menschlichen Werk enthaltene Sinn ist immer neuartig. Aber er hat Anteil an dem weiten Sinnzusammenhang einer Epoche, und dieser gehört in den kaum mehr übersehbaren Zusammenhang der Geschichte aller Epochen.

Anmerkungen

1 *Ehrenfels,* Christian von: Kosmogonie.- Jena 1916.- Vgl. dazu: *Falk*, Walter: Die Entdeckung des komponentialen Prinzips durch Christian von Ehrenfels in „Kosmogonie" (1916) und ihre heutige Bedeutung.- In: *Kintzinger*, Martin/ *Stürner*, Wolfgang/ *Zahlten,* Johannes (Hg.): Das andere Wahrnehmen. Beiträge zur europäischen Geschichte. August Nitschke zum 65. Geburtstag gewidmet.- Köln/ Weimar/ Wien 1991, S. 695-713.

2 *Paslack*, Rainer: Potentialismus und Selbstorganisation. In: *Bernsmeier*, Helmut / *Ziegler*, Hans-Peter: Wandel und Kontinuum. Festschrift für Walter Falk zum 65. Geburtstag. - Frankfurt a.M./ Bern / New York / Paris 1992, S.59-109.

3 Vgl. *Behrens*, Irene: Die Lehre von der Einteilung der Dichtkunst. - In: Beihefte zur Zeitschrift für romanische Philologie 1940.

4 *Scherpe*, Klaus R.: Gattungspoetik im 18. Jahrhundert.- Stuttgart 1968.

5 *Schlegel*, Friedrich: Über das Studium der griechischen Poesie. - In. Kritische Friedrich-Schlegel-Ausgabe, hg. von Ernst Behler, 1. Bd. Studien des klassischen Altertums. - Paderborn / München / Wien 1979, S. 217 ff.

6 *Goethe*, Johann Wolfgang: Noten und Abhandlungen zu besserem Verständnis des West-Östlichen Divans. – In: *ders.*: Neue Gesamtausgabe des Originalverlags. Poetische Werke. Zweiter Band.S. 256-257.

7 Näheres über Dilthey vgl. *Falk*, Walter: Über die geistesgeschichtliche Verfahrensweise. In: *ders..*/ *Zmegac*, Viktor /*Brude-Firnau*, Gisela: Literaturwissenschaftliche Betrachtungsweisen II (= Langs Germanistische Lehrbuchsammlung, Bd. 65/II). - Bern/Frankfurt a.M./ New York/ Paris 1989, S. 7-93.

8 *Staiger*, Emil: Grundbegriffe der Poetik.- 6.A. 1963, S. 204.

9 *Staiger*, wie Anm. 8, S. 253-254.

10 Vgl. *Falk*: Walter: Ein Brief an Martin Heidegger. In: *ders.*: Die Entdeckung der potentialgeschichtlichen Ordnung. Kleine Schriften 1956-1984. I. Teil: Der Weg zur Komponentenanalyse.- Frankfurt a.M./ Bern / New York 1985, S.61-81. Außerdem *ders.*: Hawking irrt! Über das Problem der Zeit. - Stuttgart / Bonn 1991.

11 *Hempfer*, Klaus W.: Gattungstheorie. 1973, S.73-74.

12 Vgl. vor allem: *Freudenberg*, Rudolf: Zum Beispiel Thomas Mann. Elemente einer Narrativik auf semiotischer Grundlage. - In. *Bernsmeier* /*Ziegler* (Hg.), wie Anm. 2, S. 164-248.

13 *Schlegel*, Friedrich: Georg Forster. - In: Kritische Friedrich-Schlegel-Ausgabe, hg. von Ernst Behler. 2. Bd.- München /Paderborn / Wien 1967, S. 78-99.

14 *Hegel*, Georg Wilhelm Friedrich: Vorlesungen über die Ästhetik. In: *ders.:* Werke in zwanzig Bänden. Bd. 15. - Frankfurt a.M. 1970, S. 237 ff.

15 *Falk*, Walter: Kategorien der Literatur. In: *ders.*. Die Entdeckung der potentialgeschichtlichen Ordnung. Kleine Schriften 1956-1984. II. Teil: Der Weg zur komponentialen Ordnung in der Geschichte. - Frankfurt a.M/Bern/New York 1985, S. 47-66.

16 *Falk*, Walter: Der kollektive Traum vom Krieg. Epochale Strukturen der deutschen Literatur zwischen „Naturalismus" und „Expressionismus". - Heidelberg 1977.

17 *Falk*, Walter: Textlinguistik und Komponentenanalyse. - In: *ders.*: Die Entdeckung..., II. Teil, wie Anm. 15, S. 101-112.

18 *Falk*, Walter: Parallele Ägypten. Die epochengeschichtlichen Verhältnisse in der ägyptischen und deutschen Literatur des 20. Jahrhunderts. In Zusammenarbeit mit den Mitgliedern des Projekts „Kairener Gegenwartdiagnose". - Frankfurt a.M./Bern/ New York /Nancy 1984.

19 *Staiger*, Emil: Grundbegriffe..., wie Anm. 8, S. 236-7

20 *Staiger*, Emil: Grundbegriffe..., wie Anm. 8, S. 61.

21 *Staiger*, Emil: Grundbegriffe..., wie Anm. 8, S. 143 ff.

22 *Staiger*, Emil: Grundbegriffe..., wie Anm. 8, S. 83 ff.

23 *Stanzel*, Franz K.: Typische Formen des Romans. - Göttingen 1964.

24 *Stanzel*, Franz K.: Typische Formen..., wie Anm. 23, S. 54.

25 *Stanzel*, Franz K.: Typische Formen..., wie Anm. 23, S. 55.

26 *Stanzel,* Franz K.: Typische Formen..., wie Anm. 23, S. 55.

27 *Klotz*, Volker: Geschlossene und offene Form im Drama.- München 1960, S.119.

28 *Klotz*, Volker: Geschlossene..., wie Anm. 27, S. 18.

29 *Klotz*, Volker: Geschlossene..., wie Anm. 27, S. 19.

30 *Hawking,* Stephen W.: A Brief History of Time. – New York 1988.- Dt.: Eine kurze Geschichte der Zeit. Die Suche nach der Urkraft des Universums.. - Reinbeck bei Hamburg 1988. Dazu *Falk*, Walter: Hawking irrt!..., wie Anm. 10.

31 Vgl. *Falk*, Walter: Die Ordnung in der Geschichte. Eine alternative Deutung des Fortschritts. - Stuttgart/Bonn 1985,S. 209 ff. Sowie *ders.*: Václav Havels Briefe aus dem Gefängnis. Wo der Mensch zu Hause ist. Ein Dialog.- Taunusstein 1994, S. 145 ff.

32 *Luhmann*, Niklas: Gesellschaftsstruktur und Semantik. Studien zur Wissenssoziologie der modernen Gesellschaft, Bd. 1. - Frankfurt a.M. 1980, S. 35

33 Über Sequenzen von Phasen und den Typuswechsel von Perioden vgl. z.B. *Falk*, Walter: Franz Kafka und die Expressionisten im Ende der Neuzeit.- Frankfurt a.M/ Bern/ New York /Paris 1990, S. 125 ff.

34 *Paslack*, Rainer: Urgeschichte der Selbstorganisation. Zur Archäologie eines wissenschaftlichen Paradigmas.- Braunschweig / Wiesbaden 1991.

35 *Paslack*, Rainer: Potentialismus..., wie Anm. 2, S.91.

36 *Müller,* Herbert-Wilhelm und *Paslack*, Rainer: Hugo von Hofmannsthal: Der weiße Fächer. - In: *Falk*, Walter: Handbuch der literarwissenschaftlichen Komponentenanalyse. Theorie, Operationen, Praxis einer Methode der Neuen Epochenforschung. In Zusammenarbeit mit den Mitgliedern eines Marburger Forschungsseminars.- Frankfurt a.M./ Bern / New York 1983, S. 80-88 und 200-204.

37 Vgl. *Falk*, Walter: Parallele Ägypten..., wie Anm. 18.

38 *Paslack*, Rainer: Potentialismus..., wie Anm. 2, S.64-65.

DIE INSPIRATION IN RELIGION UND DICHTUNG – ZUM PROBLEM DER ERMÖGLICHUNG QUALITATIVER NEUERUNGEN

1. Von der Besonderheit des Menschen

Seit dem Griechen sind wir gewohnt, den Menschen als dasζωον λογον εχον oder das animal rationale zu bezeichnen, als das Lebewesen mit Intelligenz. Heute spricht jedoch viel dafür, ein gewisses Maß von Intelligenz auch bei Tieren anzunehmen und ein sogar sehr hohes bei Computern. Was den Menschen in erster Linie auszeichnet, dürfte etwas anderes sein, nämlich die Fähigkeit, eine neuartige Sinnmöglichkeit in sich aufzunehmen, die Fähigkeit, sich inspirieren zu lassen.

Einen direkten paläoanthropologischen Beleg für diese Annahme darf man nicht erwarten. Denn während die Intelligenz mit der Größe des Gehirns in Verbindung gebracht und diese aus der Beschaffenheit von gefundenen Schädeln erschlossen werden konnte, kennen wir von der in der Phantasie sich auswirkenden Inspiration keinen organischen Sitz und dementsprechend auch keinen Träger von ihm im Skelett. Für die Forschung ergibt sich daraus allerdings keine grundsätzlich neue Situation. In den letzten Jahrzehnten hat sich erwiesen, daß unsere Vorfahren Tätigkeiten spezifisch menschlicher Art auch schon ausüben konnten, als das Gehirnvolumen die beim Menschen angenommene Mindestgrenze noch nicht erreicht hatte. Seither ist deutlich, daß verläßliche Zeugnisse des Menschlichen, abgesehen vom aufrechten Gang, einzig die Produkte einer nur dem Menschen möglichen Tätigkeit sind.

Eine empirische Prüfung der Hypothese, daß die Eigenart des Menschen durch die Inspiration bestimmt werde, ist also nur durch eine Untersuchung der kulturgeschichtlichen Neuerungen möglich. Vielfach hat sich bereits erwiesen, daß die bisher unternommenen Versuche zu deren Erklärung verfehlt waren[1]. Es käme nun darauf an festzustellen, ob der neue Ansatz Deutungen erlaubt, die den Tatsachen besser entsprechen. Dabei wird eine Tendenz berücksichtigt werden müssen, die schon jetzt sehr deutlich zu erkennen ist.

Lange Zeit verhielt sich der Mensch den Möglichkeiten zur Neuerung gegenüber äußerst zurückhaltend. So sind seit vier Millionen Jahren aufrecht gehende Lebewesen nachgewiesen, aber erst vor etwa zweieinhalb Millionen Jahren setzte die Produktion von solchen Werkzeugen ein, die Tiere nicht herzustellen vermögen, frühestens vor eineinhalb bis einer Million Jahren der Gebrauch von Feuer. Dieser Tendenz entspricht es, daß Zeugnisse für ein Bewußtsein von der Existenz der Inspiration erst ungemein spät hervortraten. Es geschah allerdings im Zusammenhang mit einer bedeutenden Vermenschlichung des Menschen, nämlich bei der Begründung der Hochkulturen. Aber auch dieses Ereignis, das als Durchbruch des Menschen zu sich selbst zu werten wäre, vermochte nicht sogleich wirklich Klarheit entstehen zu lassen. Vielmehr leitete es einen bis heute andauernden Prozeß ein, in dem dann erhebliche Komplikationen auftraten. Einige Beobachtungen von ihnen möchte ich im Folgenden zu beschreiben versuchen.

2. Die Inspiration und die Dichtung

Vielleicht schon bei den Menschen vom Typus Neandertaler hob die Verehrung höherer Mächte an. Aber offenbar vermochte man diese lange nur in der Gestalt von Tieren wahrzunehmen und darzustellen. Als schließlich auch die menschliche möglich wurde, meinte man zunächst auf eine Repräsentierung des Kopfes oder zumindest des Gesichts verzichten zu müssen. Anscheinend kam es erst seit 3 500 v. Chr. dazu, daß, bei den Sumerern, eine Verwandtschaft der göttlichen Kräfte mit den Menschen auch insofern erfahren wurde, als sie ein persönliches Antlitz annahmen und nun auch mit bestimmten Namen benannt werden konnten.

Von diesen personhaften göttlichen Mächten, von den Göttern, ist bezeugt, daß sie zu manchen Menschen, den Häuptlingen, sprachen, sie dadurch zu Königen erhoben und dann als solche erhielten. Dadurch wurde erstmals das Eingehen von göttlichem Geist in Menschen thematisiert, die "Inspiration". Sie ist die Kraft, aus der seit dem Anbruch der Hochkulturen die Religion lebt.

Was die Inspiration mitteilt, besteht in einem Zusammenhang sinnhafter Art, den der Mensch bis dahin nicht sah. Der auf die Inspiration bezogene Mensch ist ein "Seher". Von einer ihm vor Augen getretenen Sinnmöglichkeit auf adäquate Weise zu sprechen, kann ihm nur dann gelingen, wenn er die Worte aus den Bezügen der bestehenden Wirklichkeit löst und sie umgestaltet zu Bestandteilen eines Gleichnisses. Die Sprache, die im Gleichnis Sinnmöglichkeiten sichtbar zu machen vermag, nennen wir die dichterische. So ist Dichtung ursprünglich die sprachliche Antwort auf Inspiration. Darum ist sie aufs engste mit dem Bezug auf das Göttliche, mit der Religion verbunden.

Insofern Dichtungen Inspirationen in menschlicher Sprache fassen, bewirken sie, daß - daran hat George Steiner neuerdings nachdrücklich erinnert[2] - göttlicher Geist unter den Menschen zum Tragen kommt. Wie dies erst in mythischen Verhältnissen, welche die Erfahrung von Göttern voraussetzen, möglich wurde, so ist es auch nur in ihrem Rahmen problemlos geblieben. Zwei weitere in der Menschheitsgeschichte bedeutsame Grunderfahrungen brachten dann Schwierigkeiten mit sich.

3. Die prophetische Sprechweise

Zu der ersten kam es noch in der von den Sumerern in Mesopotamien gegründeten frühesten Hochkultur. Sie ist mit dem Namen Abrahams verbunden, der vor etwa 4 000 Jahren gelebt haben dürfte, also etwa eineinhalb Jahrtausende nach der ersten Entdeckung personhafter Götter. Von ihm wird eine Erfahrung berichtet, die eine eigentümliche Verstärkung der Inspirationskraft anzeigt. Bis dahin hatte jede Inspiration zwar eine jeweils neue Möglichkeit eröffnet, aber derart, daß das immer schon Gekannte bestätigt zu werden schien. Da man glaubte, daß die neue Möglichkeit die früher erfahrenen nur abwandelte, aber den Rahmen, in dem diese erschienen waren, nicht überschritt, blieb die soziale Wirklichkeit, in der sie erfahren wurde, ohne Bedeutung: Eine jede Wirklichkeitssituation paßte zu einer jeden durch die Inspiration erscheinende Sinnmöglichkeit[3] . Abraham aber vernahm eine Stimme, die ihn aufrief, wegzugehen aus seinem "Land", von seiner "Verwandtschaft", aus seinem "Vaterhaus" und sich ins Unbekannte führen zu lassen (Gen. 12,1). Damit wurde die Wirklichkeit, in der er gelebt hatte, auf einmal sehr wichtig, und zwar zunächst negativ als der Bereich, in dem weiterzuleben ihm nicht mehr erlaubt war. Doch alsbald nahm diese Wirklichkeit auch eine positive Bedeutung an: Sie wurde zum Ausgangspunkt für eine Wanderung in eine Zukunft, von der bei aller Unbekanntheit im Konkreten doch sicher war, daß auf sie nun alles ankam. Bei Abraham vollzog sich ein Wandel des mythischen Denkens ins heilsgeschichtliche.

Auch in der von ihm begründeten Tradition konnte über die Sinnmöglichkeiten, die je und je erfahren wurden, einzig auf eine gleichnishafte, dichterische Weise gesprochen werden. So blieb die Dichtung mit der Religion eng verbunden. Jedoch verlor sie ihr Bedeutungsmonopol. Die Inspiration verlangte nun, daß nicht nur von immer gleichen Sinnmöglichkeiten gesprochen werde, sondern auch einerseits von der je und je bestehenden Wirklichkeit und andererseits von der Zukunft, die von jetzt an zu erwarten war. Die dieser Aufgabe gemäße Sprechweise kann man als die prophetische bezeichnen. Sie wurde zur vorherrschenden in den Büchern des Alten und des Neuen Testaments. Ihr Hervortreten hat die dichterische zwar nicht aufgehoben, wohl aber in ihrer Gültigkeit eingeschränkt, nämlich auf jene Lebensbereiche, die, wie z.b. die Tages- oder Jahreszeiten, weiterhin als unveränderlich empfunden werden konnten. Überhaupt nichts änderte sich an der vom mythischen Denken übernommenen Grundvorstellung, daß der Mensch seinem Wesen nach auf Inspiration bezogen und insofern bei seinem Sprechen eigentlich immer ein Antwortender sei. Genau das aber wurde nun fraglich im Zusammenhang mit einer zweiten Grunderfahrung von weltgeschichtlicher Bedeutung. Sie kam in der griechischen Kultur zur Wirkung.

4. Die Dichtung und die Metaphysik

In deren Frühzeit, bei Homer und Hesiod, war dies allerdings noch nicht der Fall. Die Wende kündigte sich an im fünften Jahrhundert bei den Sophisten, obzwar nur erst in unsicherer Weise. Noch Sokrates konnte guten Gewissens dartun, daß er in schwierigen Situationen immer seinen Daimon, seinen Schutzgeist, befrage und dann nach ihm sich richte. Aber in der von ihm auf den Weg gebrachten und von seinem Schüler Platon sowie dessen Schüler Aristoteles fortgeführten Neuorientierung ging es darum, das Denken derart zu disziplinieren, daß es eine Aussage nur noch dann als wahr anerkannte, wenn sie ausreichend begründet worden war. Die Inspiration aber erleuchtet nur, sie weist keine Gründe auf. So wurde sie fragwürdig. Mit ihr geriet auch die Dichtung ins Zwielicht.

Damit war für die Griechen die Gefahr einer Katastrophe verbunden; denn sie verdankten in einem Maße wie kaum ein anderes Volk ihre nationale Identität gerade der Dichtung, den homerischen Epen. So fühlten sich sowohl Platon als auch Aristoteles gedrungen, sich mit dem Phänomen Dichtung intensiv auseinanderzusetzen[4]. Sie gelangten zu Thesen, die bis in unser Jahrhundert Bedeutsamkeit behielten.

Platon, der in seiner Jugend selbst gedichtet haben soll und seine sprachkünstlerische Begabung nie verleugnet hat, gab wiederholt einer für ihn von der Dichtung ausgehenden Faszination Ausdruck. Aber er meinte gegen sie ankämpfen zu müssen. Von Sokrates hatte er die Überzeugung angenommen, daß des Menschen wirklich würdig nur jenes Sprechen sei, das aus der Besonnenheit hervorgeht; denn nur von ihr aus werde dem Menschen ein Bezug auf die geistigen Urbilder aller Dinge, auf die ewigen Ideen, möglich. Das Sprechen der Dichter aber werde, das wisse man ja, getragen vom besinnungslosen "Enthusiasmus". Wie weit die Dichter notwendig von der Wahrheit entfernt blieben, zeige sich am klarsten, wenn man bedenke, daß alles, was unsere Sinne wahrnehmen, höchst unvollkommene Abbilder der ewigen Ideen seien und die Dichter nun diese Abbilder nachahmten, also Abbilder von Abbildern hervorbrächten. Als Platon sich bemühte, die Grundzüge eines idealen Staates herauszuarbeiten, stellte er fest, daß die Dichter in diesem keinen Platz finden könnten.

Die in seinen Schriften auch vorfindlichen Zeugnisse der Faszination sind später bisweilen freudig zitiert worden. Die wichtigste Wirkung aber sollte die These erlangen, daß Dichter in einem wohlgeordneten Staat einen verderblichen Einfluß ausüben würden. In Diktaturen diente sie als intellektuelle Rechtfertigung dafür, daß Dichter bisweilen verbannt oder zum Schweigen verurteilt und regelmäßig einer strengen Zensur unterworfen wurden.

Aristoteles konnte sich mit der Verurteilung der Dichter nicht abfinden und entdeckte eine Möglichkeit, die Poesie der Vernunft gegenüber zu

Aristoteles konnte sich mit der Verurteilung der Dichter nicht abfinden und entdeckte eine Möglichkeit, die Poesie der Vernunft gegenüber zu legitimieren. In seiner "Poetik" legte er zunächst dar, daß die Dichter, anders als die Geschichtsschreiber, nicht von dem handeln, was wirklich geschehen ist, sondern immer nur von dem, was hätte geschehen können. Damit erfaßte er sehr genau jene Eigenschaft der Dichtung, die sie im mythischen Denken zum wichtigsten Medium der Wahrheit hatte werden lassen. Indessen führte er die von Dichtern dargestellte Sinnmöglichkeit nun nicht auf eine Inspiration durch Apoll oder eine Muse zurück, sondern zeigte, daß sie, ähnlich wie die Aussagen eines Philosophen, in sich selbst sinnvoll sei. Platons These von der Dichtung als Mimesis aufnehmend und abändernd, erklärte er, was die Dichter nachahmten, seien nicht irgendwelche Einzelmomente, sondern eine "Handlung". Diese aber gliedere sich notwendig in Anfang, Mitte und Schluß. Damit betonte er - was später oftmals nicht recht verstanden wurde -, daß sie eine geistige Einheit bilde. Wenn in ihr auch nicht eine ewige Idee erschien, so doch ein Sachverhalt übersinnlicher Art. So konnte Aristoteles erklären, daß die Dichter den Philosophen zwar nicht gerade ebenbürtig, aber doch verwandt seien.

Bei dieser Ehrenrettung verzichtete Aristoteles darauf, den Bezug auf die Inspiration zu erörtern Er rückte die Dichtung einfach in die Nähe der Redekunst. Hier nahm sie in den Augen der Griechen und auch der Römer einen höchst würdigen Platz ein. Denn als Erscheinungsort der Wahrheit galt nun das vernünftige, durch die Logik geregelte Reden, und darum betrachtete man den Redner als den eigentlichen Repräsentanten des Menschseins - jenes Menschseins, das durch die Begriffe ξωον λογον εχον und animal rationale definiert wurde. Horaz sollte die Nähe zum Redner dann auf klassische Weise formulieren, indem er sagte, das Anliegen der Dichter bestehe darin, entweder nützlich zu sein oder zu erfreuen - "aut prodesse volunt aut delectare poetae".

Der Umstand, daß der Zusammenhang der Dichtung mit der Inspiration nicht etwa geleugnet, sondern lediglich ausgeklammert wurde, war für die Fortdauer der antiken Kultur von größter Bedeutung. Er erlaubte es, einen radikalen Bruch mit der Tradition zu vermeiden. Allerdings nahm die von den großen griechischen Philosophen auf den Weg gebrachte Sprechweise, die man im Unterschied zur mythischen und prophetischen als die metaphysische bezeichnen kann, dadurch eine schillernde Zweideutigkeit an.

5. Die prophetische Sprechweise in der Antike

Der Verzicht auf eine explizite Leugnung der Inspiration war noch in einer anderen Hinsicht von enormer Wichtigkeit. Er bot die Möglichkeit, auch jene Texte weiterhin ernst zu nehmen, die aus der zweiten inspirationsgetragenen Sprechweise, der prophetischen, hervorgingen. Auch sie mußten von Menschen, die eine philosophische Schulung erfahren hatten, nicht von vornherein abgelehnt werden; denn auch von ihnen ließ sich unter Umständen zeigen, daß sie in ihrer Aussage vernunftgemäß und in ihrer Wirkung wohltätig seien. Das war eine entscheidende Voraussetzung dafür, daß sich das Christentum unter gebildeten Angehörigen der griechischen und römischen Kultur ausbreiten konnte.

Begünstigt wurde dieser Vorgang, weil die metaphysische Denkweise in einer weiteren sehr wichtigen Hinsicht von der mythischen sich löste und gerade dadurch der prophetischen sich annäherte. Sie hatte als ein Wesensmerkmal des Geistes das Moment der Einheitlichkeit entdeckt und darum mußte sie auch, und sogar vor allem, vom geistigen Zentrum der Welt sagen, daß es einen in sich einheitlichen Charakter habe. Konsequenterweise büßte die mythische Vorstellung, daß es von einer Vielzahl sehr verschiedenartiger, bisweilen untereinander sogar zerstrittener Götter besiedelt sei, ihre Plausibilität ein. Umgekehrt erschien die prophetische Verkündigung eines allen Erscheinungen der Welt übergeordneten einzigen Gottes grundsätzlich als höchst vernünftig.

Gerade dieser Aspekt der prophetischen Denkweise konnte allerdings im Römischen Kaiserreich, in dem ja nicht allein Philosophie gelehrt, sondern im Götterkult die mythische Denkweise weiter gepflegt wurde, auch sehr verunsichernd wirken. Der Gott, der da verkündigt wurde, sollte allen bisher verehrten Göttern weit, ja sogar absolut überlegen sein. Insofern ging von ihm eine ernste Bedrohung des Imperiums aus. Um diese Gefahr abzuwenden, gab es im Grunde nur zwei Möglichkeiten. Die erste bestand in der Ausrottung der Anhänger dieses Gottes. Die Entscheidung für sie führte zu den Christenverfolgungen. Allmählich zeigte sich, daß sie kaum je völlig erfolgreich sein würden. So blieb nur noch die zweite Möglichkeit. Sie lag in der Herstellung eines Bezugs zwischen dem Imperium und diesem universalen Gott. Sie wurde ergriffen, als Kaiser Konstantin zunächst im Römischen Reich Religionsfreiheit gewährte, dann auf die christliche Kirche direkten Einfluß nahm, sogar in theologischen Fragen, und schließlich ihr sich selbst anschloß, indem er sich taufen ließ. Wenn ein Kaiser Christ war, so konnte die ihm zuteil werdende Inspiration auf den universalen Gott des Christentums zurückgeführt werden.

Die konstantinische Wende, die eine geistige Rettung des Römischen Reiches ermöglichte, hatte auch für die Christenheit große Bedeutung. Diese ging über das Moment der Befreiung vom Druck der Verfolgung weit hinaus.

6. Das Königtum und die Inspiration

Durch die Erfahrungen der Christen war der ursprünglich recht einfache Glaube an den einen Gott in höchst komplizierte Zusammenhänge geführt worden. Um von ihnen in deutlicher Weise sprechen zu können, bedurfte es klarer Begriffe. Solche gab es einzig in der griechischen Philosophie. So nahmen die Christen diese in Gebrauch.

Die Hilfe, die dem christlichen Glauben dadurch zuteil wurde, war gewaltig. Aber zugleich tat sich für die Christen die Gefahr auf, in den inspirationslosen Raum der Metaphysik zu geraten, in dem der Mensch mit seinen Begriffen allein ist. Durch die Übernahme des Königsamtes ins Christentum wurde ihr entgegengewirkt. Derselben Tendenz diente die Ausstattung des vom Bischof von Rom wahrgenommenen Hirtenamtes mit Zügen des Königtums. Sie erschien umso mehr gerechtfertigt, als solche Züge immer schon auch Gott zugeschrieben worden waren.

Die Strukturmuster des Königtums prägten in der späten Antike und im Mittelalter die meisten gesellschaftlichen Verhältnisse. Deshalb vermochte sich der von der metaphysischen Denkweise erhobene Anspruch auf Autonomie nie voll durchzusetzen. Die Philosophie mußte sich mit einer dienenden Rolle begnügen und galt als Magd der Theologie, wie übrigens auch diese ihrerseits sich zum Dienen verpflichtet sah, nämlich gegenüber der Kirche und ihren königlichen Repräsentanten.

Die Einschränkung der aus der Antike stammenden Denkweise ist seit der Geistesbewegung des Humanismus oft beklagt worden. Weniger beachtet wurde die mit ihr einhergehende befreiende Wirkung. Bei der von Aristoteles vorgenommenen Rechtfertigung der Dichtung war deren ursprüngliche Abhängigkeit von der Inspiration zwar nicht geleugnet, aber auch keineswegs gebilligt worden. Daraus ergab sich für Dichter und Kritiker etwas wie eine moralische Verpflichtung, nämlich an Dichtungen nur noch jene Aspekte zu beachten, die sie mit den Produkten von Rednern tatsächlich teilen. Infolgedessen wurde im Geltungsbereich des metaphysischen Denkens ein Wesensbestandteil der Dichtung in einer Art von Sicherheitsverwahrung gehalten. Das galt auch noch im Mittelalter. Aber da in der Gesellschaft immerzu das Königtum mit seiner Inspirationsbezogenheit wirksam war, standen nun die Tore des metaphysischen Gefängnisses weit offen. Die Autoren von Dichtungen fühlten sich frei, die spezifisch religiöse Tradition fortzuführen. Viele entschieden sich zu jener Sprechweise, die ich vorhin als die prophetische bezeichnete. Und nicht wenige bekundeten das Empfinden, auf Inspiration angewiesen zu sein: Sie begannen ihr Werk mit einer Anrufung des Heiligen Geistes oder auch, wie Wolfram von Eschenbach im Falle seines "Willehalm", der göttlichen Dreifaltigkeit. Es war nun sogar möglich, daß ein Dichter wie Walther von der Vogelweide sich selbst als einen Seher mit prophetischer Aufgabe darstellte.

7. Der Mensch als Schöpfer

Im Bereich der volkssprachlichen Dichtung lassen sich allerdings auch Ansätze zu einer abermaligen Neuorientierung erkennen, die jedoch erst mit dem Beginn der Neuzeit zum Tragen kommen sollte. Der beim prophetischen Sprechen fundamentale Wirklichkeitsbezug wurde bisweilen, zuerst wohl durch Chrétien de Troyes in seinem Artusroman "Erec et Enide", aufgegeben. Damit kam es zu einer Wiederbelebung jener Art des Dichtens, die einst im Zeichen der mythischen Denkweise gepflegt worden war. Jetzt sollte es bedeutsam werden, daß als Folge davon die Wirkung einer spezifisch schöpferischen Fähigkeit spürbar wurde. Im Prolog des "Erec" betonte Chrétien noch, das nötige Wissen und Können habe ihm Gott verliehen. In der Einleitung zu einem weiteren Werk, dem "Lancelot", erklärte er jedoch, er verdanke die Fähigkeit zum Erzählen dieser Geschichte einer Dame, also wohl: dem Eros. Damit zeigte er, wie Walter Haug verstehen gelehrt hat[5], an, daß die *Ermächtigungskraft* nicht notwendig mit Gott identisch sein müsse, sondern auch aus jener unpersönlichen Macht kommen könne, für die dann der Name "Natur" üblich werden sollte.

Die tiefe Veränderung, die sich mit dem Beginn der Neuzeit vollzog, läßt sich am klarsten an Gemälden ablesen. Bis dahin bezogen die Maler die von ihnen dargestellten Figuren und Gegenstände auf eine allgemeine Weltordnung. Jetzt orientierten sie sich - zuerst Masaccio um 1425 - an der Zentralperspektive. Das hatte zur Folge, daß sie die Fiktion eines dreidimensionalen Raumes schufen und in ihm dreidimensionale Dinge derart darstellten, wie sie aus dem von ihnen gewählten Standpunkt aus erschienen[6]. Diese Weise des Malens erhielt sich bis in die Zeit um den Ersten Weltkrieg. Sie ließ unabhängig von der jeweiligen Thematik immer das menschliche Subjekt miterscheinen und zwar als Schöpfer einer eigenen Welt.

Zu einem analogen Verhalten kam es nun auch in anderen Lebensbereichen. Das bedeutete nicht notwendig, daß der Mensch sich auf jenes "experimentum medietatis" einließ, vor dem einst Augustinus gewarnt hatte: auf einen Versuch, Gott aus der Mitte der Welt zu verdrängen und diesen Platz selbst einzunehmen. Nicolaus Cusanus gab zu bedenken, daß Gott nicht alles, was es geben konnte, selbst erschaffen habe. Vielmehr habe er dem Menschen eine "vis creativa" verliehen, damit auch er zum Schöpfer werde, etwa zu dem der Wissenschaft. Ein Maler, der dieser Auffassung Ausdruck geben wollte, mußte allerdings mitdarstellem, daß die von ihm geschaffene dreidimensionale Welt nicht die ganze war, sondern nur ein Ausschnitt aus ihr. Und das war zweifellos nicht einfach.

In jedem Fall wurde nun sichtbar gemacht, daß als das im menschlichen Bereich Höchste nicht mehr das Königtum, sondern das Schöpfertum zu werten sei. Da der Mensch als Ebenbild Gottes verstanden wurde, ging damit einher ein gleichartiger Wandel in der Grundvorstellung vom Wesen Gottes. So bot sich die Möglichkeit, die einst durch die metaphysische Denkweise in die Kulturgeschichte eingeführte These vom Menschen als dem intelligenten Tier zu revidieren und ihn als das Lebewesen zu deuten, das schöpferisch tätig zu werden vermag, insofern eine göttliche Inspiration es dazu ermächtigt. Möglich war jedoch auch, die mit der schöpferischen Tätigkcit verbundene Krafterfahrung nicht auf Gott, sondern auf die Natur zu beziehen und, ähnlich wie einst Chrétiens von Troyes, zu denken, daß man die Befähigung zum Schaffen ihr verdanke. Dann wurde der Gedanke der Inspiration durch ein göttliches Du ersetzt durch den der Intuition, in der ein der apersonalen Natur zugehöriges Ich an deren Macht partizipiert.

Bei vielen Menschen verschob sich, oft ganz unvermerkt, tatsächlich der Grundbezug von Gott zur Natur. Allmählich zeigte sich, daß einigen das Leben und Schaffen aus diesem Bezug besonders gut gelang. Ihnen wurde nun eine besondere Verehrung zuteil, fast so, wie innerhalb des Gottesbezugs vielfach den Heiligen; es waren die "Genies"[7].

Bei der Bildung dieses Ausdrucks griff man auf die antike Vorstellung zurück, daß der einzelne Mensch von einem Genius, einem Schutzgeist, begleitet und von ihm inspiriert werde. Aber gemeint war nun etwas ganz anderes. Man unterstellte ja jetzt, bestimmte Menschen "hätten" Genie, und wollte damit sagen, es sei ihnen so eigen wie es bei einem Talent der Fall sein mag, oder man behauptete gar, sie selbst "seien" eines. Im Zeichen des Geniekults und des Vertrauens in die Intuition geriet die Überlieferung der Inspiration in die bis dahin tiefste Krise. Diese verschärfte sich noch, nachdem vorübergehend der Glaube ans Genie wieder fraglich geworden war.

8. Das Genie und der Fortschritt

Anlaß für das Fraglichwcrden des Geniekults gab die Entdeckung, daß sich in der Geschichte der Menschheit ein Fortschritt vollzogen hat, der wieder und wieder Veränderungen qualitativer Art mit sich brachte. Herder war es, der – am Beginn des letzten Drittels des 18. Jahrhunderts - diesen Sachverhalt als erster erkannte und beschrieb. Er machte sich auch Gedanken über die Ursache des Qualitätswandels und äußerte die Vermutung, daß sie in der Tätigkeit großer Menschen bestehe, in denen Gott wirke[8]. Am Anfang des Fortschrittsdenkens eröffnete sich also die Möglichkeit zu einer Verbindung des Gedankens vom Genie mit dem von der Inspiration. Das hätte zu einer Wiederaufnahme des heilsgeschichtlichen Denkens führen können. Doch Herders Erklärungsversuch sollte bald von einem Mann verworfen werden, der einen enormen Einfluß auszuüben vermochte, durch Kant.

Dieser war durch jene Tendenz der Aufklärungsbewegung geprägt, welche, das Wollen der Humanisten fortführend, der metaphysischen

Denkweise endlich zum völligen Sieg verhelfen wollte. So hielt es Kant für geradezu selbstverständlich, daß das Ziel des von Herder entdeckten Fortschritts in einem Zustand der Menschheit bestehe, in dem sie dank ihrer Vernunft totale Autonomie erlangt hätte, frei geworden einerseits von den Befehlen Gottes und andererseits von den Bindungen an die Natur. Daraus ergaben sich zwei sehr wichtige Folgerungen. Die erste besagte, daß der Fortschritt von einer Inspiration durch Gott völlig unabhängig sein mußte; denn er bestand ja gerade darin, daß sich der Mensch von der Vormundschaft Gottes mehr und mehr emanzipierte. Dem entspricht es, daß Kant als Stoff für sein Modell des Fortschritts die biblische Geschichte vom Sündenfall wählte, dabei unterstellend, daß mit jenem Ungehorsam gegenüber Gott der Fortschritt insofern begonnen habe, als ein Lebewesen erstmals sich ein Stück weit von der Natur gelöst und eben dadurch sich selbst zum Menschen umgeschaffen habe[9]. Die zweite Folgerung bestand in der These, daß jene Abhängigkeit von den Naturkräften, wie sie beim Genie angesetzt wurde, gerade nicht das eigentlich Menschliche ausmache und also unmöglich den Fortschritt voranzutreiben vermöge. Zum wahren Helden des Fortschritts rief Kant den Wissenschaftler aus, der durch seine Erkenntnis die Kräfte der Natur dem menschlichen Willen unterwirft[10].

Der Wissenschaftler, an den Kant dachte, repräsentierte gleichfalls eine spezifisch neuzeitliche Form des Menschseins. Auch er nutzte schöpferische Kräfte, um innerhalb des Ganzen der Welt einen Zusammenhang sichtbar zu machen, auf dessen Bestandteile er sich nun konzentrierte. Dieser Zusammenhang war derjenige der mechanischen Kausalität. Die maschinenartigen Bewegungen, die sie ermöglicht, wurden in reiner Form zuerst an den Gestirnen aufgewiesen, durch Galilei, dann in der irdischen Natur, durch Newton. Kant seinerseits übertrug das Moment der maschinenhaften Notwendigkeit auf den Menschen und seinen Geschichte. Mit seinem Fortschrittsmodell konstruierte er erstmals die dialektische Geschichtsmaschine, die dann von Fichte, Hegel, Marx weiterentwickelt werden sollte[11].

Den Motor dieser Maschine bildeten nach Kant, wie gesagt, nicht die Genies, sondern die Wissenschaftler. Aber bei dieser Ansicht blieb es nicht.

Schiller empfand die Abqualifizierung des Genies als eine Degradierung der Dichter, für die der bisherige Ehrentitel ja in besonderem Maße beansprucht worden war, und suchte ihr entgegenzuwirken durch die Vornahme einer Unterscheidung. Es gebe, sagte er, zwei Typen von Dichtern, die "naiven" und die "sentimentalischen". Die naiven brächten ihre Werke in der Tat aus dem Erleben eines Einsseins mit der Natur hervor. Die anderen aber, die sentimentalischen, dichteten umgekehrt aus dem Gefühl, diesen innigen Zusammenhang verloren zu haben. Die Dichter des zweiten Typus seien nun durchaus, und sogar in sehr hohem Maße, fortschrittsbezogen, denn sie strebten danach, durch schöpferische Aktivität einen Zustand enstehen zu lassen, in dem das Reich der Natur durch ein Reich des Geistes - Schiller bezeichnete es auch als das "dritte Reich" - ersetzt wäre[12].

Diese Überlegungen trugen zu einer Rehabilitierung der Dichter bei, aber auch zu einer Modifizierung des Geniebegriffs. Als Genies wurden nun vielfach auch Leute bezeichnet, die, wie Schillers sentimentalische Dichter, eine Unterwerfung der Natur anstrebten, und das konnten gerade auch Wissenschaftler sein. Darüber hinaus wurde der revidierte Geniebegriff auch im Bereich der Politik angewandt.

Hier hatte der neuzeitliche Erfahrungswandel die Schaffung von Staaten mit zentraler Verwaltung angeregt. Diese Neuerung wurde von Königen oder in ihrem Namen durchgeführt. Infolgedessen zog das Moment des Schöpferischen auch ins Königtum ein und eroberte es allmählich von innen her. Noch wurde für den König der Anspruch erhoben, von Gottes Gnaden zu regieren und also, getragen von göttlicher Inspiration. Mehr und mehr manifestierte sich seine eigentliche Bedeutung jedoch in seiner Beherrschung des von ihm oder in seinem Namen geschaffenen Staatsapparats. Infolgedessen wurde eine andersartige Legitimierung der Herrschaft nötig. In aller Klarheit zeigte sich dies schließlich in Frankreich, wo die Revolution das Königtum zeitweilig ganz abschaffte. Die Lösung, die man fand, entsprach sehr genau dem Kantschen Fortschrittsmodell.

Als naturhaften Ausgangspunkt setzte man das Volk an mit seinem Bedürfnis, sein eigener Herr zu werden. Von dem angestrebten Ziel sagte man, daß es durch die Schaffung eines Staates erreicht werden würde, in dem alle Gesetze von der Vernunft bestimmt wären. Wie in Kants Modell die Erschaffung des Menschen, so konnte auch die Schaffung eines solchen Staates nur durch einen gewalttätigen Akt erreicht werden. Die Gewalt, die sich bei der Menschwerdung gegen Gott und die Natur wandte, mußte sich in diesem Fall gegen die inneren und äußeren Feinde der Vernunftherrschaft richten. Wie gegen die inneren Feinde vorzugehen war, wurde während der Revolutionsjahre in Frankreich demonstriert, wie gegen die äußeren in der Folge durch die Feldzüge Napoleons.

Genau wie auf Wissenschaftler, so wurde der Geniebegriff nun auch auf Politiker, gerade auch auf Napoleon, angewandt. Dabei verschlug es nicht viel, ob ein solches Genie eine Königs- oder eine Kaiserkrone trug oder aber gar keine. Entscheidend war, daß das politisch Große getan werden konnte ohne jede Abhängigkeit von der Inspiration, angeregt immer durch die vorrational-naturhafte Intuition, und geleitet vom Ziel der vernünftigen Autonomie.

Seit der Zeit der Aufklärung gelang der metaphysischen Denkweise die höchste und weiteste Machtentfaltung. Sie eroberte wie die Wissenschaft und die Politik auch die Wirtschaft, in der sie die "industrielle Revolution" bewirkte, und bewerkstelligte überdies durch das Hilfsmittel des Kolonialismus jenseits der abendländischen Grenzen eine nahezu weltweite Ausbreitung. Wo immer sie zur Herrschaft kam, büßten die heilsgeschichtliche und auch die mythische Denkweise ihren Einfluß auf das öffentliche Leben ein. Die Religiosität, und mit ihr das Vertrauen in die Inspiration, fiel weithin dem Fortschritt zum Opfer. Das zeigte sich schon im 19. Jahrhundert. Am Ende des 20. Jahrhunderts ist klar zu erkennen, daß er auch in anderen Bereichen eine zerstörende Wirkung ausübte.

Aus der politischen Variante des Fortschrittsdenkens mit dem Grundbezug auf das Volk ging der aggressive Nationalismus hervor, der dann im 20. Jahrhundert zum Ersten Weltkrieg mit seinen 10 Millionen Toten führen sollte, und zum Zweiten Weltkrieg, der 55 Millionen Menschen das Leben kostete. Die durch die Industrielle Revolution verursachte Massenverelendung veranlaßte die Entwicklung jenes Sozialismus, der im Leninismus und Stalinismus schon vor dem Ausbruch des Zweiten Weltkriegs 15 Millionen Menschenleben zerstörte, und danach in China noch einmal dieselbe Zahl. Im übrigen erwies sich, daß die Unterwerfung der Natur die Gefahr einer Auflösung der sie tragenden Ordnung, und damit einer Selbstzerstörung der Menschheit, mit sich gebracht hat. Schließlich wird auch immer deutlicher, daß die zugleich mit der Naturversklavung eingeleitete Aufkündigung des Dienstes an Gott den Menschen des ihm nötigen Bezugs über sich selbst hinaus beraubte. Das alles zeigt an, daß die Menschheit kaum wird weiterexistieren können, wenn die seit der Aufklärung freigesetzten verderblichen Tendenzen nicht aufgehalten und durch heilsame ersetzt werden können. Aber wie soll das geschehen?

9. Der Irrtum der Fortschrittsideologie

Für Menschen, die mit einer religiösen Tradition verbunden blieben, liegt die Annahme nahe, daß die Misere der heutigen Menschheit durch die kollektive Abwendung von Gott verursacht wurde. Die von mir hier vorgetragenen Überlegungen geben keinen Anlaß, dem zu widersprechen. Jedoch halte ich die bisweilen, vor allem von "Fundamentalisten", gezogene Folgerung, die Ordnung des öffentlichen Lebens müsse unbedingt, und notfalls mit Gewalt, von den Auswüchsen des Fortschritts gereinigt werden, für irrig.. Einen Weg zurück in die Verhältnisse vor der Aufklärung gibt es nicht. Zwar ist es möglich und nötig, daß wir uns an manches der Mißachtung Verfallene aus der Vergangenheit wieder anschließen, aber nur, um daraus Kraft zu gewinnen für eine neue Zukunft, also indem wir, wie Václav Havel einmal sagte, "eine Rückkehr nach vorn"[13] vollziehen. Das bedeutet vor allem, daß die moderne Wissenschaft, die an der Heraufführung der heutigen Situation entscheidend beteiligt war, keineswegs abgeschafft, wohl aber transformiert werden sollte.

Um dazu beizutragen, wird es zunächst nötig sein, die in den verschiedenen Disziplinen vorfindlichen fortschrittsbezogenen Thesen zu revidieren. Bei genauerer Untersuchung dürften sie sich durchgehend als fehlerhaft erweisen, weil Kants Grundmodell in sich selbst widersprüchlich ist. Als Kant darin, wie ich oben andeutete, die Behauptung vertrat, daß im Paradies ein Tier lebte, das dann durch eine Rebellion gegen Gott sich selbst zum Menschen umwandelte, ließ er die Frage offen, woher das Tier die dazu nötige Freiheit von den Instinkten nahm. Er beantwortete sie, indem er in einem weiteren (aber von ihm zuerst vorgetragenen) Gedankengang unterstellte, das Lebewesen im Paradies sei bereits ein Mensch gewesen. So verwandelte er dieses Lebewesen in einen Zentauren.

Kant erklärte den Vorgang des qualitativen Wandels also nur scheinbar. Die Orientierung an seinem Modell führte die seitherige Wissenschaft dazu, daß sie im Hinblick auf die jeweils zu erklärende neue Qualität regelmäßig unterstellte, sie sei bereits in der Ausgangssituation zur Geltung gekommen und also während des Neuerungsvorgangs nicht erst entstanden, sondern nur zur Ausbreitung gelangt. Der von Kant in die Welt gebrachte Denkfehler wurde in der Art einer Verblendung wirksam und darum unzählige Male wiederholt.

Mit der Klärung dieses Sachverhalts erweist sich, daß der seit Kant unternommene Versuch, die gesamte Menschheitsgeschichte, und zumal die Qualitätsveränderungen in der Weise des Menschseins, vom Prinzip der mechanischen Kausalität aus zu erklären, in die Irre führte. Daß die Verabsolutierung dieses Prinzips im Bezug auf die irdische Natur, die Newton vornahm, gleichfalls verfehlt war, ist schon seit der Entwicklung der Quantentheorie deutlich geworden. Und daß sie sogar bei der Erforschung des Universums im Sinne von Galilei hätte vermieden werden müssen, weiß man im Grunde, seitdem erkennbar wurde, daß dieses nicht immer schon existierte, sondern einmal begonnen hat; denn die mit dem "Urknall" eingetretene qualitative Veränderung läßt sich in mechanistischer Weise nicht erklären.

10. Die Überschreitung der Metaphysik

Die Kritik an der bisherigen Wissenschaft wird zu ihrer Transformierung allerdings nicht ausreichen. Darum sind Bemühungen um die Bildung einer neuen Grundkonzeption unumgänglich. Am besten sollten sie dort einsetzen, wo der Qualitätswandel nicht nur erschlossen, sondern auch direkt beobachtet werden kann, also nicht im Universum oder in der Natur, sondern an seinem prominentesten Erscheinungsort, in der Kulturgeschichte der Menschheit. Das bedeutet, daß die Naturwissenschaft die führende Rolle, die sie im Verlauf der Neuzeit allmählich übernahm, wieder abgeben sollte.

Dies einzusehen, ist heute gerade auch Naturwisssenschaftlern möglich. Der Wiener Kernphysiker Herbert Pietschmann gab 1983 ein Buch mit dem Titel "Das Ende des naturwissenschaftlichen Zeitalters" heraus[14]. Darin beschrieb er nicht allein die Grenze der klassischen Naturwissenschaft, sondern machte auch auf dem Menschen eigene Züge aufmerksam, die von der naturwissenschaftlichen Methodologie nicht thematisiert werden können. Welchen menschlichen Wesenszug er für den allerwichtigsten hielt, gab er gleich am Beginn seines Buches zu erkennen.. Da referierte er ein einst mit Brahms geführtes Gespräch, in dem dieser über das Heiligste seines Lebens sprach. Es war - die Inspiration.

Auch der britische Physiker Roger Penrose beschrieb in einem Buch, das 1989 im Original, 1991 in deutscher Übersetzung erschien, da unter dem Titel "Computerdenken"[15], die Inspiration als ein Spezifikum des Menschen. Anlaß dazu gab ihm die Frage, ob die "künstliche Intelligenz" der Computer die menschliche je werde ersetzen können. Er verneinte sie zunächst mit naturwissenschaftlichen Gründen und krönte seine Überlegungen sodann mit dem Argument, daß die Fähigkeit, sich inspirieren zu lassen, den Computern fehle, bei den Menschen jedoch erweisbar sei.

Brite ist auch der Biologe Rupert Sheldrake, der seit 1981 in mehreren Veröffentlichungen auf Veränderungen in der Natur aufmerksam machte, die auf mechanistische Weise nicht erklärt werden können und darum das Bestehen auch nicht materiegebundener Zusammenhänge erweisen. In einem Buch von 1990 zeigte er darüber hinaus auch ausdrücklich auf, daß die Möglichkeit der Inspiration des Menschen unter naturwissenschaftlichen Gesichtspunkten nicht allein nicht mehr bestritten werden kann, sondern sogar vermutet werden muß[16].

Solche Erwägungen überschreiten die Grenzen nicht allein der neuzeitlichen Naturwissenschaft, sondern auch der gesamten metaphysischen Denkweise. Damit sie in dem Prozeß der Transformierung der Wissenschaft aber wirklich zum Tragen kommen könnten, wäre ein Modell des Menschseins nötig, das imstande wäre, jenes vom Redner als dem animal rationale abzulösen. Es zu entwerfen, ist jedoch für alle professionellen Wissenschaftler, auch, und vielleicht sogar besonders für diejenigen, welche die Disziplin "Philosophie" vertreten, ungemein schwierig, weil das Modell der metaphysischen Denkweise bei der beruflichen Arbeit ja der ständige Hauptbezugspunkt ist. So muß es nicht verwundern, daß ein bedeutsamer, vielleicht definitiver, aber bisher in der öffentlichen Diskussion unbeachtet gebliebener Vorschlag von einem Mann ausgearbeitet wurde, der zwar weltweites Ansehen genießt, aber aus ganz anderen Gründen. Er wurde berühmt zunächst als Dichter, da er Bühnenstücke verfaßte, die in vielen Ländern aufgeführt wurden, sodann als Dissident, der in einem kommunistischen Land so entschieden für die Menschenrechte eintrat, daß man ihn jahrelang ins Gefängnis sperrte, und schließlich als Mitbeweger einer "samtenen Revolution" und erster frei gewählter Präsident seines Landes, zuerst der Tschechoslowakei, dann von Tschechien. Ich spreche, Sie wissen es längst, von Václav Havel.

In den Briefen aus dem Gefängnis, die er seit 1979 an seine Frau Olga richtete - sie erschienen 1983 im Druck, auf deutsch bereits 1984[17] - ging er, angeregt durch Besuche seiner Frau und seines Bruders, der Frage nach, was eigentlich den geistigen Unterschied zwischen seinem jetzigen Leben und dem Leben im Draußen ausmache. Es wurde ihm deutlich, daß das Gefängnisleben in einem bestimmten Horizont vor sich gehe, der fortwährende Isoliertheit und Sinnlosigkeit mit sich bringe, während das Leben draußen zwar gleichfalls einem bestimmten Horizont zugehöre, jedoch einem, der Bezüge zu anderen Menschen erschließe, Heimatlichkeit erlaube und auch die Erfahrung von Sinnerfülltheit. Nun fragte sich Havel, wo der Sinn eigentlich herkomme, und stellte fest, daß das Ich sein Ursprungsort nicht sein könne, denn sonst vermöchte es ihn ja auch im Gefängnis zu produzieren, aber auch keiner der Mitmenschen, die im zweiten Horizont erscheinen; denn im Laufe eines Menschenlebens wechseln die wesentlichen Bezugspersonen, während der Sinn immerzu da ist. So schloß Havel, daß es noch einen dritten Horizont geben müsse, einen absoluten, der als Ursprung des Sinns einen jeden konkreten Horizont des heimatlichen Miteinander zum Leuchten bringe wie eine Lichtquelle einen Lampenschirm. Durch weiteres Nachdenken gelangte Havel dann zu der Auffassung, daß der erste, dem Gefängnis entsprechende Horizont auch jenseits der Kerkermauern erfahren werde, und zwar immer dann, wenn sich ein Mensch vom dritten und absoluten Horizont abkehrt; denn dadurch verliere er die Möglichkeit zum Daheimsein in zwischenmenschlichen Bezügen. Die moderne Kultur habe bewirkt, daß viele Menschen dem Gefängnis der Isoliertheit im ersten Horizont verfallen seien. Eine Rettung der Menschheit vor der Selbstvernichtung sei nur möglich, wenn es zu einer Wiederentdeckung des dritten Horizontes komme und zu dem Bekenntnis, daß er, der alles Menschliche übersteigt, doch so sehr zu uns gehört, daß wir ohne ihn gar nicht wir selbst zu sein vermögen[18].

Mir scheint, daß Havels Modell von den drei Horizonten von jedermann an der eigenen Lebenserfahrung geprüft werden kann und dann eigentlich bestätigt werden müßte. Wenn man es anerkennt, so räumt man zugleich ein, daß wesentlicher Sinn nicht erst dadurch erscheint, daß ein Mensch in der Art eines Redners Begriffe prägt und mit ihnen logische Sätze konstruiert, die sich dem Gehalt ewiger Ideen annähern, sondern schon dadurch, daß er die Anwesenheit des dritten Horizontes bei sich erfährt.

Ohne zu dem klaren Horizontemodell zu gelangen, hatte den letztlich gleichen Gedanken längst auch ein Philosoph entwickelt, den Havel sehr schätzt, nämlich Martin Heidegger. Bereits seit den zwanziger Jahren forderte er eine Revision der abendländischen Metaphysik und eine Neudeutung des Menschen als des Wesens, das "Sein" zu verstehen vermag[19]. Mit dem Sein meinte Heidegger, vereinfacht ausgedrückt, einen sinnhaften Zusammenhang, mit dem Seinsverstehen eine aller intellektuellen Aktivität vorausgehende

7

Aufnahme von Sinn. Schon er sprach sich also dafür aus, den Menschen von der Inspirationsfähigkeit her zu deuten.

Allerdings machte gerade Heidegger auch die Erfahrung, daß die Loslösung von der metaphysischen Denkweise höchst schwierig ist. Eine Hilfe versprach er sich bemerkenswerterweise von Dichtern, weil manche von ihnen es vermocht hatten, die Vorherrschaft des metaphysischen Denkens ein Stück weit zu durchbrechen. Am wichtigsten wurde für ihn Friedrich Hölderlin, der in "dürftiger Zeit" die prophetische Sprechweise wiederaufgenommen hatte. Auch von Georg Trakl, der in Innsbruck begraben liegt, suchte er zu lernen.

So bedeutsam seine lebenslange Suche nach einem Ausgang aus dem Labyrinth der Metaphysik, der zu einem neuen Weg des Denkens führen würde, ganz gewiß gewesen ist, wirklich gefunden hat ihn erst Havel, indem er zeigte, daß der Mensch ohne den dritten Horizont gar nicht er selbst zu sein vermöchte. Dieser Nachweis führt dazu, eine Inspiration nicht nur bei jenen gewaltigen Erfahrungen anzusetzen, die immer schon Anlaß gaben, von ihr zu sprechen, sondern auch am Beginn eines jeden sinnhaften Tuns. Bei allen Produkten spezifisch menschlicher Art ist anzunehmen, daß sie nicht allein Ergebnisse menschlichen Wollens und Könnens aufweisen, sondern auch einen aus der Inspiration gekommenen Sinn. Ihn zu erforschen, ist die Hauptaufgabe der neuen Wissenschaft.

11. Die Inspirationsforschung

Wenngleich alle menschlichen Produkte einen durch Inspiration vermittelten Sinn enthalten, sind doch nicht alle im gleichen Maße für ihn transparent. Dinge des Alltags sind weniger durchsichtig als außerordentliche. So wird man sich zunächst den letzteren zuwenden. Aber auch bei ihnen sind bedeutende Unterschiede zu verzeichnen. Bei der Produktion von vielen war der Zweck so wichtig, daß er nun den Sinn fast zudeckt. Zum bahnbrechenden Studium bieten sich also in erster Linie die zweckfreien Produkte an, die künstlerischen. Unter ihnen wiederum bieten der Deutung die verläßlichsten Ansatzpunkte diejenigen sprachlicher Art, und daß heißt die Dichtungen. Die Leistung von Pionierarbeit wäre also vor allem von der Literaturwissenschaft zu erwarten.

Nun stellt sich natürlich die Frage, wo an einem dichterischen Text der aus der Inspiration stammende Sinn zu finden sei. Bei der Suche nach einer Antwort kann Goethe eine bedeutende Hilfe bieten. Im Gespräch mit Eckermann vertrat er einmal - es war am 11. März 1828 - mit Nachdruck die Auffassung, daß jedenfalls die "Produktivität höchster Art" "in niemandes Gewalt" stehe und "über aller irdischen Macht erhaben" sei. "Dergleichen", sagte er weiter, "hat der Mensch als unverhoffte Geschenke von oben, als reine Kinder Gottes zu betrachten, die er mit freudigem Dank zu empfangen und zu verehren hat. (...) So kam Shakespeare der erste Gedanke zu seinem 'Hamlet', wo sich ihm der Geist des Ganzen als unerwarteter Eindruck vor die Seele stellte (...), als ein reines Geschenk von oben, worauf er keinen unmittelbaren Einfluß hatte".

Den durch die Inspiration vermittelten Sinn bezeichnete Goethe also als den "Geist des Ganzen". Von ihm hob er alles das ab, was erst durch die Tätigkeit des Menschen entsteht. Er bezeichnete es als "den sichtbaren Leib und Körper eines Kunstwerks".

Diese Unterscheidung kann man noch weiter verdeutlichen, wenn man Havels Modell von den drei Horizonten auf die Verhältnisse des sprachlichen Kunstwerks überträgt. Der dritte oder absolute Horizont, der jenseits des Menschlichen erscheint, bildet eine Entsprechung zu dem "von oben" geschenkten "Geist des Ganzen", der zweite Horizont mit seinen heimatlichen Bezügen korrespondiert den Strukturmustern, die ein Dichter gestaltet, um einen "sichtbaren Leib und Körper" herzustellen. Der erste Horizont mit seiner isolierenden Tendenz findet sich wieder in den von Goethe nicht eigens berücksichtigten isolierbaren Einzelbestandteilen einer Dichtung, ihren Wörtern.

Nach diesen Unterscheidungen ist die Aufgabe der Inspirationsforschung klar. Sie muß versuchen, durch die vielen einzelnen Wörter und durch das Gewebe der Beziehungen zwischen den Wörtern hindurchzuschauen, um den "Geist des Ganzen" zu ermitteln. Auf wissenschaftliche Weise ist das allerdings nur dann möglich, wenn von ihm allgemeine Kriterien bekannt sind. Nun mag man meinen, daß Allgemeines zwar bei den normalerweise unzählige Male schon gebrauchten Wörtern auftrete und auch bei jenen Beziehungen zwischen ihnen, die in bestimmten Regeln wie denen der Syntax oder des Dichterischen oder des Dramatischen gründen, nicht aber beim Sinnganzen, da dieses in jedem Text ja den Charakter der Neuartigkeit habe. Jedoch ist folgendes zu bedenken:

Neuartigkeit kann nicht hervortreten, ohne sich abzuheben von Bisherigem, und auch nicht, ohne sich zurückzubeziehen auf eine Neuerungskraft. Darum muß ein von der Neuartigkeit geprägter Sinnzusammenhang immer in sich selbst gegliedert sein in drei Sinnkomponenten - in die der Neuerungskraft, die auch die "Potentialkomponente" heißen kann, in die des Bisher oder die "Aktualkomponente" und in die des Neuartigen als solchem, die, da sie das Ergebnis der Begegnung der zwei Grundkomponenten darstellt, eine "Resultativkomponente" ist. Diese komponentiale Struktur ist ein Allgemeines, das ein jedes Sinnganze gliedert. Im Bezug auf sie kann festgestellt werden, auf welche immer neuartige Weise der Sinn des Ganzen bei einem individuellen Werk spezifiziert ist.

Es sind schon mehr als dreißig Jahre vergangen, seitdem die Grundzüge dieses Sachverhalt mir vor Augen getreten sind. Seither habe ich, unterstützt durch einen wachsenden Kreis von Schülern, versucht, die Erforschung der von Dichtern sichtbar gemachten Sinnerfahrungen voranzubringen. Das Hauptergebnis besteht in der nachdrücklichen Bestätigung der These von der Abhängigkeit des Menschen von der Inspiration. Es zeigte sich nämlich, daß in einer bestimmten Zeit die Sinnstrukturen von Dichtungen gleichartig sein können, auch dann, wenn die Autoren verschiedenen Generationen und Weltanschauungen angehören und wenn sie in so unterschiedlichen Kulturen leben wie der mitteleuropäischen, der ägyptischen, der japanischen; denn daraus ist auf eine Teilhabe dieser Autoren an einem Sinnzusammenhang zu schließen, der weder von ihnen persönlich noch auch von ihrer Kultur hervorgebracht worden sein kann.

Womöglich noch deutlicher wurde die Einwirkung einer Inspirationskraft durch die Beobachtung, daß ein solcher umfassender Sinnzusammenhang von einem bestimmten Zeitpunkt an verschwindet und durch einen anderen ersetzt wird, und dies - jedenfalls im 20. Jahrhundert - ungefähr gleichzeitig in Mitteleuropa, Ägypten und Japan[20].

Die komponentialanalytischen Beobachtungen des Wandels von kollektiv erfahrenen Sinnzusammenhängen setzt jene Epochenforschung fort, die durch Herders Entdeckung des geschichtlichen Qualitätswandels auf den Weg gebracht wurde. Sie bestätigt und präzisiert Herders Vermutung, daß der qualitative Fortschritt durch Akte einer Art von göttlich-menschlicher Koproduktion zustande komme. Zugleich macht sie sichtbar, daß der so folgenreiche Fehler des Kantschen Fortschrittsmodells genau in der Weigerung liegt, eine solche Koproduktion zu akzeptieren.

Diese Kritik geht keineswegs aus einer fundamentalistischen Distanzierung von der Wissenschaft hervor. Ganz im Gegenteil bleibt sie den wissenschaftlichen Grundprinzipien streng verpflichtet. So ist die Komponentenanalyse denn auch weit davon entfernt, sich in der Art mancher anderer wissenschaftskritischer Verfahren allein auf die Intuition zu stützen. In einem zuerst 1983 publizierten - und inzwischen auch in japanischer Übersetzung erschienenen - "Handbuch" sind die bei der Durchführung komponentialer Analysen nötigen oder möglichen Operationen genau beschrieben worden [21].

Die Rationalität der Komponentenanalyse geht allerdings nicht so weit, daß sie auch die Inspiration zu erfassen vermöchte. Deren Wollen bleibt unerklärlich und unvorhersehbar. Das muß so sein, wenn die Menschheitsgeschichte im Unterschied zu den Ansichten, die Kant, Hegel und Marx vertraten, keine bloße Maschine ist. Es bedeutet jedoch nicht, daß in ihr die Willkür oder der Zufall regiere.

Bei der komponentialanalytischen Beobachtung des Erfahrungsgangs einzelner Autoren hat sich immer wieder gezeigt, daß sich jede Inspiration an die jeweilige Situation des Autors direkt anschließt und also immer eine Möglichkeit zum nächsten Schritt eröffnet[22]. Außerdem wurde erkennbar, daß jede Inspiration zwar Neuerung mit sich bringt, aber den Autor immer auch bewahrt in einer epochalen Gemeinschaft[23]. Überdies hat sich erwiesen, daß auch der Sinn einer neuen Epoche nicht beliebiger Art ist, da ein jeder den der vorausgegangenen fortsetzt und zugleich den der nächsten vorbereitet. Außerdem vollzieht sich dieser Fortschritt im Rahmen einer strukturellen Ordnung. Deren Kenntnis ermöglichte es, für die achtziger Jahre eine bedeutende, für die neunziger Jahre eine weniger tiefe Veränderung in der Sinnerfahrung vorauszusagen. In beiden Fällen hat sich die Prognose inzwischen bewahrheitet[24].

Die Komponentenanalyse hat bereits Beiträge zur Transformierung der Wissenschaft geleistet. In dem Maße in dem diese auch durch andere Weisen der Forschung voranschreitet und die Kenntnis von den neuen Einsichten sich ausbreitet, dürfte einer wachsenden Zahl von Menschen ein existentielles Verhalten als sinnvoll erscheinen, das im Rahmen der metaphysischen Denkweise, und zumal infolge deren Präzisierung durch die Aufklärung, als unwürdig galt. Es hält den Menschen an, immer dann, wenn er sich im Dunkel des Nicht-weiter-Wissens vorfindet, dieses nicht wegzudrängen, sondern sich ihm in solcher Weise auszusetzen, wie es Dichter, dank ihrer Berufung, immer schon getan haben[25]. Wer es über sich bringt, im Wissensdunkel geduldig auszuharren, wird fähig zur Wahrnehmung einer Erleuchtung, die ihm den entbehrten Sinn schenkt. Das ermöglicht ihm, sich an die religiöse Grunderfahrung anzuschließen, welche die Menschheit zumindest seit dem Beginn der Hochkulturen geleitet hat.

Dichtungen sind die beredesten Sinn-Bilder. Darum lassen sie den jeweils erfahrenen epochalen Sinn besonders klar erkennen. Aber enthalten ist dieser auch in allen anderen menschlichen Produkten. Manifest werden dürfte er immer an einer komponentialen Gliederung. Jedoch sind die bei komponentialen Analysen nötigen Operationen bisher nur für die besonderen Bedingungen von textuellen Produkten geklärt worden. Vorläufig ist eine Ausweitung der komponentialanalytischen Epochenforschung nur innerhalb dieses Bereiches möglich.

Allerdings gibt es viele Texte, die insofern oberflächlich sind, als ihr Autor sich nicht auf das Eigentliche seiner Erfahrung einließ, sondern sich mit dem aus dem Alltag gewohnten Bezügen begnügte. Häufig findet man sie z.B. unter Briefen oder unter Zeitungsartikeln. Bei solchen Texten läßt sich eine komponentiale Struktur zwar erkennen, jedoch kaum oder gar nicht der mit ihr verbundene epochale Sinn.

In der Gegenwart ließen sich Erkenntnisse von der Verbreitung einer bestimmten epochalen Erfahrung jenseits des Lebensbereiches von Dichtung im strengen Sinn am leichtesten dann gewinnen, wenn es gelänge, eine repräsentative Auswahl der Bevölkerung zum "Dichten" anzuregen, genauer: zum Niederschreiben einer erfundenen Geschichte zu einem vorgegebenen Thema. Der Appell an die Phantasie scheint eine gewisse Lösung von den

Routinevorstellungen vielfach zu erleichtern. Jedenfalls erbrachte die Auswertung von Einsendungen zu einem 1985 veranstalteten Wettbewerb "junge Leute schreiben" in dieser Hinsicht durchaus ermutigende Ergebnisse[26].

Das Bestehen einer Verwandtschaft zwischen dem bei herausragenden Dichtern ermittelten epochalen Sinn und dem von der "breiten Masse" erfahrenen, ließ sich in vergangenen Zeiten auch durch die Einbeziehung von Trivialliteratur erweisen[27]. Auf andere Weise war dasselbe dann möglich, wenn eine gesellschaftliche Kollektivbewegung auftrat, an der sich auch Dichter beteiligten. Das war der Fall z.B. bei jener eigentümlichen Volksbegeisterung, die im Sommer 1914 den Ausbruch des Ersten Weltkriegs begleitete. Durch die komponentiale Analyse von dichterischen Zeugnissen der Kriegsbegeisterung ließ sich überdies ermitteln, welcher Sinn sich damals für viele Menschen mit dem heute nahezu unbegreiflichen Vorgang verband[28]. Auch ein Kollektivereignis der jüngsten Vergangenheit, die antiautoritäre Bewegung der sechziger und siebziger Jahre, konnte auf diese Weise der Deutung erschlossen werden[29]. Sogar das die Gegenwart belastende Phänomen der Fremdenfeindlichkeit ließ sich mit einer epochalen Sinnerfahrung in einen Zusammenhang bringen und dadurch besser verstehen[30]. In allen genannten Fällen konnte auch festgestellt werden, daß in dem jeweiligen epochalen Sinnsystem eine alternative, menschenfreundlichere Verhaltensweise mitangelegt war oder ist und daß sie einst der Wahl ebenso offen stand wie dies heute der Fall ist.

Ein an Dichtungen ermitteltes epochales Sinnsystem auch auf außerdichterische Phänomene individueller Art zu beziehen, ist vor allem dann möglich, wenn es sich dabei um wissenschaftliche Werke handelt, die in der jeweiligen Disziplin eine wesentliche Neuerung mit sich brachten. Einen erheblichen Teil des dabei normalerweise nötigen Forschungsaufwands kann man sich sparen, falls ein solches Werk bereits von einem der Vertreter der "Neuen Epochenforschung", vor allem Michel Foucault, August Nitschke, Johannes Burckhardt, Henning Eichberg, Wolf Lepenies, Carlos Bousoño, behandelt worden ist. Diese haben sich seit den sechziger Jahren vom Ansatz der traditionellen Epochenforschung insofern gelöst, als sie in der Wissenschaftsgeschichte nach Neuerungen fragten, die in unterschiedlichen Disziplinen ungefähr gleichzeitig auf gleiche Weise hervorgetreten sind. Damit erschlossen sie epochale Sinnzusammenhänge, die dem einzelnen Lebensbereich ähnlich übergeordnet sind wie die Komponentialstrukturen. Allerdings umfassen sie Zeitspannen, die weiter gestreckt sind als die komponentialanalytisch entdeckten Perioden. Bisweilen aber, so um 1770, fallen die jeweils ausgemachten Epochengrenzen zusammen.

Wie gerade in diesem Fall gezeigt werden konnte, führt die Ergänzung einer derartigen wissenschaftsgeschichtlichen Epochenbestimmung durch eine mit der Komponentenanalyse erarbeitete literaturgeschichtliche nicht allein zu einer quantitativen Ergänzung. Die an Dichtungen gewonnenen Einsichten können helfen, das Verständnis für die spezifisch menschliche Bedeutung neuer wissenschaftlicher Thesen zu vertiefen oder überhaupt erst zu erschließen[31].

Dies ist sogar dann möglich, wenn ein bestimmter epochaler Wandel in der Wissenschaftsgeschichte durch Vertreter der Neuen Epochenforschung noch nicht thematisiert worden ist. Helmut Bernsmeier hat dies erwiesen, indem er einen Periodenwandel in der Zeit um 1880 zunächst an Dichtungen herausarbeitete und dann Entsprechungen dazu in der Wissenschaftsgeschichte sichtbar machte[32].

Wenn wissenschaftliche Leistungen in dieser Weise thematisiert werden, kommt immer mehr an den Tag, daß sie tatsächlich in nicht geringerem Maße von der Inspiration bestimmt sind als Dichtungen. Damit aber erfährt die einst in Griechenland begründete und dann durch die Aufklärung nachhaltig verstärkte Denkweise, die für den menschlichen Intellekt Autonomie beansprucht, in immer mehr Sektoren eine Umwandlung. Ohne daß ihre Transparenz und ihre Präzision verloren ginge, bezeugt sie nun die Wirkung eines höheren Geistes. Indem sie ihm Dienst aus Freiheit leistet, erstrahlt an ihr die Würde der Partnerschaft.

Anmerkungen

1 Eine Zusammenstellung von inzwischen als verfehlt erkannten Erklärungsversuchen findet sich in *Falk*, Walter: Die Ordnung in der Geschichte. Eine alternative Deutung des Fortschritts.- Stuttgart / Bonn 1985, S. 198 ff

2 *Steiner*, George: Von realer Gegenwart. Hat unser Sprechen Inhalt? Mit einem Nachwort von Botho Strauß. - München / Wien 1990. (Original: Real Presences. - London 1989.)

3 Der Glaube an die Universalität des im Mythos dargestellten Möglichkeitsrahmens wurde innerhalb des Mythos nie bezweifelt. Insofern war es berechtigt, wenn Claude *Lévi-Strauss* für das den Mythos tragende "wilde Denken" zeitlose Gültigkeit und damit Geschichtsüberlegenheit beanspruchte (La pensée sauvage, - Paris 1962; deutsch: Das wilde Denken. - Frankfurt a. M. 1968). Jedoch habe ich zu zeigen unternommen, daß das geschichtsenthobene Sein eine Fiktion sein muß, weil es Manifestationen des wilden Denkens gibt, deren Teilhabe an epochengeschichtlichen Veränderungen eindeutig zu erweisen ist (*Falk*, Walter: Vom Strukturalismus zum Potentialismus. Ein Versuch zur Geschichts- und Literaturtheorie .- Freiburg / München 1976.) Mit anderen Argumenten hat dieselbe These auch René *Girard* vertreten. Maßgeblich war für ihn die Entdeckung, daß das in den Mythen häufige Motiv des Sündenbocks auf einen Kollektivmord zurückweist, der in der sozialen Wirklichkeit begangen (und also nicht erdichtet) wurde: "Die Mythologie ist ein Spiel der Transformationen. Aufgezeigt hat das Lévi-Strauss, und sein Beitrag ist wertvoll. Aber der Ethnologe vertritt, meiner Ansicht nach zu Unrecht, die Auffassung, der Übergang könne stets in jeder beliebigen Richtung geschehen. Alles befinde sich auf der gleichen Ebene. Nichts Wesentliches werde je gewonnen oder verspielt. Der Pfeil der Zeit existiere nicht. (...) <Es> gibt eine *Geschichte* der Mythologie. Ich kann dieses Faktum anerkennen, ohne in die alten Illusionen des Historizismus zurückzufallen; aus einer reinen 'strukturalen' Textanalyse ergibt sich die Notwendigkeit von historischen oder, so man will, diachronen Etappen. Die Mythologie löscht den Kollektivmord, aber sie erfindet ihn nicht von neuem, weil sie ihn offenkundig nicht erfunden hat" (Le Bouc émissaire. - Paris 1982; deutsch: Ausstoßung und Verfolgung. Eine historische Theorie des Sündenbocks. - Frankfurt a. M. 1992, S. 108-110).

4 Zur Dichtungstheorie von Platon und Aristoteles vgl. *Fuhrmann*, Manfred: Die Dichtungstheorie der Antike. Aristoteles - Horaz - 'Longin'. – Darmstadt 2. A. 1992.

5 *Haug*, Walter: Literaturtheorie im deutschen Mittelalter. Von den Anfängen bis zum Ende des 13. Jahrhunderts.- Darmstadt 1985.

6 Der zentrale Punkt, den das menschliche Ich einnehmen sollte, wurde anfangs noch als Auge Gottes gedeutet; vgl. *Perrig*, Alexander: Masaccios "Trinità" und der Sinn der Zentralperspektive. - In: Marburger Jahrbuch für Kunstwissenschaft. 21. Bd. 1986, S. 11 - 43.

7 Zur Geschichte des Geniebegriffs vgl. *Schmidt,* Jochen: Die Geschichte des Genie-Gedankens in der deutschen Literatur, Philosophie und Politik 1750 - 1945, 2 Bde .- Darmstadt 1985.

8 Vgl. *Falk*, Walter: Vom Strukturalismus... (wie Anm.3), S. 91 ff.

9 *Kant*, Immanuel: Mutmaßlicher Anfang der Menschengeschichte. - In: *ders.*:Sämtliche Werke in sechs Bänden hrsg. W. Weischedel, Bd.VI. Darmstadt 1964, S. 83 - 102.

10 *Kant*, Immanuel: Kritik der Urteilskraft. -In: *ders.*: Sämtliche Werke (wie Anm. 9), Bd. V, S. 408.

11 Kants Fortschrittsmodell ist in sich selbst widersprüchlich. Das versuchte ich wiederholt herauszuarbeiten; vgl. *Falk* wie Anm. 8, S. 54 ff; *ders.*: Um was soll es heute im Geschichtsunterricht gehen?.- In: *Bernsmeier*, Helmut (Hrsg.) : Der Geschichtslehrer vor neuen Aufgaben. - Frankfurt a.M./Bern / New York 1986, S. 33 ff.; *ders.*:Václav Havels Briefe aus dem Gefängnis. Wo der Mensch zu Hause ist. Ein Dialog. - Taunusstein 1994, S. 196 ff.

12 Eine Befreiung aus der in Kants Fortschrittsmodell angelegten Widersprüchlickeit gelang Schiller nicht; das suchte ich zu zeigen in *Falk*: Vom Strukturalismus ... (wie Anm. 3), S. 65 ff.

13 *Havel*, Václav: Briefe an Olga. Betrachtungen aus dem Gefängnis. Für die deutsche Ausgabe bearbeitet von Jirí Grusa. - Reinbeck bei Hamburg 1984 (Originalausgabe 1983), S. 202.

14 *Pietschmann*, Herbert: Das Ende des naturwissenshaftlichen Zeitalters.- Wien/ Hamburg 1980.

15 *Penrose*, Roger: Computerdenken. Des Kaisers neue Kleider oder die Debatte um Künstliche Intelligenz, Bewußtsein und die Gesetze der Physik. - Heidelberg 1991. (Original: The Emperors's New Mind. Concerning Computers, Minds, and the Laws of Physics. - New York 1989).

16 *Sheldrake*, Rupert: Das schöpferische Universum. Die Theorie des morphogenetischen Feldes. - München 1984 (Original: A New Science of Life..- London 1981); *ders.*: Das Gedächtnis der Natur. Das Geheimnis der Entstehung der Formen in der Natur. - Bern / München / Wien 1990. (Original : The Presence of the Past. - 1988); *ders.*: Die Wiedergeburt der Natur. Wissenschaftliche Grrundlagen eines neuen Verständnisses der Lebendigkeit und Heiligkeit der Natur.- Bern / München / Wien 1993 . (Darin zum Thema Inspiration: Kapitel 9: Der Gott eines evolutionären Kosmos, S. 213 ff. (Original: The Rebirth of Nature. - 1990); *ders.*: Sieben Experimente, die die Welt verändern können. Anstiftung zur Revolutionierung des wissenschaftlichen Denkens.- Bern / München / Wien 1994 . (Original: Seven Experiments That Could Change The World. - London 1994).

17 *Havel* (wie Anm. 13).

18 Vgl. *Falk*, Walter: Václav Havels Briefe (wie Anm. 11)

19 *Heidegger*, Martin: Sein und Zeit.- Halle (Saale), 1927.

20 Über die epochalen Sinnsysteme seit dem Ersten Weltkrieg in der *deutschen* Literatur vgl. *Falk*, Walter: Epochale Hintergründe der antiautoritären Bewegung. Ein Beitrag zur literaturwissenschaftlichen Diagnose der Sozialgeschichte. - Frankfurt a.M. / Bern 1983; in der *ägyptischen* Literatur vgl. *Falk*, Walter: Parallele Ägypten. Die epochengeschichtlichen Verhältnisse in der ägyptischen und deutschen Literatur des 20. Jahrhunderts. In Zusammenarbeit mit den Mitgliedern des Projekts Kairener Gegenwartsdiagnose.- Frankfurt a.M. / Bern 1983; in der *japanischen* Literatur vgl. *Aizu-Hofmaier*, Yukiko: Epochale Strukturen in der japanischen Literatur aus den vierziger und fünfziger Jahen. Ein Beitrag zur Neuen Epochenforschung. - In: Bachmayer, Eva, Herbrett, Wolfgang, Linhart, Sepp (Hrsg.): Japan von Aids bis Zeh. Referate des achten Japanologentages vom 26. bis 28. September 1990 in Wien. Zweiter Teil. Wien 1991, S. 363 ff.

21 *Falk*, Walter: Handbuch der literarwissenschaftlichen Komponentenanalyse. Theorie, Operationen, Praxis einer Methode der Neuen Epochenforschung. In Zusammenarbeit mit den Mitgliedern eines Marburger Forschungsseminars. - Frankfurt a.M. / Bern / New York 1983; *ders*.: Handbuch der Komponentenanalyse. Erschließen von Sinn in Text und Epoche. 2, erweiterte und überarbeitete Auflage- Wiesbaden 1996.

22 Vgl. vor allem *Falk,* Walter: Der kollektive Traum vom Krieg. Epochale Strukturen der deutschen Literatur zwischen "Naturalismus" und "Expressionismus". - Heidelberg 1977, sowie *ders*.: Franz Kafka und die Expressionisten im Ende der Neuzeit.. - Frankfurt a.M. / Bern / New York / Paris 1990.

23 Daß die im Bereich der Dichtung erkennbare epochale Gemeinschaft auch andere Lebensbereiche umfaßt, wurde nachgewiesen vor allem in *Falk*, Walter: Vom Strukturalismus... (wie Anm. 3) und *Bernsmeier*, Helmut: Der Wandel um 1880. Eine epochale Veränderung in der Literatur- und Wissenschaftsgeschichte. - Frankfurt a.M /Berlin / Bern /New York / Paris / Wien 1994.

24 Die Prognose wurde veröffentlicht in *Falk*, Walter: Über die Potentialgeschichte und ihre Perioden in der deutschen Literatur 1750 - 1890. - In: Zeitschrift für Literaturwissenschaft und Linguistik (LiLi), Beiheft 10: Probleme der Literaturgeschichtsschreibung, hrsg. von Wolfgang Haubrichs.- Göttingen 1979, S. 124-154. Die Bewährung der Prognose wurde aufgewiesen in *ders*.: Die Ordnung in der Geschichte (wie Anm. 1).

25 Wenn Dichtung ohne Inspiration nicht möglich ist, so heißt das keineswegs notwendig, daß alles von Dichtern Gesagte "gut" sei. Dieser Sachverhalt zeigte sich für mich erstmals in großer Klarheit im Zusammenhang der Beobachtung, daß der Ausbruch des Ersten Weltkriegs auch von vielen Dichtern begeistert begrüßt wurde (s. *Falk*, Walter: Der kollektive Traum... (wie Anm. 22). Inzwischen ist es gelungen, an der komponentialen Grundstruktur zwei "Modi" auszumachen, den "komplementären" und den "antagonistischen", und deren Kenntnis erlaubt, literarische Werke mit der Frage zu untersuchen, ob bei ihrer Gestaltung der durch die Inspiration vermittelte menschenfreundliche Sinn gewahrt blieb oder aber veruntreut wurde (vgl. vor allem *Falk*, Walter: Franz Kafka... (wie Anm. 22), S. 203 ff; *ders*.: Václv Havels Briefe... (wie Anm. 11), S. 163 ff.)

26 Entsprechende Untersuchungen wurden von Georg *Pflüger* angestellt. Er berichtete darüber in einem Vortrag „Ergebnisse komponentialer Untersuchungen von Schülertexten aus der Gegegenwart“ am 7. Februar 1988 im Rahmen der Jahrestagung des „Marburger Kreises für Epochenforschung“.

27 Vgl. *Bernsmeier,* Helmut: Das Bild des Körperbehinderten in der deutschsprachigen Literatur des 19. und 20. Jahrhunderts. – Frankfurt a. M./ Bern/ Cirencester/UK 1980; sowie *ders.:* Der Wandel um 1880 (wie Anm. 23).

28 Vgl. *Falk,* Walter: Der kollektive Traum... (wie Anm. 22).

29 Vgl. *Falk,* Walter: Epochale Hintergründe...(wie Anm. 20).

30 Vgl. *Falk*, Walter:Der Verlust der Geborgenheit. In: Rheinischer Merkur, Nr. 2/1992, S.5.

31 Vgl. *Falk,* Walter: Vom Strukturalismus zum Potentialismus (wie Anm. 3)

32 *Bernsmeier,* Helmut: Der Wandel um 1880 (wie Anm.23)

ZUR WIEDERENTDECKUNG DER ENGEL

1. Der Engel als bemalte Holzfigur bei Franz Kafka

Am 25. Juni 1914 notierte Franz Kafka in seinem Tagebuch eine kleine Geschichte, die mit den Worten beginnt: „Vom frühen Morgen an..." In ihr berichtet ein Erzähler von einem Erlebnis, das ihm an einem Tag zuteil wurde, an dem er „vom frühen Morgen an" unruhig in seinem Zimmer auf und ab ging. Gegen Abend setzte er sich auf die Fensterbank. Da gewahrte er, wie die Zimmerdecke sich nach und nach öffnete und ein Engel erschien, in der Hand ein Schwert, das er auf den Erzähler richtete. Dieser senkte den Blick. Als er den Blick wieder hob, war zwar der Engel noch da, aber auf völlig veränderte Weise. Er war nun „kein lebendiger Engel" mehr, sondern nur „eine bemalte Holzfigur von einem Schiffsschnabel, wie sie in Matrosenkneipen von der Decke hängen".[1]

Falls Engel existieren und von Menschen wahrgenommen werden können, dürfte die Reaktion auf ihr Kommen im 20. Jahrhundert meist von der Art gewesen sein, die Kafka an seinem Erzähler spürbar machte. Jedenfalls stößt, wer nach Zeugnissen von Engelserfahrungen fahndet, viel eher als auf diese auf „bemalte Holzfiguren", auf Bilder, an denen zu erkennen ist, daß sie Einbildungen darstellen und keine Wirklichkeit.

Wenn man in die Suche Äußerungen von Atheisten oder Agnostikern einbegreift, ist natürlich anderes gar nicht zu erwarten. Nicht selbstverständlich ist es aber, daß man zum selben Ergebnis auch bei Christen kommt, zumal bei solchen, die sich als Intellektuelle verstehen. Immerhin werden Engel sowohl in der hebräischen als auch in der christlichen Bibel oft genannt, und zwar regelmäßig im Zusammenhang mit besonders bedeutenden Ereignissen. Auch blieb es in den Gottesdiensten durchaus üblich, von Engeln so zu reden, als ob sie wirklich existierten. Aber wenn ein Christ des 20. Jahrhunderts sich in betonter Weise der Wahrheit verpflichtet fühlt, etwa weil das wissenschaftliche Forschen sein Beruf ist, pflegen Engel für ihn kein ernsthaftes Thema zu sein. Eine Ausnahme machen die Historiker, wenn sie auf Menschen der Vergangenheit stoßen, die an die Existenz und Wirkung von Engeln glaubten, aber sonst kaum eine Neigung zum Aberglauben erkennen lassen. Es ist üblich geworden, das Bild der Engel dann als Metapher für einen bestimmten geistigen Zusammmenhang zu deuten, welcher als vernünftig gewertet werden kann.

Kafka verhielt sich bei der Niederschrift der genannten kleinen Geschichte ganz anders. Er stellte die Engelserscheinung als das eigentlich Wirkliche dar, die „bemalte Holzfigur" als ein banales Surrogat. Man mag dazu neigen, diese Abweichung vom Üblichen durch den bekannten Umstand zu erklären, daß Dichter regelmäßig die Welt des Banalen in Frage stellen. Aber das bliebe unbefriedigend. Gerade damals haben auch andere Dichter von Engeln geschrieben, und sie paßten sich dabei allermeist dem vorherrschenden Denkmuster an. Ein gutes Beispiel dafür bietet Rainer Maria Rilke.

Im Jahre 1912 begann er den großen lyrischen Zyklus der „Duineser Elegien“, der später vielfach als eine der wichtigsten Dichtungen der ersten Jahrhunderthälfte gewertet werden sollte. Sein Hauptthema ist die Auseinandersetzung eines Menschen der Gegenwart mit Engeln. Zu deren Beschreibung nutzte Rilke die Aussagen der Tradition. Aber im Unterschied zu seinen Gewährsleuten in der Vergangenheit dachte er die Engel keineswegs als Boten, die im Auftrag Gottes zu den Menschen kommen. Das wäre für ihn unmöglich gewesen, da seiner Überzeugung nach Gott noch gar nicht existierte, sondern erst allmählich durch die Menschen geschaffen wurde. In seinem Gebrauch wurde das Bild der Engel zu einer Metapher für menschliche Bewußtseinszustände, welche, wie zum Beispiel die bei Schaffensakten maßgeblichen, die Ebene des Alltags übersteigen.[2] Dadurch wurde das ursprünglich mit dem Wort „Engel“ Gemeinte geradezu umgekehrt. Bei literarischen Zeitgenossen Rilkes ist dasselbe festzustellen.

Kafkas Ernstnehmen der traditionellen Engelsvorstellung dürfte nicht mit seinen allgemeinen Überzeugungen von der Aufgabe der Dichter zusammenhängen, sondern mit einer seine Sicht der Welt tief verändernden Erfahrung, die er zwei Jahre zuvor gemacht und inzwischen wiederholt dichterisch dargestellt hatte.

2. Der Bruch eines Tabus um 1910

Nicht lange vor der Niederschrift der Skizze „Vom frühen Morgen an“, am 29. Mai 1914, notierte Kafka in seinem Tagebuch eine kleine Geschichte, die mit den Worten „Ich mache Pläne...“ beginnt. Darin beschreibt sich ein Erzähler-Ich zunächst im „Jammer“ seines Alltags. Um von ihm sich zu befreien, vertraut es sich seinen Schaffensplänen an, die in der Gestalt eines Wagens präsent werden. Kaum hat das Ich den Wagen bestiegen, beginnt es zu schweben. Rasch wird es in die Höhe getragen, hoch empor über die gewöhnlichen Menschen, auf die es jetzt herabschaut. Hier faßt es Stand und führt eine Bewegung aus, mit der es seinen Körper zu einem Kreis biegt. Damit demonstriert es, daß es sich selbst bis ins Ewige gesteigert hat. Nun heißt es:

> „War es die letzte Steigerung, die Menschen gegeben ist? Es scheint so, denn schon sehe ich aus allen Toren des tief und groß unter mir liegenden Landes die kleinen gehörnten Teufel sich heraufdrängen, alles überlaufen, unter ihrem Schritt zerbricht alles in der Mitte, ihr Schwänzchen wischt alles aus, schon putzen fünfzig Teufelsschwänze mein Gesicht, der Boden wird weich, ich versinke (...) durch einen Schacht, der genau den Durchmesser meines Körpers, aber eine endlose Tiefe hat.

> Diese Endlosigkeit verlockt zu keinen besonderen Leistungen. Alles, was ich täte, wäre kleinlich. Ich falle sinnlos und es ist das beste.“[3]

Mittels der menschlichen Schaffenskräfte hatte sich das Ich bis ins Übermenschliche gesteigert. Als Folge davon wurden nun übermenschliche Kräfte der Zerstörung, „Teufel“, wirksam. Sie fielen nicht direkt über das Ich her, sondern zerstörten seinen menschlichen Lebensraum, die Oberfläche der Erde, und nahmen ihm auf diese Weise die Möglichkeit, weiterhin irdisch zu existieren.

Kafka erzählte diese schlichte Geschichte vermutlich, um sich selbst ganz klar zu machen, was er in der Nacht vom 22. zum 23. September 1912 erstmals erfahren und in einer Erzählung mit dem Titel „Das Urteil“ auf derart kompliziert-vielschichtige Weise dargestellt hatte, daß eine geradlinige Deutung ihm selbst nachträglich nicht gelingen wollte[4]. In einer Variation hatte er dieselbe Erfahrung auch in der Erzählung „Die Verwandlung“ gestaltet. Von der Tagebuchgeschichte aus wurde deutlich, daß in beiden Fällen von einem Menschen die Rede war, der von Teuflischem übermächtigt wurde.

Dies in aller Klarheit festzustellen, war für Kafka aus zwei Gründen keine Kleinigkeit. Zunächst, weil er die Hauptfiguren der genannten Erzählungen als Bilder seiner selbst meinte und also mit ihrer Gestaltung sich eingestand, mit seiner Person sich in einer hoffnungslosen Situation zu befinden. Sodann, weil er, indem er vom Teuflischen sprach, ein Tabu brach, das für europäische Intellektuelle seit der Aufklärung bestand: das Teuflische und der Teufel durften nur als Phantasievorstellungen, jedoch nicht als Bilder von geistiger Wirklichkeit gewertet werden. (Auf dieses Tabu haben neuerdings Alexander Schuller und Wolfert von Rahden als Herausgeber eines Sammelbandes[5] und – in einem Buch über das Böse - Rüdiger Safranski[6] hingewiesen.)

Die Tabuisierung des Teuflischen war im Zug der Prägung der Fortschrittsideologie vollzogen worden. Ihr zufolge sollte das Ziel des Fortschritts in einem Zustand der Menschheit bestehen, in dem sie vollkommener Herr ihrer selbst wäre. Dieses Ziel hätte als unerreichbar gelten müssen, wenn mit der Existenz und Wirkung menschenfeindlicher Kräfte übermenschlicher Art zu rechnen gewesen wäre. Seit der Aufklärung verstanden sich die meisten Intellektuellen als Agitatoren des Fortschritts. Als solche mußten sie den sogenannten Teufelsglauben als Aberglauben werten und ablehnen.

Zusammen mit dem Teuflischen wurde auch das Engelische von den Vertretern der Fortschrittsideologie tabuisiert. Wenn die vollkommene Autonomie der Menschen das Ziel des Fortschritts war, so durfte eine von der Menschheit zurückgelegte Wegstrecke nur dann als eine Etappe im Fortschritt gelten, wenn einzig menschliche Kräfte dabei wirksam waren. Jede Annahme einer Hilfeleistung von außen - durch Gott oder durch Engel – hätte aus der

Fortschrittsbewegung einen Rückfall gemacht. Wer den Fortschritt wollte, durfte auf Engel so wenig hoffen wie er sich vor Teufeln fürchten durfte.

Kafka hatte im September 1912 das Tabu gebrochen, welches eine Anerkennung des Teuflischen verhinderte. Deshalb war es für ihn nicht mehr unmöglich, das Engelische als eine übermenschliche geistige Macht ernst zu nehmen.

3. Die Reparatur des Tabus

Der Tabubruch ist in den Jahren um den Ersten Weltkrieg außer von Kafka auch von anderen Dichtern vollzogen worden[7]. Dann aber wurde er bald wieder repariert. Wie dies möglich war, hat Kafka in der kleinen Geschichte über den Engel selbst schon angedeutet: Das Ich, das eine Engelserfahrung gemacht hat, wendet den Blick vom Engel ab, sagt sich, es könne ein wahrer Engel gar nicht gewesen sein und verwandelt so seine Erscheinung in eine bemalte Holzfigur.

Später, in dem 1922 verfaßten Romanfragment „Das Schloß", stellte Kafka in der Hauptfigur, die er „K." nannte, einen Menschen dar, für den ein solches Umwandeln zur wichtigsten Tätigkeit wird. K. hat sich aus den gewohnten Lebensverhältnissen gelöst und ist in ein Dorf gekommen, dessen Bewohner sich in großer Abhängigkeit von der Herrschaft eines in der Nähe gelegenen Schlosses befinden. Der Schloßherr wird im Dorf durch Beamte vertreten. Von ihnen ist deutlich, daß sie bisweilen wie Menschen aussehen, aber in Wahrheit übermenschliche Wesen sind. K. macht die Erfahrung, daß manche von ihnen die Menschenwürde respektieren, während andere sie mißachten. So stellt sich ihm die Aufgabe, eine Unterscheidung der Geister vorzunehmen. Aber er entzieht sich ihr, indem er sich hartnäckig weigert, das übermenschliche Wesen der Beamten anzuerkennen[8].

Die Figur des K. erscheint aus dem Rückblick wie eine bildliche Voraussage der üblichen Verhaltensweise der Intellektuellen während der folgenden Jahrzehnte. Sie sollten reichlich Gelegenheit bekommen, sich mit der Möglichkeit der Existenz übermenschlicher Kräfte des Bösen, aber auch von solchen des Guten, auseinanderzusetzen, bemühten sich jedoch meist mit allen Kräften, sich selbst und andere glauben zu machen, es könne sich immer nur um bemalte Holzfiguren gehandelt haben. Ein besonders eindrucksvolles Beispiel dafür lieferte Thomas Mann bei der Niederschrift seines Romans „Doktor Faustus". Das Erlebnis der Machtentfaltung von Hitler veranlaßte ihn, die Sage von Faust und seinem Pakt mit dem Teufel aufzugreifen und neu zu gestalten. Seinen neuen Faust namens Adrian Leverkühn ließ er aus dem Gefühl einer wirklichen Teufelsbegegnung handeln. Mit großer Kunst machte er dem Leser jedoch spürbar, daß nur dieser den Teufel für eine existente geistige Macht hält, nicht jedoch er selbst, der Dichter Thomas Mann, der wie seine Erzählerfigur Serenus Zeitblom selbstverständlich ein Humanist ist und bleibt und damit auch die Tendenzen der Aufklärung bedingungslos bejaht[9].

Eine Ausnahme bildeten die Vertreter einer spezifisch christlichen Literatur, die seit dem Ersten Weltkrieg entstand. Sie hielten die Erinnerung an die im Jahrzehnt um den Ersten Weltkrieg gemachte Erfahrung vom Zusammenhang des Menschen mit übermenschlichen Kräften des Bösen und des Guten lebendig. Seit den sechziger Jahren begann diese Literatur jedoch zu versiegen. Vermutlich kam es dazu im Zusammenhang mit der nun mächtig werdenden antiautoritären Bewegung.

In derselben Zeit wurden Versuche zur Tabureparatur sogar in der Sphäre der Theologie unternommen. Der katholische Theologe Herbert Haag veröffentlichte 1969 eine Schrift mit dem Titel „Abschied vom Teufel“. In ihr und in einer weit ausgreifenden Untersuchung „Teufelsglaube“[10] von 1974 suchte er darzutun, daß die Existenz des Teufels kein notwendiger Bestandteil des christlichen Glaubens sei. Dabei konnte er auch auf eine neue Umfrage unter Theologen verweisen, die ergeben hatte, daß von den katholischen ein Drittel, von den evangelischen sogar 51 Prozent an die Existenz des Teufels nicht mehr glaubte[11].

4. Die neue Unruhe seit 1980

Die Publikationen von Haag veranlaßten den Vatikan zu mehreren Stellungnahmen, die deren Hauptthese widersprachen. Auf sie bezog sich dann das Nachrichtenmagazin „Der Spiegel“ in der Titelgeschichte seiner Weihnachtsnummer 1986. Das Umschlagsbild zeigte einen Papst, der den Teufel an die Wand malt. Die Überschrift lautete allerdings: „Die Wiederkehr des Teufels“. Dieser Satz konnte sich, da die Päpste die Existenz des Teufels nie in Zweifel gezogen hatten, nur auf im Text enthaltene Zusatzinformationen beziehen. Tatsächlich wurde in ihm auch von einem Wiederaufleben des Satanismus in der Subkultur berichtet. Nicht erwähnt wurde dagegen, daß neuerdings auch Intellektuelle, Dichter, den Teufel wieder ernst nahmen und in soeben erschienenen Werken ihn als geistige Wirklichkeit darstellten. Bekannt dürfte das beim „Spiegel“ durchaus gewesen sein, denn in der Überschrift zitierte man fast wörtlich eine 1983 erschienene Schrift, in der genau dies dargetan worden war. Der Verfasser des kleinen Buchs „Des Teufels Wiederkehr – Alarmierende Zeichen der Zeit in der neuesten Dichtung“ war ich[12].

Natürlich fragte ich mich, warum man beim „Spiegel“ darauf verzichtet hatte, die von mir besprochenen Werke von so renommierten Autoren wie Stefan Heym, Tankred Dorst, Adolf Muschg und dem Ägypter Naguib Mahfouz (dem späteren Nobelpreisträger) unerwähnt zu lassen. Ich richtete diese Frage auch an die Redaktion des „Spiegel“, erhielt jedoch keine Antwort.

Mir schien, daß ich dieses Schweigen doch auch als eine Art von Antwort werten durfte. Vielleicht hatte man über die „Wiederkehr des Teufels" geschrieben, um das in „Des Teufels Wiederkehr" empfohlene Ernstnehmen der Zeichen der Zeit als überflüssig erscheinen zu lassen.

In dieser Vermutung bestärkte mich später ein im italienischen Original 1987, in deutscher Übersetzung 1990 erschienenes Buch über den Teufel von Alfonso di Nola[13] , denn es behandelt zwar, anders als der „Spiegel"-Artikel, in ausführlicher Weise das „Wesen", die „Wirkung" und die „Geschichte" des Teufels, nennt jedoch als Anregung genau wie der „Spiegel" Vorgänge in der gegenwärtigen Subkultur und neuere Verlautbarungen des Vatikans. Bei einem weiteren Buch über den Teufel, verfaßt von Gerald Messadié und französisch 1993, deutsch 1995 erschienen[14] , war die Aufgabe, als Beruhigungsmittel zu wirken, womöglich noch deutlicher zu erkennen; denn Messadié hatte zuvor selbst einen Roman geschrieben, in dem es um den Teufel ging, und darin war der hier schon unternommene Versuch, den Teufel als Phantom erscheinen zu lassen, nicht völlig gelungen[14] . Sogar die 1995 publizierte Untersuchung „The Origin of Satan" von Elaine Pagels[15] scheint sich in den Dienst desselben Bedürfnisses gestellt zu haben. Sie setzt Haags Auseinandersetzung mit den Bezugnahmen auf den Teufel in der christlichen Bibel fort, deutet diese jedoch nicht als Folgen des Einflusses von dem christlichen Glauben eigentlich fremden Zeittendenzen, sondern einer bei den frühen Christen vor sich gegangenen Verirrung, durch die sie von dem Ethos, das sie selbst in die Welt gebracht hatten, alsbald wieder abwichen.

Meiner Überzeugung nach haben diese Publikationen den Charakter von – besonders erbittert geführten – Nachhutgefechten. Andere, wie die oben bereits erwähnten von Alexander Schuller und Wolfert von Rahden sowie von Rüdiger Safranski, zeigen meines Erachtens sehr deutlich, daß die einst von der Aufklärung errichtete Denkfestung in den Teilen, um die es hier geht, nicht zu halten ist. In dieser Auffassung sehe ich mich bestärkt durch den Umstand, daß die Dichter in den späteren achtziger und in den neunziger Jahren zwar nur noch ausnahmsweise den Teufel als eine Figur thematisierten, dafür aber geradezu regelmäßig in vielen Bildvariationen das Teuflische erlebbar machten, indem sie die in ihren Dichtungen geschilderten Personen mit Zerstörungskräften konfrontierten, denen die menschlichen Kräfte nicht gewachsen sind.

Diesen Sachverhalt anzuerkennen, fällt mir leichter als manchem Kollegen, weil ich nach jahrzehntelangem Nachdenken über die Dichtungen Franz Kafkas und seiner Zeitgenossen zu der Ansicht gelangt bin, daß diese gerade auch mit ihren Darstellungen von Menschen, die, wie Kafkas Landarzt, in einem zwar „irdischen", aber von „unirdischen Pferden" gezogenen Wagen fahren[16], als Zeugnisse authentischer Erfahrung gelten müssen, und daß in dieser Erfahrung Grundzüge des ganzen zwanzigsten Jahrhunderts erfaßt wurden. Diese Auffassung hat mir selbstverständlich auch die Frage nahegelegt, ob in unserer Gegenwart nicht, wie einst in den Jahren um den Ersten Weltkrieg, außer der Erfahrung zerstörerischer Kräfte von übermenschlichem Ausmaß auch die von heilsamen thematisiert würde, ob also nicht außer dem Teuflischen auch das Engelische in unserer gegenwärtigen Welt erkennbar werde.

In der Dichtung ist dies, soweit ich sehe, in sehr viel geringerem Maß der Fall. Zumindest wird von Engeln nur selten in so direkter Weise gesprochen wie in Gedichten von Paul Konrad Kurz[17]. Indirekte Bezugnahmen sind häufiger, aber sie lassen sich nur auf Umwegen, durch eingehende Interpretation, identifizieren. In größerer Zahl sind jedoch seit den achtziger Jahren volkstümliche Bücher über Engel erschienen. Sie sind für den Wissenschaftler als Symptome eines Bedürfnisses interessant, haben aber meist keinen großen wissenschaftlichen Wert in sich selbst.

Neuerdings aber hat sich ein renommierter Forscher zum Thema Engel zu Wort gemeldet, und zwar einer, der im Bereich der Naturwissenschaft beheimatet ist, nämlich Rupert Sheldrake. Er hat seine Überlegungen im Rahmen von Dialogen vorgetragen, die er zusammen mit dem Theologen Matthew Fox führte. Das Buch der beiden trägt den erstaunlichen Titel „The Physics of Angels“[18] . Ich möchte versuchen, die darin enthaltenen Aussagen über Engel, die mit naturwissenschaftlichen Erkenntnissen in direktem Zusammenhang stehen, zu sammeln und systematisch zu ordnen. Dann möchte ich sie auf eine These über Engel beziehen, die ich selbst entwickelt habe.

Diese These habe ich wiederholt schon thematisiert, zuerst in einem Buch von 1985[19], bisher am eingehendsten in einer Schrift, die 1991 erschien[20]. Um den Bezug zu Sheldrake herstellen zu können, muß ich sie hier noch einmal beschreiben. Jedoch gedenke ich das schon Gesagte nicht einfach zu wiederholen. Diesesmal möchte ich versuchen, die in dem von mir Beobachteten liegende Systematik in einer Reihe von Erkenntnisschritten derart aufzuzeigen, daß jeder Interessierte in der Lage sein müßte, eine genaue Prüfung vorzunehmen.

5. Das Phänomen der Inspiration

Als Kafka die Skizze „Vom frühen Morgen an...“ niederschrieb, ging es ihm mit Sicherheit um die Gestaltung einer von ihm gemachten Erfahrung, Darum mag man Zeugnisse von Engelserlebnissen auch in seinen außerdichterischen Schriften erwarten. Mir sind solche jedoch nie aufgefallen, jedenfalls keines, in dem das Wort „Engel“ vorgekommen wäre. Der Grund dafür kann allerdings in dem Umstand liegen, daß die Anwendung dieses Wortes zur Deutung eigener Erlebnisse seit der Aufklärung bei Intellektuellen völlig unüblich geworden ist. Darum empfiehlt es sich weiter zu fragen, ob Kafka vom Erlebnis der Gegenwart einer höheren geistigen Kraft ohne

Benutzung dieses Wortes gesprochen hat. Dann wird eine positive Antwort möglich, vor allem wegen Kafkas gelegentlicher Berichte über den Schaffensakt – also über denjenigen, der Rilke veranlaßte, das Bild des Engels als Metapher aufzugreifen. In besonders intensiver Weise wurde das Erlebnis dieses Vorgangs Kafka offenbar zuteil, als er die Erzählung „Das Urteil" verfaßte. Hierüber notierte er im Tagebuch am 23. September 1912:

> „Diese Geschichte 'Das Urteil' habe ich in der Nacht vom 22. bis 23. von zehn Uhr abends bis sechs Uhr früh in einem Zug geschrieben. Die vom Sitzen steif gewordenen Beine konnte ich kaum unter dem Schreibtisch hervorziehn. Die fürchterliche Anstrengung und Freude, wie sich die Geschichte vor mir entwickelte, wie ich in einem Gewässer vorwärts kam, wie für alle, für die fremdesten Einfälle ein großes Feuer bereitet ist, in dem sie vergehn und auferstehn. (...) *Nur so* kann geschrieben werden, nur in einem solchen Zusammenhang, mit solcher vollständigen Öffnung des Leibes und der Seele."[21]

Kafka hatte sich seiner Erinnerung nach mit Leib und Seele vollständig geöffnet für eine geistige Kraft, die ihn bei seinem Schreiben leitete. Wie er diese empfand, versteht man am ehesten, wenn man bedenkt, daß das Thema der Erzählung „Das Urteil" die Übermächtigung eines jungen Mannes durch eine Zerstörungskraft mit übermenschlichen, teuflischen Zügen ist und daß dieser junge Mann für Kafka eine Repräsentation seiner eigenen Person war. Die das Dichten tragende Kraft muß Kafka als eine auch noch der Zerstörungskraft überlegene erschienen sein. Zu ihr hätte das Wort „Engel" durchaus gepaßt. Vielleicht benutzte Kafka es dann in der Skizze „Vom frühen Morgen an..." gerade in Erinnerung an das Erlebnis der Nacht, in der er „Das Urteil" verfaßte.

In früheren Zeiten der europäischen Kulturgeschichte hätte ein Erlebnis wie dieses durchaus zu der Versicherung eines Autors führen können, die Geschichte sei ihm von einem Engel eingegeben worden. In außerchristlichen Kulturen wären dafür andere Namen verwendet worden. In der Antike etwa hätte man eine Muse genannt oder auch den Gott Apollo. Zeugnisse des Empfindens, daß beim Schaffensakt eine Geisteskraft übermenschlicher Art mitwirkt, finden sich in den verschiedensten Kulturen. Das spricht dafür, daß das Phänomen „Inspiration" – wie man verallgemeinernd sagen mag – beim Menschen einen universalen Charakter hat.

Zugunsten dieser Annahme spricht auch der folgende Sachverhalt. In der Zeit seit der Aufklärung, in welcher die Inspirationsquelle „Engel" tabuisiert war, erwies es sich als geradezu unmöglich, das Erlebnis der Inspiration zu verschweigen. Viele Dichter, Musiker, bildende Künstler bezeugten es, sogar ein militanter Atheist wie Friedrich Nietzsche. Auch Naturwissenschaftler, zu deren Denkweise es überhaupt nicht paßte, bekannten sich ausdrücklich zu ihm.

Dieser Tatsache kommt eine wichtige weitere Bedeutung zu. Sie könnte nämlich anzeigen, daß Engelserfahrungen auch von Menschen gemacht worden sind, die an die Existenz von Engeln gar nicht glaubten oder glauben wollten und sich darum so verhielten wie das Erzähler-Ich in Kafkas Geschichte „Vom frühen Morgen an...“. Ob es sich tatsächlich so verhält, läßt sich rational überprüfen durch eine genaue Untersuchung des Phänomens „Inspiration“.

Bei dieser dürfte man den Aussagen von Menschen, die den Anspruch erhoben, Inspirationen erlebt zu haben – wie den Kulturschaffenden seit der Aufklärung, auf die ich mich soeben bezog – gewiß eine nur vorläufige Bedeutung zuerkennen. So wichtig persönliche Erfahrungszeugnisse sind, muß immer damit gerechnet werden, daß sie dem beschriebenen Vorgang selbst nicht zugehörige subjektive Zutaten enthalten. Maßgeblich können einzig die Gegenstände sein, die unter Mitwirkung der Inspiration entstanden sein dürften. Bei ihnen gilt es zunächst zu unterscheiden zwischen denjenigen Momenten, die auf keinen Fall von der Inspiration verursacht sein können und anderen, bei denen dies möglich ist. Bei letzteren ist dann zu fragen, ob sie Anzeichen einer Herkunft von „Engeln“ aufweisen. Als solche wären übermenschliche geistige Kräfte zu verstehen, die einerseits auf Menschen in ihrer freien Personalität einwirken, andererseits selbst einer sie umfassenden Ordnung zugehören, welche auf eine höhere personale Macht verweist, die als „Gott“ bezeichnet werden kann.

Wählt man als Untersuchungsgegenstände literarische Werke, so ist ohne weiteres klar, daß die Wörter, die - normalerweise – zuvor schon in vielen anderen Texten benutzt worden waren, kein Produkt der Inspiration sind. Dasselbe gilt für die Auswirkungen allgemeiner Regeln wie etwa diejenigen der Syntax oder der literarischen Gattung. Die Inspiration ist auf einen Bereich in einem Werk bezogen, der erst durch sie ermöglicht wurde, also wesenhaft neuartig ist. Diesen Bereich kann man als den Sinn des Ganzen oder als das Sinnganze bezeichnen. Bei ihm muß der Versuch ansetzen, die Frage nach der Existenz und Wirksamkeit von Engeln auf wissenschaftliche Weise zu beantworten.

6. Das Phänomen des Sinnganzen als Forschungsansatz

Ein Sinnganzes ist kein Ding und auch keine Beziehung zwischen Dingen. Darum könnte man ernsthaft bezweifeln, daß es überhaupt existiert, wenn man davon nicht durch die Lebenspraxis immer wieder überzeugt würde. So vermag niemand einen Text zu lesen, ohne vorauszusetzen, daß alle seine Einzelteile von einem Gesamtzusammenhang sinnhafter Art umfaßt und durchdrungen werden. Das Phänomen des Sinnganzen wurde denn auch bereits in den Anfängen der abendländischen Wissenschaft entdeckt und aufgewiesen.

In seiner „Poetik“, die zum Grundbuch des Nachdenkens über die Dichtung in der abendländischen Neuzeit werden sollte, erklärte Aristoteles, das Wichtigste eines Dramas sei die „Handlung“. Von ihr sagte er, sie sei nicht ein beliebiger, sondern ein auf besondere Weise geprägter Vorgang. Konstitutiv für sie sei nämlich, daß sie einen Anfang, eine Mitte und einen Schluß habe. Damit deutete er sie als Manifestation einer Sinneinheit. Er sagte nämlich des weiteren, Anfang sei etwas, das eine notwendige Folge habe, dem aber nichts Notwendiges vorausgehe, Schluß sei umgekehrt etwas, das notwenig auf Vorausgegangenes folgt, aber selbst nicht zu einer notwendigen Folge führe, und Mitte sei, was sowohl eine notwendige Voraussetzung als auch eine notwendige Fortsetzung aufweise. Durch diese Bestimmung der geistigen Einheitlichkeit konnte Aristoteles die Werke der Dramatiker – und der Dichter überhaupt – von denen der Historiker unterscheiden, die auch, und, so meinte er, sogar vor allem, Zufälliges zusammentragen. Zugleich rechtfertigte er dadurch seine These, daß Dichter den Philosophen verwandt seien. Bei anderer Gelegenheit vermittelte er eine wichtige zusätzliche Erkenntnis vom Wesen des Ganzen. Er legte dar, daß es anderes und mehr sei als die Summe seiner Teile.

In der Zeit um 1800, in der die im kulturellen Leben führenden Köpfe sich intensiv mit dem Phänomen der Kunst auseinandersetzten, erlangte diese Lehre vom Ganzen fundamentale Bedeutung. Als Zugang zum Ganzen setzte man damals allgemein die Intuition an. Mit aus diesem Grund schien sie dann in dem Maße bedeutungslos zu werden, in dem der Positivismus in Wissenschaft und Philosophie sich ausbreitete.

Um 1900 wurde sie jedoch wieder aufgenommen. Besonders wichtig sollte der damals von Christian von Ehrenfels geführte Nachweis werden, daß eine „Gestalt“, die nicht als positivistisches Faktum faßbar ist, doch existent sein muß: wird eine kurze Melodie von einer ersten Tonart in eine andere transponiert, so kehrt vielleicht kein einziger von den verschiedenen Tönen wieder, wohl aber, wie jedermann erkennen kann, der überfaktische Zusammenhang des Ganzen, der an der Melodie hörbar wird, die „Gestalt“.

Folgenreich war nun auch der von Wilhelm Dilthey unternommene Versuch, den in Texten erscheinenden Sinn des Ganzen der wissenschaftlichen Erforschung zugänglich zu machen. Orientiert an der aristotelischen Unterscheidung zwischen den Teilen und dem von ihnen wesensverschiedenen Ganzen, entwickelte Dilthey die methodische Anweisung, von den Teilen eines Textes aus eine Hypothese über den Sinn des Ganzen zu entwerfen, dann zu prüfen, ob von ihr aus alle Teile als Bestandteile eben dieses Ganzen gedeutet werden können, und im negativen Fall eine Revision der Hypothese vorzunehmen. In der Literaturwissenschaft wurde die dieser Anweisung folgende Methode der „Werkinterpretation“ seit den zwanziger Jahren zu einem wichtigen Hifsmittel. Seit der Jahrhundertmitte begann sich allerdings die Einsicht durchzusetzen, daß das Interpretieren zu unterschiedlichen und sogar zu gegensätzlichen Deutungen eines Sinnganzen führen kann. Dieser Sachverhalt wurde als endgültig hingenommen, weil allgemeine Kriterien des Sinnganzen, an denen man die Hypothesen hätte messen können, nicht bekannt waren, und, so meinte man, da ja jedes Sinnganze den Charakter der Neuartigkeit hat, auch gar nicht existieren konnte. Dadurch wurde der wissenschaftliche Wert der Interpretationen höchst fragwürdig, ja geradezu nichtig.

Zur wissenschaftlichen Erschließung des Phänomens „Sinnganzes" hätte natürlich auch eine Darlegung seiner Entstehung gehört. Dilthey war sich dessen durchaus bewußt. Diese Aufgabe mußte für ihn eine um so größere Bedeutung haben, als ihm klar geworden war, daß ein Sinnganzes infolge seiner Neuartigkeit in keiner Weise aus derjenigen kulturellen Wirklichkeit abgeleitet werden kann, die vor dem Hervortreten des jeweiligen Werkes schon existierte. Da er im kulturellen Bereich keine andere schöpferische Kraft anerkannte als die des menschlichen Ich, mußte er annehmen, daß das Sinnganze eines literarischen Werks vom Autor hervorgebracht werde. Es schien ihm, daß das nur im Zug der Gestaltung der Teile geschehen könne. Zweimal versuchte er den vermuteten Vorgang zu beschreiben. Beide Male verwickelte er sich in tiefe Widersprüche[22]. Meines Wissens ist es nach ihm niemandem gelungen, diese Widersprüche zu beheben oder den Schaffensvorgang von einem anderen Ansatz her auf bruchlose Weise zu beschreiben.

Das zweifache Versagen ist als Ausdruck einer tiefen Krise zu werten, in welche die Literaturwissenschaft geraten ist. Diese erfaßte auch alle anderen auf die Auslegung von Texten angewiesenen Disziplinen. Ihre Wirkung stört das Verhältnis der Humanwissenschaft zur Wahrheit um so tiefer, je weniger sie eingestanden wird.

Zu einem Teil, nämlich im Hinblick auf die Möglichkeit zur rationalen Erfassung eines Sinnganzen, konnte sie allerdings seit den sechziger Jahren durch die Entwicklung der Komponentenanalyse überwunden werden. Die Theorie dieses Verfahrens geht gerade von dem Umstand aus, daß ein Sinnganzes immer den Charakter der Neuartigkeit hat. Sie gibt zu bedenken, daß Neuartiges nie hervorzutreten vermag, ohne sich abzuheben von Bisherigem und ohne sich zurückzubeziehen auf eine Neuerungskraft, dem es seine Entstehung verdankt. Deswegen ist ein von der Neuartigkeit geprägter Sinnzusammenhang notwenig in sich selbst gegliedert in Repräsentationen der Neuerungskraft, des Bisherigen und des - als Resultat entstehenden – Neuartigen als solchem. Aus dem Blick auf die universale Gegliedertheit eines jeden Ganzen in diese Sinnkomponenten kann geklärt werden, welche einmalige Spezifikationen sie in jedem Einzelfall aufweisen.

Die bei der Durchführung der Analyse eines Textes auf seine Sinnkomponenten nötigen oder möglichen Operationen sind genau beschrieben worden[23]. Jedermann kann das Verfahren erlernen und ist danach in der Lage,

Analyseergebnisse zu überprüfen, zu bestätigen oder zu korrigieren. Versuche zur Widerlegung des Verfahrens sind nie publiziert worden. Die Existenz des Phänomens des Sinnganzen ist also nicht mehr nur theoretisch, sondern auch empirisch erwiesen.

Damit ist allerdings nicht auch schon das zweite Grundproblem gelöst, die Klärung der Entstehung eines Sinnganzen. Der Umstand, daß weder Dilthey noch sonst jemand auf widerspruchsfreie Weise zeigen konnte, wie die Produktion eines Sinnganzen beim Werkschaffen verläuft, läßt sich als Anzeichen dafür deuten, daß die Frage falsch gestellt war. Das wäre tatsächlich der Fall, wenn sich herausstellen sollte, daß schöpferische Menschen das Sinnganze gar nicht selbst produzieren, sondern es rezipieren. Mit dieser Möglichkeit ist unter zwei Voraussetzungen ernsthaft zu rechnen: erstens, daß das Phänomen der Inspiration wirklich existiert, und zweitens, daß das, was eine Inspiration dem Menschen vermittelt, den Charakter eines Sinnganzen hat.

Goethe hielt beide Voraussetzungen für gegeben. Er war überzeugt, daß das Sinnganze großer Werke, oder, wie er sagte, ihr „Geist des Ganzen", dem Menschen aus der Sphäre des Göttlichen geschenkt werde und die schöpferische Arbeit gerade auch der großen Menschen sich darauf beschränke, dem Geschenkten einen „sichtbaren Leib und Körper" zu gestalten. Im Gespräch mit Eckermann sagte er am 11. März 1828:

> „Jede Produktion *höchster Art*, jedes bedeutende Aperçu, jede Erfindung, jeder große Gedanke, der Früchte bringt und Folge hat, steht in niemandes Gewalt und ist über aller irdischen Macht erhaben. Dergleichen hat der Mensch als unverhoffte Geschenke von oben, als reine Kinder Gottes zu betrachten, die er mit freudigem Dank zu empfangen und zu verehren hat. (...) In solchen Fällen ist der Mensch oftmals als Werkzeug einer höheren Weltregierung zu betrachten, als ein würdig befundenes Gefäß zur Aufnahme eines göttlichen Einflusses. (...)
>
> Sodann aber gibt es eine Produktivität anderer Art, die schon eher irdischen Einflüssen unterworfen ist, und die der Mensch schon mehr in seiner Gewalt hat (...). In diese Region zähle ich alles zur Ausführung eines Planes Gehörige, alle Mittelglieder einer Gedankenkette, deren Endpunkte bereits leuchtend dastehen; ich zähle dahin alles dasjenige, was den sichtbaren Leib und Körper eines Kunstwerkes ausmacht.
>
> So kam Shakespearen der erste Gedanke zu seinem 'Hamlet`, wo sich ihm der Geist des Ganzen als unerwarteter Eindruck vor die Seele stellte, (...) als ein reines Geschenk von oben, worauf er keinen unmittelbaren Einfluß gehabt hatte (...). Die spätere Ausführung der einzelnen Szenen aber und die Wechselreden der Personen hatte er vollkommen in seiner Gewalt, so daß er sie täglich und stündlich machen und daran wochenlang fortarbeiten konnte, wie es ihm beliebte."

Da Goethe auf dem angesprochenen Gebiet über sehr viel eigene Erfahrung verfügte und die Nüchternheit seines Urteils in geistigen Dingen sich vielfach erwiesen hat, muß man diese Äußerung sehr ernst nehmen. Aber einen Beweis stellt sie natürlich nicht dar. Die durch die Komponentenenanalyse eröffnete Möglichkeit, ein Sinnganzes in rationaler

Weise zu begreifen, könnte jedoch einen Ansatz zur Klärung auch seiner Herkunft bieten.

7. Die individuelle komponentiale Sinnstruktur und die absolute

Wenn eine komponentiale Analyse durchgeführt worden ist, so kann man das Ergebnis formelhaft beschreiben, indem man die Eigenart jeder der drei Komponenten charakterisiert. Zum Zweck der rascheren Verständigung ist eine Terminologie eingeführt worden, von der man dabei Gebrauch machen wird. Die Komponente, die das Bisher darstellt, wird als „Aktualkomponente“ bezeichnet, abgekürzt: „AK“, diejenige, welche eine Neuerungskraft repräsentiert, als „Potentialkomponente“ oder „PK“ und die dritte, an der das Neuartige als solches erscheint, weil sie immer das Ergebnis der Begegnung von AK und PK ist, als „Resultativkomponente“ oder „RK“.

Diese Begriffsdreiheit muß auf Texte angewandt werden, die in den verschiedensten Zeit und auch in sehr unterschiedlichen Kulturen geschaffen wurden. Darum darf man das Aktuale und das Potentiale nicht auf jene Bedeutung einschränken, die Aristoteles den beiden Begriffen mitgab, als er sie – mit griechischen Wörtern – einstmals prägte, aber auch nicht auf eine der späteren Umdeutungen. Als Aktuales soll ein in sich abgeschlossener Zustand nur, aber immer dann gelten, wenn er einerseits auf einen ihm gegenüber neuartigen Zusammenhang bezogen ist und andererseits auf eine Neuerungskraft, welche diesen hervorbrachte. In einer Aktualkomponente können darum durchaus auch Bilder erscheinen, die unser heutiges Alltagsbewußtsein als irreale Phantasiegebilde bezeichnen würde.

Als Beispiel dafür möchte ich an Franz Kafkas berühmte Erzählung „Die Verwandlung“ erinnern, die seit dem Spätjahr 1912 entstand. Sie handelt von einem jungen Mann namens Gregor Samsa, der eines Morgens feststellen muß, in ein Tier verwandelt worden zu sein. Seine Familie, die Eltern und seine Schwester, muß sich mit seinem Tiersein auseinandersetzen. Allmählich nimmt bei ihr der Wunsch überhand, den Verwandelten loszuwerden. Er findet Erfüllung als dieser schließlich stirbt (oder „krepiert“). Die Restfamilie nimmt dies zum Anlaß einer Feier. Damit wird deutlich, daß der familiäre Zusammenhalt, und also die Familie als solche, zugrunde gegangen ist. Gemäß dem im 20. Jahrhundert vorherrschenden Allgemeinbewußtsein kann kein Zweifel darüber bestehen, daß die Familie des Verwandelten in der Wirklichkeit lebt. Dementsprechend würde man dazu neigen, ihre Darstellung der Aktualkomponente zuzuordnen. Vom Verwandelten würde man denken, daß es ihn in der Wirklichkeit nie geben könne und daß er darum die Komponente des nur Möglichen bilden müsse. Aber wenn man die Textverhältnisse genauer betrachtet, so erkennt man, daß der Verwandelte in seinem Tiersein wie in einem Käfig eingeschlossen ist und dieses also einen in sich geschlossenen Zustand darstellt. Umgekehrt zeigt sich an der Familie, daß sie mehr und mehr von dem Willen geleitet wird, ohne den Verwandelten, und also in einem neuartigen Zustand, weiterzuleben. Dieser Wille stellt eine Möglichkeitskraft dar, er entspricht einer Potentialkomponente. Das Tiersein des Verwandelte muß, so wenig es der heutzutage üblichen Wirklichkeitsvorstellung entspricht, als die Aktualkomponente gelten. So sind in einer komponentialanalytischen Untersuchung zur Benennung der komponentialen Sinnstruktur der vielgelesenen Erzählung folgende Formulierungen vorgeschlagen worden:

AK: Die Macht des Apersonalen, manifest vor allem in Gregors Tiersein;
PK: Die Gemeinschaftskräfte der Familie;
RK: Die substantielle Zerstörung der Familie.[24]

Selbstverständlich hätten zur Beschreibung der Sinnstruktur auch ganz andere Worte gewählt werden können. Aber diese hätten dann demselben Zusammenhang gegolten. Würde ein Komponentialanalytiker zu Formulierungen nicht allein verschiedener, sondern auch gegensätzlicher Art gelangen, so wäre Anlaß zu einem Prüfungsverfahren gegeben. Dieses müßte, da die Kriterien festliegen, zu einem eindeutigen Ergebnis führen.

Für jede komponentiale Strukturformel gilt, daß sie unmöglich auch auf einen früher entstandenen Text passen kann; denn das Sinnganze, das sie beschreibt, ist ja neuartig. Ebensowenig kann eine für einen bestimmten Text geprägte Formel auch auf einen später entstandenen passen; denn ein jeder kann ja immer nur einen wieder neuartigen Sinn zum Vorschein bringen. Das bedeutet, daß ein Sinnganzes nicht nur aus der ihm zugehörigen sozialen Wirklichkeit nicht abgeleitet werden kann und darum von ihr fundamental verschieden ist, sondern auch, daß jedes Sinnganze sich von jedem anderen wesentlich unterscheidet. Ein Sinnganzes ist immer ein vereinzeltes Individuum. Aufgrund dieser Eigenschaft mußten zu seiner Beschreibung Grundbegriffe geprägt werden, die einer jeden Ausprägung angepaßt werden können.

Aus der Vereinzeltheit des individuellen Sinnganzen folgt nun nicht etwa, daß es etwas Zufälliges und Beliebiges wäre. Es gehört durchaus auch einem überindividuellen Zusammenhang an, aber dieser hat seinen Ort weder unterhalb von ihm (bei der sozialen Wirklichkeit) noch auf gleicher Höhe mit ihm, sondern in einem Bereich oberhalb von ihm. Nur in diesem kann seine Ursache liegen. Er manifestiert sich auf zweierlei Weisen.

Zunächst zeigt er sich an dem Umstand, daß jede individuelle Komponentialstruktur die Spezifizierung des universalen Grundmusters ist. Die Existenz von ihm bildet die Voraussetzung für alle Spezifizierungen. Insofern hat dieses Grundmuster den Charakter von Absolutem. Deshalb ist es berechtigt, vom individuellen Sinnganzen zu sagen, daß es nach oben hin in einem Zusammenhang mit Absolutem steht.

Wäre das Absolute der einzige erkennbare höhere Sinnzusammenhang, so wäre als Ursache des Individuellen nichts anderes als eben dieses vorstellbar. Selbstverständlich müßte es dann als Ursache aller Sinnganzheiten gelten, die es je gegeben hat und die es je geben wird. Das hätte zur Folge, daß über die Beziehung eines individuellen Sinnganzen zu seiner Ursache nahezu alles gesagt werden könnte, aber überhaupt nichts Bestimmtes. Der wissenschaftlichen Erkenntnis wäre diese Beziehung völlig entzogen. Indessen gibt es noch einen andersartigen höheren Zusammenhang.

8. Die Teilhabe der individuellen komponentialen Sinnstruktur an einer überindividuellen

Ein erster Aspekt einer überindividuellen, aber nicht absoluten Sinnstruktur läßt sich durch eine weitere Anwendung der Komponentenanalyse ohne Umstände sichtbar machen.

Im selben Jahr 1912, in dem Kafka die Erzählung „Die Verwandlung" begann, aber bereits etwas früher, im September, schrieb er die Erzählung „Das Urteil" nieder. Auch sie handelt von einem jungen Mann - er heißt Georg Bendemann - und auch sie beschreibt ihn in einem familiären Konflikt, wobei die Familie allerdings allein vom Vater vertreten wird. Auch ihre Handlung wird von eine Verwandlung bestimmt. Dennoch verläuft sie ganz anders. Die Verwandlung vollzieht sich nicht am Sohn, sondern am Vater. Ihre Folge ist auch nicht, daß der Vater als Tier erscheint; wohl aber nimmt er Züge eines dämonenartigen „Schreckbilds" an. Dieses verurteilt den Sohn zum Tode. Dem Urteilsspruch vermag Georg nicht zu widerstehen und so vollstreckt er ihn selbst, indem er sich in einen Fluß stürzt.

Die komponentiale Sinnstruktur kann man folgendermaßen beschreiben:

AK: Das Schreckbild des Vaters;
PK: Georgs Fähigkeit, auf das Schreckbild zu reagieren;
RK: Georgs Vollstreckung des Urteils.[25]

Vergleicht man diese Formel mit derjenigen, die den Sinn von „Die Verwandlung" beschreibt, so erkennt man eine die inhaltliche Verschiedenheit überwölbende strukturelle Verwandtschaft. Sie besteht darin, daß in beiden Fällen in der Aktualkomponente eine den menschlichen Kräften überlegene Bedrohungsmacht erscheint, daß in der Potentialkomponente spezifisch menschliche Kräfte die Bedrohung erfahren und daß in der Resultativkomponente die Widerstandskräfte zerstört werden.

Diese Gleichartigkeit erweist die Teilhabe der zwei individuellen Sinnganzheiten an einem Sinnzusammenhang, der beiden übergeordnet ist, aber mit der absoluten komponentialen Struktur gewiß nicht zusammenfällt. Das gibt Anlaß, eine Zwischenschicht zwischen dem individuellen und dem absoluten Sinnsystem anzusetzen. Um deren Eigenart besser zu verstehen, wird man sich die Aufgabe stellen, deren Ursache zu klären.

Wenn schon das einzelne Sinnganze aus der sozialen Wirklichkeit, in der es erscheint, nicht abgeleitet werden kann, so ist das bei dieser höheren Schicht von Sinn völlig unmöglich. Man mag überlegen, ob die Ursache vielleicht in der geistigen Verfassung des Autors liege? Die „Entelechie" ist gelegentlich als der geistige Grund von Kulturwerken genannt worden. Sollte diese Annahme berechtigt sein, so müßte die an den Erzählungen „Das Urteil" und „Die Verwandlung" erkannte Gemeinsamkeit in allen anderen Dichtungen Kafkas wiederkehren. Zur Prüfung mag man sich etwa der ersten überlieferten Dichtung Kafkas zuwenden, der Erzählung „Beschreibung eines Kampfes", deren Niederschrift 1904 begann.

Auch im Mittelpunkt dieser Dichtung steht ein junger Mann. Er ist ein geistiger Mensch, ausgezeichnet durch ein besonderes Maß an schöpferischer Phantasie. Er erzählt ein Erlebnis mit einem Bekannten, bei dem er diese Fähigkeit bewährte. Dieser stellt sich als ein lebenstüchtiger Erfolgsmensch dar, der getragen wird vom Glauben an die Realität. Der Erzähler war bisher den Anforderungen des sozialen Lebens nicht gewachsen. Darum scheint er zunächst seinem Bekannten unterlegen. Bald aber macht er von seiner schöpferischen Kraft Gebrauch, indem er sich eine Geschichte ausdenkt, in welcher sich Repräsentanten des Bekannten und seiner selbst gegenüber stehen. Der Erzähler-Repräsentant führt seinem Kontrahenten vor Augen, daß die Realität hohl und brüchig und seine Herrschaft in ihr in Wahrheit haltlos ist. Als Folge davon bricht der Repräsentant des Bekannten in sich zusammen. Obwohl der Erzähler diese Geschichte nur sich selbst erzählt, verändert sie sein Verhältnis zum Bekannten. Sie macht ihm dessen schwache Stellen bewußt und dadurch wird es ihm möglich, den Bekannten mit wenigen Worten zum Eingeständnis seiner Nichtigkeit zu bewegen.

In dieser Dichtung wird die Aktualkomponente durch den Glauben an die Realität gebildet, die Potentialkomponente durch die Fähigkeit des Erzählers, diesen zu überwinden. Die komponentiale Sinnstruktur wurde folgendermaßen formuliert:

AK: Der zeitweilig erfolgreiche Lebensglaube des Vertreters der Realität;

PK: Der lebensuntüchtige, aber phantasiemächtige Geistesvertreter mit seinem Durchsetzungswillen;

RK: Der Zusammenbruch des Lebensglaubens durch den Sieg des phantasiemächtigen Geistes.[26]

Wenn man diese Formel auf die zwei zuvor angeführten bezieht, muß man feststellen, daß sie zu ihnen überhaupt nicht paßt. Am deutlichsten zeigt sich das an den Aktualkomponenten. Während das Bild eines in ein Tier verwandelten Menschen als Musterbeispiel dafür dienen konnte, daß eine Aktualkomponente nicht dem entsprechen muß, was uns heutzutage üblicherweise als Wirklichkeit gilt, und während das Schreckbild eines dämonenartig gewordenen Vaters dies bestätigte, ist der Lebensglaube eines Vertreters der Realität mit dieser Wirklichkeitsvorstellung aufs engste verbunden. Bei den Potentialkomponenten zeigt sich die Verschiedenheit in mehrerer Hinsicht. Hervorheben möchte ich ein Moment, auf das ich später zurückkommen werde. Im „Urteil" und in der „Verwandlung" setzt die Eigenart der Potentialkomponenten das Erscheinen der jeweiligen Aktualkomponente in der Weise voraus wie ein Antwortender etwas zuvor Gesagtes. Die Potentialkomponente von „Beschreibung eines Kampfes" ist dagegen mit ihrem Willen zur Durchsetzung ihrer schöpferischen Fähigkeit eine autogene Kraft ähnlich derjenigen, die beim Vorgang des Anredens wirksam wird.

Da die an den Erzählungen „Das Urteil" und „Die Verwandlung" konstatierte Gemeinsamkeit der Sinnstruktur nicht allen Dichtungen Kafkas eigen ist, erübrigt es sich, die Möglichkeit weiterzuverfolgen, daß ihre Ursache in einer an seine Person gebundenen geistigen Kraft liege. Dies bestätigt sich, wenn man in die Untersuchung Werke anderer Autoren einbezieht. Zugleich eröffnet sich ein zusätzlicher Gesichtspunkt.

9. Die Teilhabe der überindividuellen Sinnstruktur an einem kollektiven Sinnsystem

Befaßt man sich mit den Dichtungen von Kafkas Altersgenossen Georg Heym, so kann man auf das Gedicht „Der Gott der Stadt" stoßen, das am 30. Dezember des Jahres 1910 entstand. Es handelt von einer Stadt – oder auch von mehreren gleichartigen - , über der ein von Wut erfüllter Gott thront. Die Stadtbewohner huldigen ihm mit dem Klang der Kirchenglocken, dem Straßenlärm, dem Rauch der Fabriken. Der Gott wird dadurch nicht gnädig gestimmt, sondern in seiner Wut noch gereizt. Er streckt seine Faust aus und eine Straße geht in Flammen auf.

Der komponentiale Gegensatz des Gedichts besteht aus dem wuterfüllten Gott und der ihm huldigenden Stadt, das Resultat aus dem Ausbruch der Wut, der die Stadt in Flammen setzt. Der Gott kennt und will nichts anderes als seine Wut. Darum repräsentiert er einen in sich geschlossenen Zustand wie es einer Aktualkomponente entspricht. Die Stadt sucht den Gott zu besänftigen. Damit strebt sie nach einer neuen Situation. Das weist sie als Potentialkomponente aus. Die komponentiale Strukturformel kann lauten:

AK: Der wuterfüllte Gott der Stadt;
PK: Die dem Gott huldigende Stadt;
RK: Der die Stadt in Flammen setzende Ausbruch der Wut.[27]

Bezieht man diese Formel auf die bisher hier mitgeteilten, so wird erkennbar, daß sie mit denjenigen von Kafkas „Urteil" und „Verwandlung" verwandt ist. Der wuterfüllte Gott der Aktualkomponente ist von gleicher Art wie der dämonenartige Vater und wie das Tiersein des Verwandelten. Indem die Stadt der Potentialkomponente dem Gott huldigt, antwortet sie auf seine Präsenz ähnlich wie Georg auf die des Schreckbilds und wie Gregors Familie auf seine Tiergestalt. Das Heymsche Gedicht partizipiert also an derselben überindividuellen komponentialen Sinnstruktur wie die zwei Erzählungen Kafkas.

Nachdem sich bereits gezeigt, daß diese Sinnstruktur nicht in der Person Kafkas gründet, wird damit darüber hinaus deutlich, daß sie auch jenseits der Werke Kafkas vorfindlich ist. Diese Beobachtung legt die Frage nahe, ob es noch andere Autoren gibt, welche dieselbe komponentiale Sinnstruktur gestaltet haben. Sie hat allerdings längst eine Antwort gefunden, und zwar durch von mir angestellte ausgedehnte Untersuchungen. Eine Auswahl der Ergebnisse habe ich in dem Buch „Franz Kafka und die Expressionisten im Ende der Neuzeit" mitgeteilt. Darin zeigte ich Manifestationen derselben überindividuellen komponentialen Sinnstruktur an weiteren Texten von Kafka und Heym auf und außerdem an Dichtungen von Alfred Döblin, Georg Trakl, Carl Hauptmann, Jakob van Hoddis, August Stramm, Gottfried Benn, Georg Kaiser[28]. Das bedeutet, daß die von mir oben am Beispiel der Erzählungen „Das Urteil" und „Die Verwandlung" sowie des Gedichts „Der Gott der Stadt" aufgewiesenen überindividuellen Momente einem weitgespannten kollektiven Sinnsystem zugehören.

Die Eigenart dieses Sinnsystems kann man recht genau beschreiben. Dazu gilt es, die Qualitäten der Parallelkomponenten (also der jeweiligen PK, AK und RK) aller ihm zugeordneten Dichtungen auf Eigenarten zu befragen, die allen gemeinsam sind. Man gelangt dann zu einer Strukturformel, die notwendig sehr abstrakt ist, aber durch jeden einzelnen Text illustriert werden kann. Hier beschränke ich mich auf den Hinweis, daß die Aktualkomponenten in vielen Variationen eine den spezifisch menschlichen Kräften überlegene Macht der Bedrohung darstellen.

Mit der Zuordnung einer individuellen komponentialen Sinnstruktur zu einem kollektiven Sinnsystem erfährt die Frage nach seiner Ursache eine partielle Antwort. Nur partiell kann sie sein, weil sie nicht erklärt, z.B. warum das Bedrohliche in „Die Verwandlung" in der Verwandeltheit eines jungen Mannes ins Tier besteht, in „Das Urteil" in einem dämonenartigen Vater, in „Der Gott der Stadt" in der Wut eines Stadtgottes. Auf dieses Problem werde ich später zurückkommen. Die jetzt mögliche Antwort bezieht sich einzig auf das den verschiedenen Sinnganzheiten Gemeinsame. Bei den Aktualkomponenten besteht dieses im Moment der übermenschlichen Bedrohungsmacht. Dieses in jeder der drei angeführten Dichtungen als Bestandteil der individuellen komponentialen Sinnstruktur manifeste Moment kann seinen Grund nur in dem kollektiven Sinnsystem haben, auf das die individuellen Sinnstrukturen bezogen sind.

Nun ist keine der drei Dichtungen und auch keine der übrigen, die demselben Kollektivsystem zugehören, aus diesem direkt hervorgegangen. Jede wurde von einem Autor produziert. Das bedeutet, daß in dieser Hinsicht jeder der Autoren eine vermittelnde Tätigkeit ausübte. Das war nur möglich, wenn jedem bei seinem Schaffensakt dasselbe kollektive Sinnsystem vor Augen stand.

Von woher aber war dieses Sinnsystem gekommen? Da es in der sozialen Wirklichkeit der Autoren nicht enthalten war und also aus ihr nicht aufsteigen konnte, legt sich die Vermutung nahe, es sei von oben herabgekommen – etwa so wie in Kafkas Geschichte „Vom frühen Morgen an..." der Engel. Dann stellt sich natürlich die Frage, ob das kollektive Sinnsystem vielleicht selbst ein Engel sei?

Zugunsten dieser Möglichkeit sprechen unmittelbar zwei Sachverhalte. Erstens handelt es sich um eine spezifisch geistige und den Menschen zweifellos überlegene Macht. Zweitens geht von dieser offensichtlich eine inspirierende Wirkung aus. Aber von Engeln gilt auch, daß sie als Boten Gottes einer hierarchischen Ordnung zugehören, und ließe sich das auch von einem kollektiven Sinnsystem sagen? Gibt es eine höhere geistige Ordnung, die etwas wie die Heimat des kollektiven Sinnsystems darstellt?

Nachdem erwiesen ist, daß das Phänomen des kollektiven Sinnsystems wirklich existiert, muß versucht werden, seine Herkunft zu klären.

10. Die Teilhabe des kollektiven Sinnsystems an einer epochalen Ordnung

Die bisherigen Überlegungen enthalten Hinweise auf einen bedeutsamen Sachverhalt, der bei der Suche nach der Herkunft des kollektiven Sinnsystems weiterhelfen kann.

Die Analyse der Erzählung „Beschreibung eines Kampfes" hat erwiesen, daß das kollektive Sinnsystem, auf das „Das Urteil" und „Die Verwandlung" bezogen sind, Kafka nicht immer schon vor Augen stand. Es konnte festgestellt werden, daß er dieses Sinnsystems erstmals in der Nacht vom 22. auf 23. September ansichtig wurde, in der er in einem Zug „Das Urteil" verfaßte. Dabei muß er empfunden haben, daß die durch das dämonenartige Schreckbild des Vaters bestimmte Gesamtsituation einem Leser ohne Kenntnis ihrer Voraussetzungen kaum verständlich werden könne. Jedenfalls streute er in die Schilderung des Ganges der Gegenwartshandlung wieder und wieder Bemerkungen ein, die eine Vorgeschichte andeuten. Ähnlich ging er bei der Gestaltung der Erzählung „Die Verwandlung" vor, in der er durch Einschübe spürbar werden ließ, was zu der Verwandlung von Gregor hinführte. Die Rekonstruktion der beiden Vorgeschichten macht, weil sie recht komplex angelegt sind, ausführliche Überlegungen nötig. Bei früherer Gelegenheit habe ich solche mitgeteilt[29]. Sie wären hier interessant, weil ihre komponentiale

Analyse erwiesen hat, daß sie nicht auf dasselbe komponentiale Kollektivsystem bezogen sind wie die Hauptgeschichten. Ihre Wiedergabe würde jedoch zu weit führen. Deren Zweck läßt sich indessen auch auf andere Weise erreichen.

Kafka hat bei einer nicht viel später verfaßten anderen Erzählung auf die Einarbeitung einer Vorgeschichte in eine Hauptgeschichte verzichtet und statt dessen zwei durch verschiedenartige komponentiale Sinnstrukturen geprägte Geschichten aneinander gehängt hat. Hierbei handelt es sich um die oben bereits erörterte Tagebuchskizze vom 29. Mai 1914, die mit den Worten „Ich mache Pläne..." beginnt.

Bei ihr hebt die zweite Geschichte mit dem Auftauchen der kleinen gehörnten Teufel an. Diese repräsentieren eine Aktualkomponente, die mit den hier angeführten verwandt ist, da sie eine übermenschliche Bedrohungsmacht darstellen. Die Potentialkomponente besteht in der irdischen Existenz des Ich, die Resultativkomponente in dessen Versinken in einem Loch ohne Boden. Die gesamte komponentiale Sinnstruktur entspricht also genau der an „Urteil", „Verwandlung" und „Gott der Stadt" erkannten.

Die erste Geschichte handelt, wie man sich erinnert, von einem schöpferischen Ich, das den Jammer seines Alltags überwindet, indem es sich selbst über alles Menschliche hinaussteigert und schließlich zur Figur des ewigen Kreises biegt. Die komponentiale Sinnstruktur ist leicht zu erkennen. Die Potentialkomponente besteht aus dem schöpferischen Willen des Ich, die Aktualkomponente aus der Alltäglichkeit mit ihrer Verfangenheit in Endlichkeit und Vergänglichkeit, die Resultativkomponente in der Steigerung des Ich ins Ewige. Diese Sinnstruktur stimmt genau mit jener überein, die an Kafkas früher Erzählung „Beschreibung eines Kampfes" erkannt worden ist.

Dasselbe gilt für die Vorgeschichten von „Urteil" und „Verwandlung". Es gilt aber auch für das gesamte Frühwerk Kafkas bis hin zu dem Roman „Amerika" (oder „Der Verschollene").[30] Was dieser Sachverhalt vermuten läßt, ist durch ausgedehnte komponentialanalytische Untersuchungen bestätigt worden: Die angeführten Vorgeschichten und die Erzählung „Beschreibung eines Kampfes" sind auf ein anderes kollektives Sinnsystem bezogen.

In dem Buch über Franz Kafka und die Expressionisten konnte ich dieses Sinnsystem an frühen Dichtungen auch von Alfred Döblin, Gottfried Benn, Georg Trakl, Georg Heym, August Stramm, Georg Kaiser nachweisen, außerdem bei Ernst Barlach, Franz Werfel, Reinhard Johannes Sorge. In einem zuvor publizierten Buch „Der kollektive Traum vom Krieg" hatte ich dasselbe kollektive Sinnsystem bereits aufgezeigt an Werken von Friedrich Nietzsche, Gerhart Hauptmann, Frank Wedekind, Stefan George, Hugo von Hofmannsthal, Thomas Mann, Rainer Maria Rilke, Robert Musil, Georg Heym, Ernst Stadler, Else Lasker-Schüler[31]. Helmut Bernsmeier hat in seinem Buch „Der Wandel um 1880" denselben Nachweis erweitert in bezug auf Dichtungen von Theodor Storm, Conrad Ferdinand Meyer, Theodor Fontane,

Paul Heyse, Hermann Bahr, Ludwig Ganghofer, Wilhelm Raabe, Heinrich Hart[32].

Der beschriebene Sachverhalt erweist, daß die beiden kollektiven Sinnsysteme den Charakter von Epochen haben. Den Beginn der Epoche vom Typus „Verwandlung" setzte ich mit Dichtungen von Georg Heym und Alfred Döblin 1910 an. Inzwischen zeigte Christoph Korwes, daß dieser Typus bereits 1908 bei Gustav Meyrink hervorgetreten ist[33]. Vom Typus „Beschreibung eines Kampfes" fand Bernsmeier die früheste Manifestation bei Theodor Storm in seiner Novelle „Carsten Curator" von 1877.

Die Dichtungen, die auf die beiden epochalen Sinnsysteme verweisen, sind bisher einer ganzen Reihe von „Epochen" zugeordnet worden: dem Realismus, Naturalismus, Impressionismus, der Neuromantik, dem Jugendstil, dem Expressionismus. Wie schon oft festgestellt worden ist, haben sich die bei diesen Bestimmungen verwendeten Kriterien als sehr ungenau und darum wenig befriedigend erwiesen. Das dürfte seinen Grund darin haben, daß sie immer bestimmten inhaltlichen und formalen Mustern entnommen wurden und nie dem Sinnganzen. Die Komponentenanalyse erlaubt nun epochale Bestimmungen von großer Präzision.

Das liegt zunächst daran, daß Epochen kollektive Sinneinheiten sind und darum ungebrochen nur an den individuellen Sinnmanifestationen zum Vorschein kommen. Sodann trägt dazu der Umstand bei, daß das komponentialanalytische Verfahren operationalisiert und damit der Überprüfung geöffnet wurde. Schließlich hat auch der Umstand Bedeutung, daß bei der epochalen Bestimmung zwei voneinander unabhängige Kriterien angewandt werden können.

Das erste Kriterium wird wirksam bei der schon beschriebenen Befragung der Parallelkomponenten auf gemeinsame Grundqualitäten. Das zweite Kriterium liegt in der Weise des Bezugs einer Potentialkomponente zu ihrer Aktualkomponente. Es bestehen zwei Grundmöglichkeiten. Beim Vergleich der komponentialen Sinnstrukturen von einerseits „Urteil" und „Verwandlung", andererseits „Beschreibung eines Kampfes" habe ich sie bereits thematisiert: Potentialkomponenten verhalten sich zu ihrer Aktualkomponente entweder so wie jemand, der einen anderen anredet, oder aber so wie jemand, der einem anderen antwortet. Die Dichtungen, die aufgrund der Komponentenqualitäten dem epochalen Sinnsystem zuzuordnen sind, das – nach heutiger Kenntnis – 1877 begann, entsprechen durchweg dem Typus Anreden. Der Umbruch seit 1908 war von einem Wechsel zum Typus Antworten begleitet.

Dieser Wechsel wird auch als „Prioritätswechsel" bezeichnet, weil die komponentiale Priorität in einem Fall bei den Potential-, im anderen Fall bei den Aktualkomponenten liegt. Dementsprechend ist es üblich geworden, den Typus Anreden auch durch den Begriff „Potentialpriorität" (= „PP"), den Typus Antworten durch den Begriff „Aktualpriorität" (= „AP") zu charakterisieren. Die Zuweisung einer Dichtung zu dem einen oder dem anderen epochalen Sinnsystem jener Jahrzehnte aufgrund der Komponentenqualitäten läßt sich also durch eine Feststellung der Prioritätsverhältnisse überprüfen. Die Möglichkeit, mit zwei ganz verschiedenen Kriterien zu arbeiten, verleiht der komponentialanalytischen Forschung eine außerordentliche Sicherheit.

Allerdings kann man in den achtziger oder auch neunziger Jahren des 19. Jahrhunderts auf Dichtungen stoßen, die eindeutig dem Typus Antworten - oder: Aktualpriorität - entsprechen, mit ihren Aktualkomponenten jedoch keine übermenschliche Bedrohungsmacht zum Vorschein bringen. Ein Beispiel dafür bietet Thomas Manns frühe Erzählung „Der kleine Herr Friedemann“, verfaßt um 1896, in welcher eine schöne und grausame, dabei aber als höchst „natürlich“ (dem naturhaften Leben gemäß) dargestellte Frau das dominante Bild der Aktualkomponente ist[34]. Solche Dichtungen sind als epochale Nachzügler zu betrachten. Es hat sich nämlich erwiesen, daß vor dem epochalen Sinnsystem, das um 1880 einsetzte, ein anderes wirksam war, das dem Typus Antworten - oder: Aktualpriorität - entsprach, und zu dessen Qualitätsmerkmalen passen die Komponenten von z. B. „Der kleine Herr Friedemann“ bestens.

Der Umstand, daß dem vom Typus Anreden geprägten epochalen Sinnsystem von 1880 ein epochales Sinnsystem vom Gegentypus nicht nur folgte, sondern auch voranging, ist kein Zufall. Es hat sich nämlich weiter gezeigt, daß auch um 1820 ein neues epochales Sinnsystem anhob und ebenfalls um 1770, und daß in beiden Fällen das Hervortreten neuartiger Systemqualitäten von einem Prioritätswechsel begleitet war: vor 1820 war der Typus Anreden festzustellen, vor 1770 der Typus Antworten.[35] Auch nach der Epoche von 1910 konnte der Prioritätswechsel beobachtet werden: um 1950 kam der Typus Anreden wieder zum Zug[36], um 1980 der Typus Antworten[37].

Dieser detailliert belegte regelmäßige Wechsel der Prioritätstypen erweist einen hoch bedeutsamen Sachverhalt: Die epochalen Sinnsysteme, die mittels der Komponentenanalyse präzise bestimmt werden können, gehören tatsächlich einer Ordnung an. Deren Existenz kann man, nachdem sie einmal erkannt ist, sogar am einzelnen epochalen Sinnsystem wiedererkennen. Zur Individualität eines jeden gehört es, von einem der beiden Typen geprägt zu sein und sich eben dadurch vom Gegentypus abzugrenzen. Diese Grenzen aber bestehen sowohl nach rückwärts als auch nach vorwärts.

Das Bestehen dieser Ordnung anzuerkennen, fällt nicht leicht. Die von der Geschichtstheorie seit der Aufklärung begründeten Denkgewohnheiten lassen es eigentlich nicht zu. Um so wichtiger erschien mir die Möglichkeit, die aus den Ergebnissen der komponentialanalytischen Forschung hervorgegangene neue These durch eine Vorhersage auf die Probe zu stellen. In einer im Winter 1977/78 verfaßten Studie, die 1979 im Druck erschien, beschrieb ich im Hauptteil den Wechsel der Priorität um 1770, um 1820 und um 1880 und vermerkte in einem Schlußteil, daß in der Gegenwart seit 1950 der Typus Anreden zu beobachten sei. Der aber müsse, wenn die beschriebene Ordnung keine bloß eingebildete sei, vom Typus Antworten abgelöst werden.[38] In einem Buch von 1985 konnte ich dann feststellen, daß der Wechsel bereits eingetreten war[39].

Das kam mir nicht unerwartet. In der Prognose hatte ich auch dargetan, daß das Auftreten des Gegentypus wahrscheinlich in den achtziger Jahren anheben werde. Hierzu war ich in der Lage gewesen, weil ich überzeugt war, noch ein zweites Ordnungsprinzip entdeckt zu haben. In der mit der Vorhersage endenden Studie hatte ich es mitbeschrieben.

Während das Prinzip der alternierenden Epochentypen nur bei einem Überblick über das Nacheinder der „Perioden" – so nannte ich die komponentialanalytisch erfaßbaren gleichrangigen epochalen Sinnysteme – erkannt werden kann, zeigt sich das zweite auf unmittelbare Weise innerhalb des Systems der Perioden. Dieses gliedert sich nämlich regelmäßig in „Phasen", und zwar ähnlich, wie sich nach Aristoteles eine „Handlung" gliedert, nämlich in eine Anfangs-, eine Mittel- und eine Schlußphase. Jede weist allgemeine Merkmale auf, die an bestimmten typischen Ausprägungen der komponentialen Struktur erkennbar werden. So läßt sich bei der einzelnen Dichtung direkt feststellen, nicht allein welchem Periodentypus, sondern auch welcher Phase sie zugehört. Wie die Zeitdauer der Perioden unterschiedlich ist, so auch die der Phasen. In der Periode, die um 1950 einsetzte, begann die zweite Phase bereits um 1960, die dritte um 1970. Das war der Grund dafür, daß ich den Prioritätswechsel für die achtziger Jahre vorhersagte. Die Bewährung der Prognose lieferte also eine Bestätigung für die tatsächliche Existenz nicht allein der Perioden, sondern auch der Phasen. Die epochengeschichtliche Ordnung ist demnach auf zwei verschiedenartigen Prinzipien aufgebaut[40].

Über diese Ordnung ist allerdings noch mehr zu sagen. Unmittelbar wird dies spürbar beim Nachdenken über das Ordnungsprinzip, das sich an den Phasen als eine Dreiersequenz zeigt. Die einzelnen Phasen müssen als unselbständige Gliederungsmomente der Perioden gelten; denn ihr Sinn kann immer nur als eine Spezifikation eines Periodensinns formuliert werden. Das wäre bei jenen Gliederungsmomenten, die Aristoteles bei der „Handlung" eines Dramas angesetzt hat, nicht anders. Allerdings reichen die aristotelischen Bestimmungen zur Charakterisierung der Phasen, jedenfalls der Anfangs- und der Schlußphase, nicht aus. Während dem Anfang einer Handlung nach Aristoteles nichts Notwendiges vorangeht, setzt eine Anfangsphase, weil sie mit dem Anfang einer Periode zusammenfällt, notwendig voraus, daß eine von einem der beiden Prioritätstypen geprägte Periode zuende gegangen ist und eine vom Gegentypus bestimmte anhebt. Das Umgekehrte gilt für die Schlußphase, auf die, anders als auf den aristotelischen Handlungsschluß, durchaus Notwendiges folgt, nämlich eine Periode, deren Typus dem der bisherigen entgegengesetzt ist, und, zusammen mit ihr, eine neue Anfangsphase. Durch die Bindung an die Sinneinheit der Periode weist die Phasensequenz auf einen höheren Ordnungszusammenhang hin. Dieser zeigt sich nicht allein an der Regelmäßigkeit des Wechsels der zwei Periodentypen, sondern auch an einer Wiederkehr der Dreiersequenz oberhalb des Periodenplateaus. Hierauf werde ich später zurückkommen.

Schon mit den bisher beschriebenen Sachverhalten hat die Frage, ob epochale Sinnsysteme einer höheren Ordnung zugehören, eine eindeutig positive Antwort erhalten. Damit hat die Möglichkeit, daß sie geistige Mächte von der Art sind, die in der religiösen Trdition als „Engel“ bezeichnet werden, an Wahrscheinlichkeit gewonnen. Allerdings mag die Beweisgrundlage insofern noch dünn erscheinen, als sie einzig aus deutschen Dichtungen besteht. Der gegenwärtige Forschungsstand erlaubt jedoch ohne weiteres, eine Erweiterung dieser Grundlage sichtbar zu machen.

11. Manifestierungen der epochalen Ordnung an außerdeutschen Dichtungen

Zufolge der komponentialanalytischen Theorie kann es keinen Text geben, gleich in welcher Sprache er verfaßt sein mag, dem die komponentiale Sinnstruktur fehlen würde. Kein Autor vermag die Niederschrift eines Textes zu beginnen, ohne daß sie ihm, wenn auch nur in ihren Grundzügen, vor Augen getreten wäre. Mit Sicherheit hat sie an sich selbst einen vorsprachlichen Charakter. Darum kann die Eigenart einer Sprache ihr Erscheinen in einem Text niemals verhindern.

In den ersten Jahren der Erprobung des komponentialanalytischen Verfahrens war die Theorie noch nicht zu voller Klarheit entwickelt. So erschien es damals noch nicht als überflüssig, die Anwendbarkeit der Komponentenanalyse auf englische, französische, spanische Texte ausdrücklich zu testen. Das erfolgreiche Ergebnis wurde als Bestätigung einer Vermutung gewertet.

Als sich mir mit einer 1976 angetretenen Gastprofessur an der Kairo Universität die Möglichkeit auftat, ägyptische Studentinnen der Germanistik anhand deutscher Texte in die komponentialanalytische Arbeitsweise einzuführen, war ich persönlich bereits überzeugt, daß der für danach vorgesehene Versuch einer Anwendung auf arabische Texte gelingen müsse, obwohl Außenstehende sowohl von deutscher als auch ägyptischer Seite dies für unmöglich hielten. Das Ergebnis war in solch eindeutiger Weise positiv, daß ein Forschungsprojekt auf den Weg gebracht werden konnte, in dessen Verlauf etwa 90 in arabischer Sprache verfaßte Werke ägyptischer Autoren komponential analysiert werden sollten[41].

Die damit empirisch belegte Universalität des Verfahrens wurde in späteren Jahren bestätigt, indem es von Stephan Guth auch auf türkische, von Yukiko Aizu-Hofmaier auf japanische, von Ihmku Kim auf koreanische Dichtungen angewendet wurde[42].

Da sich bei der Analyse deutscher Dichtungen gezeigt hatte, daß die universale komponentiale Struktur immer nicht nur eine individuelle Spezifikation annimmt, sondern, über den Prioritätstypus und das Phasenmuster, auch eine epochale, erwartete ich von dem an der Kairo Universität eingerichteten Forschungsprojekt, daß es auch epochale Bestimmungen der untersuchten ägyptischen Dichtungen erlauben würde. Gewählt wurden Werke, die im 20. Jahrhundert seit den zwanziger Jahren geschaffen worden waren.

Meine ägyptischen Mitarbeiterinnen hatte ich im Zuge der Vorbereitungen mit den Qualitäten der in der deutschen Literatur entdeckten komponentialen Perioden vertraut gemacht. So konnte ich sie am Beginn der Projektsarbeit fragen, ob sie vermuteten, in der ägyptischen Literatur völlig andere Verhältnisse anzutreffen, oder dieselben, jedoch mit einer zeitlichen Verschiebung, oder aber genau dieselben, also auch zeitgleiche. Die Mitarbeiterinnen stellten gemeinsam Überlegungen an und erklärten schließlich einmütig, sie erwarteten in der ägyptischen Literatur zwar Gleichartiges, aber in einer gewissen Rückständigkeit gegenüber Mitteleuropa, und zwar um etwa ein halbes Jahrhundert. Diese Vermutung erschien mir angesichts des Unterschieds in den allgemeinen gesellschaftlichen und wirtschaftlichen Verhältnissen plausibel und so legten wir sie als Arbeitshypothese unserer Projektsarbeit zugrunde.

Die Analyse einzelner Dichtungen zeigte dann, daß außer ihrer individuellen komponentialen Sinnstruktur tatsächlich ihre Zugehörigkeit zu einem Prioritätstypus und auch zu einer Phase geklärt werden konnte. Mit Verwunderung stellten wir jedoch fest, daß, wie in der deutschen Literatur, seit den zwanziger Jahren der Typus Antworten bestimmend war, seit den fünfziger Jahren dann mehr und mehr der Typus Anreden. Der Hypothese gemäß mußten wir Dichtungen vom Typus Antworten auf die Qualitäten jener Periode beziehen, die in Mitteleuropa seit 1820 beobachtet worden war, Dichtungen vom Typus Anreden zu der Periode dieses Typus, die um 1880 begonnen hatte. Eine Zuordnung zu den Grundqualitäten der damaligen Perioden wollte und wollte jedoch nicht gelingen. Schließlich entschieden wir uns, die dritte theoretische Möglichkeit, die in einer völligen Parallelität bestand, zu erproben, und nun verschwanden die Schwierigkeiten.

Die Hauptthese der Projektsarbeit besagte dann, daß im Ägypten des 20. Jahrhunderts seit den zwanziger Jahren dieselben zwei Periodensysteme erfahren wurden wie im deutschsprachigen Raum und daß sowohl der Wechsel des Periodentypus als auch die Abfolge der Phasen sich ungefähr zur selben Zeit vollzogen wie in Mitteleuropa. Am Ende der Projektsarbeit war es sogar noch möglich, den vorhergesagten Typuswechsel der Achtzigerjahre an einigen Beispielen auch in Ägypten nachzuweisen[43].

Unabhängig von der Arbeit im Projekt prüfte und bestätigte später Stephan Guth die Parallelität bei Stichproben aus der äyptischen und auch der türkischen Literatur[44]. Überdies gelang es ihm bei einer Dichtung aus dem Libanon zu zeigen, daß auch im 19. Jahrhundert dieselbe Parallelität auftreten konnte[45].

Nach diesen Einsichten war es nicht mehr überraschend, wenn auch hoch bedeutsam, daß Yukiko Aizu-Hofmaier und Ihmku Kim in der Lage waren, epochengeschichtliche Parallelen auch an japanischen und koreanischen Dichtungen nachzuweisen[46].

Angesichts der damit erreichten Forschungssituation vermute ich, daß dieselbe Parallelität auch in vielen weiteren Teilen der Menschheit gegeben ist. Ausnehmen würde ich nur diejenigen Völker, die bisher in jenen kulturellen Prozeß, der während der Neuzeit in Europa in Gang kam und dann sich immer mehr ausbreitete, bisher noch nicht einbezogen worden sind. Sie mögen sich auf anderen Wegen der Sinnerfahrung befinden

Die jenseits von Europa gewonnenen komponentialanalytischen Erkenntnisse bestätigen auf nachdrückliche Weise die aufgrund der Untersuchung deutschsprachiger Dichtungen notwendig gewordene These, daß in jedem einzelnen dichterischen Werk die komponentiale Sinnstruktur von einem epochalen Sinnsystem mitgeprägt wird und daß dieses eine allen spezifisch menschlichen Verhältnissen übergeordnete geistige Macht darstellt, vergleichbar einzig derjenigen, die in der religiösen Tradition mit dem Namen „Engel" bezeichnet wird. Der Umstand, daß die komponentialen Sinnstrukturen aufgrund ihres Wesens einer sie umfassenden Ordnung angehören, bekräftigt diese These. Jedoch kann gegen sie noch ein weiterer Einwand erhoben werden.

Er hängt mit dem Umstand zusammen, daß als Zeugnisse der epochalen Sinnerfahrungen bisher nur dichterische Werke angeführt wurden. Aus der religiösen Tradition läßt sich keineswegs die Meinung ableiten, daß Engel nur auf Dichter einwirkten. Diese soll hier denn auch keineswegs vertreten werden. Eine Beschränkung auf die Erfahrungszeugnisse von Dichtern legte sich bisher nahe, weil es bei der Komponentenanalyse zunächst nur um die Klärung der individuellen Sinnstruktur und ihrer Teilhabe an einer kollektiven und epochalen ging und dabei von Engeln überhaupt nicht die Rede war. Wegen dieses Ansatzes kam das Phänomen „Engel" dann auch keineswegs mit jenem Aspekt in den Blick, der, wie Umfragen ergeben haben, auch in der Zeit der Tabuisierung in breiten Kreisen einen hohen Grad von Plausibilität bewahrt hat, nämlich im Aspekt des den einzelnen Menschen begleitenden Schutzengels. Ob die hier von mir vertretenen spezifisch wissenschaftlichen Überlegungen auch zu ihm hinführen, werde ich später erörtern. Zunächst möchte ich zeigen, daß die Einschränkung auf den Bereich der Dichtung behebbar ist.

12. Manifestierungen der epochalen Ordnung jenseits der Dichtung

Theoretisch müßte die komponentialanalytische Forschung auf alle Bereiche der Kultur ausgeweitet werden können. Die bei der komponentialen Analyse nötigen Operationen sind bisher jedoch nur im Hinblick auf Texte geklärt worden. Wie bei Werken z.B. bildhafter oder musikalischer Art vorzugehen wäre, ist noch immer völlig dunkel. Aber Texte werden ja nicht allein von Dichtern verfaßt, sondern auch von vielen Politikern und überdies von den allermeisten Wissenschaftlern. So steht der Ausweitung der Komponentenanalyse auf Teile des Politischen und auf die verschiedensten Bereiche der wissenschaftlichen Forschung grundsätzlich nichts im Wege. Experimente haben gezeigt, daß auch die Praxis keine wesentlichen Schwierigkeiten bereitet. Jedoch wurden an Texten von Wissenschaftlern und Politikern bisher nur Stichproben vorgenommen, weil es nötig schien, den dichtungsgeschichtlichen Projekten einen Vorrang einzuräumen.

Gleichwohl muß die außerliterarische Kultur hier nicht ausgeklammert werden. Ungefähr zur gleichen Zeit wie die Komponentenanalyse wurde nämlich von mehreren Forschern ein weiteres neuartiges Verfahren zur Epochenbestimmung entwickelt, und dieses fand vor allem in der Gesellschafts- und Wissenschaftsgeschichte Anwendung. Wie die Komponentenanalyse besteht es in einem Prozeß des Abstrahierens, aber dieser wird nicht innerhalb eines Einzeltextes, sondern innerhalb von bestimmten wissenschaftlichen Disziplinen oder gesellschaflichen Feldern vorgenommen.

Am weitesten bekannt wurde dieses Verfahren durch die Anwendung, die ihm Michel Foucault in seinem 1966 erschienenen Buch „Les mots et les choses" (deutsch: „Die Ordnung der Dinge")[47] zuteil werden ließ. Foucault verfolgte darin die Wandlungsprozesse von drei heterogenen Disziplinen – der Biologie, der Wirtschafts- und der Sprachwissenschaft - während der Neuzeit und fragte, ob es in ihnen trotz der großen Verschiedenheit der Forschungsbereiche Gemeinsamkeiten gegeben habe. Damit fragte er nach einem die drei Disziplinen möglicherweise umfassenden Zusammenhang. Seine Antwort besagte, daß es diesen tatsächlich gebe, denn zweimal, um 1630 und um 1770, hätten sie ihre Grundfrage verändert, und zwar nicht allein ungefähr gleichzeitig, sondern auch auf dieselbe Weise.

Über eine Entdeckung gleicher Art berichtete 1967 August Nitschke, allerdings im Hinblick auf die Bereiche der Naturtheorie, der politischen Theorie und gesellschaftlicher Verhaltensweisen im Mittelalter[48]. Er zeigte gleichfalls zwei große gleichartige Wandlungsprozesse auf, und zwar um 1050 und im 13. Jahrhundert. Nach dem Bekanntwerden des erwähnten Buches von Foucault in Deutschland unternahm es Nitschke zusammen mit einem

Stuttgarter Forschungs-team, Foucaults Bestimmungen des Wandels um 1770 zu prüfen. Dazu wurde nicht nur einer der von Foucault behandelten Wissensbereiche, die Wirtschaftswissenschaft, noch einmal untersucht, sondern auch eine ganze Reihe weiterer Lebensbereiche neu durchforscht: die Verfassungsgeschichte, die Kunstgeschichte, der Tanz, die Leibesübungen. In allen konnte Foucaults Deutung im Wesentlichen bestätigt werden[49].

Zu dem von Nitschke herausgegebenen Sammelband steuerte auch ich eine kleine Studie bei. Ausführlicher thematisierte ich den Wandel von 1770 in einem Buch, das 1976 erschien. Darin suchte ich die Thesen Foucaults und der Stuttgarter Forschergruppe zusammenfassend zu beschreiben. Außerdem wies ich darauf hin, daß wesentliche Aspekte dieses Wandels von der Germanistik längst an Kants damaligen Untersuchungen zur Erkenntnistheorie sowie an Herders neuen Thesen zur Geschichts- und Literaturtheorie aufgezeigt worden waren. Überdies bezog ich mich auf eine Studie von mir von 1962/63 über die Reaktionen deutscher Spanienreisender auf den iberischen Stierkampf, in der ich mich auch zu der völlig unerwarteten Feststellung gezwungen gesehen hatte, daß der Stierkampf in den siebziger Jahren des 18. Jahrhunderts eine Veränderung erfuhr, die mit der damals in der deutschen Dichtung vor sich gegangenen verwandt zu sein schien[50]. Vor allem aber berichtete ich – wie schon in dem Beitrag zu Nitschkes Sammelband, aber viel ausführlicher – über komponentiale Analysen, die zeigten, daß derselbe Wandel sich in den siebziger Jahren auch in der deutschen Dichtung zugetragen hatte.

Die damalige Darstellung erweist nicht allein, daß die Dichtung an dem in der Wissenschafts- und Gesellschaftsgeschichte aufgezeigten Wandel der siebziger Jahre partizipierte, sondern natürlich auch das Umgekehrte: die unter Anwendung der Komponentenanalyse an Dichtungen festgestellte epochale Veränderung hatte Parallelen in zahlreichen anderen Lebensbereichen. Dieser Sachverhalt wurde zum Ausgangspunkt für den späteren Versuch, die durch Dichtungsanalysen vom 18. Jahrhundert bis zur Gegenwart sichtbar gewordenen periodalen Sinnsysteme in der Wissenschaftsgeschichte wiederzuerkennen[51]. Im übrigen führte das Nachdenken über den epochalen Wandel um 1770 zu einer Möglichkeit, die Theorie der epochalen Ordnung weiter auszubauen.

Die Komponentenanalyse hat epochale Veränderungen auch in anderen Zeiten festgestellt, so um 1820 und um 1880. Sie konnte sich dabei an Vorstelllungen über Epochen der deutschen Literaturgeschichte anschließen, die schon lange und unter Nutzung anderer methodischer Mittel erarbeitet worden waren, vermochte diese allerdings in nicht geringem Maße zu präzisieren. Manches spricht dafür, daß die erwähnten Veränderungen im ersten und im letzten Drittel des 19. Jahrhunderts auch außerhalb der Literaturgeschichte zur Geltung kamen, aber offensichtlich ist es kein Zufall, daß Foucault und der Kreis um Nitschke sich auf den Wandel um 1770 konzentrierten; dieser scheint nämlich einen tieferen Einschnitt bewirkt zu haben als die zwei Veränderungen im Verlauf des 19. Jahrhunderts. Das ist sicher auch zu sagen, wenn man an die philosophiegeschichtliche Bedeutung der Vernunftkritik denkt, die Kant während der siebziger Jahre ausarbeitete oder an den radikalen Neuansatz, den Herder damals sowohl in der Literatur- als auch in der Geschichtstheorie entwickelte. Ohne Zweifel gilt dasselbe auch für die deutsche Literaturgeschichte, in der, wie allgemein anerkannt wird, der junge Goethe mit den Sesenheimer Liedern der frühen siebziger Jahre ein neues Kapitel begann.

Dieses Kapitel endete, auch darüber besteht ein breiter Konsens, in der Zeit um den Ersten Welkrieg, als die Expressionisten von sich reden machten und – damals noch kaum bekannt – der heute weltberühmte Franz Kaka seine Erzählungen und Romanfragmente niederschrieb. So besteht Anlaß zu der Annahme, daß die Literatur, die zwischen etwa 1770 und den Jahren um den Ersten Weltkrieg verfaßt wurde, einem gemeinsamen höheren Sinnzusammenhang zugehört, und mit ihr wohl auch die übrige Kultur. Durch eine Anwendung der Komponentenanalyse läßt sich diese Vermutung unmittelbar nicht prüfen; denn die an der einzelnen Dichtung erkennbare komponentiale Sinnstruktur strahlt zwar über sich selbst hinaus ins Epochale, aber dabei stößt sie an der Grenze der epochalen Einheit „Periode“ an eine undurchdringliche Mauer, weil jeder Periodenübergang ja einen Wechsel zum gegensätzlichen Prioritätstypus mit sich bringt. Aber die Kenntnis der durch die Anwendung der Komponentenanalyse entdeckten epochalen Ordnung kann weiterhelfen.

Eines der Ordnungsprinzipien bewirkt die Gliederung der Perioden in je drei Phasen. Dasselbe Prinzip könnte sich auch auf einem höheren Plateau auswirken, indem es drei Perioden zu einer abstrakteren epochalen Einheit zusammenfaßte. In der fraglichen Zeit ist dies tatsächlich geschehen. Denn um 1770 begann eine Sequenz von genau drei Perioden, die dann mit dem tiefen Umbruch um 1910 endete. Um die damit im Blick stehende Epoche von Perioden terminologisch zu unterscheiden, mag man sie als „Ära“ bezeichnen.

Zugunsten der Annahme, daß es in der epochalen Ordnung auch die höhere Einheit der Ära gibt, sprechen noch andere Sachverhalte. Als Foucault innerhalb der Neuzeit zwei epochengeschichtliche Veränderungen konstatierte, hat er eben dadurch drei große Epochen angesetzt. Wenn man die von 1770 eine Ära nennt, kann man denselben Begriff auch auf die zwei vorausgegangenen anwenden. Damit tritt eine Sequenz von drei Ären vor Augen und mit ihr ein abermals höherer epochaler Zusammenhang. Unter anderen Gesichtspunkten ist dieser längst bekannt; denn offensichtlich handelt es sich um denjenigen der Neuzeit. Zur Charakterisierung einer Epoche auf diesem Plateau bietet sich der Begriff „Zeitalter“ an.

Die Möglichkeit, daß zur epochalen Ordnung auch die Gliederung von Zeitaltern durch eine Ärensequenz gehört, ist um so wahrscheinlicher, als Nitschke bei der Durchleuchtung des Mittelalters unter den neuen

Gesichtspunkten gleichfalls eine Abfolge von drei großen Epochen ansetzte. Wenn man dementsprechend diese als Ären deutet und das Mittelalter als ein Zeitalter, das dem der Neuzeit vorausging, so ist die Frage nahezu unvermeidlich, ob nicht die Antike gleichfalls als ein Zeitalter aufzufassen sei. Dann würde sich die traditionelle These von der Gliederung der abendländischen Kultur in Antike, Mittelalter und Neuzeit als Vorwegnahme ihrer Deutung als Erscheinung der epochalen Dreiersequenz auf höchstem Plateau darstellen. Unmittelbar würde dafür der Umstand sprechen, daß es seit je üblich ist, die Antike ihrerseits in eine Dreiheit zu gliedern, nämlich in die griechische, die römische und die spätantike Epoche. Diese Dreiheit wäre nun als eine weitere Sequenz von Ären zu deuten.

Die Beobachtung der Gegliedertheit von Perioden in Phasen, die in ihrer Unselbständigkeit auf den Periodensinn angewiesen sind, hat weitergeführt zu der Möglichkeit, daß die Perioden ihrerseits einer Dreiersequenz angehören, die eine Ära gliedert, daß auch Ären in einer solchen Abfolge erscheinen und dabei ein Zeitalter unterteilen und daß schließlich auch die Zeitalter in einer Dreiheit auf einen höheren Sinnzusammenhang bezogen sind. Diesen bezeichnete ich als den der abendländischen Kultur. Ausblicke in andere Kulturen, in die pharaonische und in die mesopotamische, haben gezeigt, daß auch sie sich in einer Dreiersequenz entfaltet haben.[52] So ist es wohl berechtigt, eine drei Zeitalter umfassende Großepoche allgemein eine „Kultur“ zu nennen. Eine noch weiter greifende epochale Einheit konnte bisher nicht ausgemacht werden.

Exakt nachgewiesen sind von allen Dreiersequenzen einzig die Phasen. Aber sie sind auch die einzigen, die erst durch die Anwendung der Komponentenanalyse entdeckt wurden. Die Existenz aller übrigen ist auf andere Weisen wahrgenommen worden. Neu an dem von mir hier skizzierten Bild ist eigentlich nur der dank der Komponentenanalyse erkennbar gewordene Systemzusammenhang. So ist die Wahrscheinlichkeit sehr groß, daß es einer geistigen Wirklichkeit entspricht.

Allerdings repräsentiert die Dreiersequenz allein ja nur eines der systembildenden Prinzipien. Das zweite besteht im Auftreten der beiden Prioritätstypen. Wenn die Dreiersequenz auf mehreren höheren Plateaus wiederkehrt, so müßte das auch bei den Typen des Anredens und des Antwortens der Fall sein.

Eine Überprüfung ist bereits vorgenommen worden und durchaus positiv verlaufen[53]. Anders als beim Dreierprinzip war es dabei allerdings kaum möglich, von bereits vorliegenden Thesen Gebrauch zu machen. So kann ich das soeben ausgeübte Verfahren der Kurzbeschreibung leider nicht wiederholen. Wohl aber bin ich in der Lage, das Gemeinte in der gebotenen Kürze wenigstens anzudeuten.

Die wichtigsten Bauwerke der pharaonischen Kultur waren bekanntlich den Toten gewidmet. Die Auseinandersetzung mit dem Tod war für diese

Kultur maßgeblich. Das bedeutet, daß jene Kräfte des Potentialen, die im alten Ägypten dreitausend Jahre lang einen grundlegenden Charakter hatten, in der Weise des Antwortens tätig wurden, des Antwortens auf das Phänomen Tod. So entsprach die altägyptische Kultur im ganzen dem Typus Aktualpriorität.

Als in Griechenland die abendländische Kultur anhob, wurde das Todesproblem abgedrängt. Das Bedürfnis machte sich geltend, den spezifisch menschlichen Kräften zur Expansion zu verhelfen. Dementsprechend nahm die abendländische Kultur einen dem Typus Potentialpriorität oder Anreden gemäßen Grundzug an.

Allerdings kam dieser nicht immer in gleicher Mächtigkeit zur Geltung. Im Mittelalter wurde er zwar nicht ausgelöscht, aber doch überdeckt durch die nun auch hier empfundene Notwendigkeit zur fortwährenden Auseinandersetzung mit dem Tod. Während der Antike hatten nicht allein die für die gesamte Kultur maßgeblichen Züge, sondern auch diejenigen, die dieses Zeitalter prägten, dem Typus Potentialpriorität oder Anreden entsprochen. Im Mittelalter dagegen setzte sich beim Zeitaltermuster die Aktualpriorität oder das Antworten durch. Am Beginn der Neuzeit verlangten die Humanisten eine Wiedergeburt der Antike. Damit ließen sie bewußt werden, was im Bereich der Zeitalterpriorität bereits unterwegs war: mit ihr gelangte wieder der Typus Potentialpriorität oder Anreden an die Macht.

Innerhalb dieses Zeitalters der Neuzeit kam es dann abermals zu einer Art Wiedergeburt, jetzt aber zu der des Mittelalters. Meist wird auf sie mit dem kunsthistorischen Begriff „Barock" verwiesen. Diese Bewegung leitete jene Ära ein, die nach Foucault um 1630 einsetzte und dann seit 1770 durch die dritte neuzeitliche Ära überholt wurde. Sie gehörte dem Typus Aktualpriorität an, während die vorausgegangene und die folgende im Zeichen des Typus Potentialpriorität standen.

Man darf tatsächlich davon ausgehen, daß der regelmäßige Wechsel der Prioritätstypen nicht nur bei den Perioden wirksam ist, bei denen er in einer langen Kette beschrieben und überdies durch die Bewährung einer Prognose als Ordnungsbestandteil erwiesen werden konnte, sondern auch auf mehreren höheren Plateaus. Zur jeweiligen Bedeutung trägt wesentlich die regelmäßige Verschränktheit mit dem Prinzip der Dreiersequnez bei.

Die Ordnung, die nunmehr sichtbar geworden ist, wird man unter rein deskriptiven Gesichtspunkten als eine solche von epochalen Sinnsystemen bezeichnen. Aber man darf die Tatsache nicht unberücksichtigt lassen, daß von diesen Sinnsystemen Wirkungen ausgehen, die in der Geschichte von größter Bedeutung sind. Durch sie wird bestimmt, was für ein Sinn je und je von Menschen in kollektiver Weise erfahren wird. Darum stellen die epochalen Sinnsysteme zweifellos geistige Mächte dar.

Zeugnisse von der Existenz und Wirkung übermenschlicher Mächte kennen wir aus der Kulturgeschichte seitdem überhaupt Bilder überliefert sind, in denen Menschen ihre Sinnerfahrung gestalteten. Aber der Gedanke, daß sie einer sie umfassenden Ordnung zugehören, die hierarchische Züge hat und deshalb in der Art einer Pyramide auf eine höchste Spitze verweist, dieser Gedanke konnte erst gefaßt werden, seitdem mit der monotheistischen Religiosität ein einheitliches Zentrum der geistigen Welt in den Blick kam. Auf dieses Zentrum bezogene, aber von ihm verschiedene Mächte des Geistes wurden nun als „Engel" bezeichnet.

Es scheint mir möglich und nötig, diesen Namen im Hinblick auf die epochalen Sinnsysteme aufzunehmen. Die Ordnung, der sie zugehören, unterscheidet sich gewiß erheblich von derjenigen, die – in Ausdrücklichkeit vor allem seit Pseudo Dionysus Aeropagita – den Engeln zugeschrieben wurde. Der wichtigste besteht darin, daß die Ordnung der Tradition eine rein statische war, während sie jetzt in Progression zu denken ist. Aber das liegt vor allem daran, daß das geschichtliche Fortschreiten der Sinnerfahrung einst der Denkbarkeit noch weitgehend entzogen war.

Der Ausgangspunkt für das Aufspüren einer geistigen Ordnung, der das Sinnganze eines bestimmten dichterischen Werkes zugehört, war das Phänomen des einzelnen Werkes in seiner komponentialen Gegliedertheit. Es hat sich gezeigt, daß die Individualität auf einen Zusammenhang bezogen ist, der weite Bereiche der Geschichte umfaßt (letztlich wohl die Menschheitsgeschichte in ihrer Gesamtheit). Da dieser durch Geistesmächte gebildet wird, die man als Engel bezeichnen darf, erfuhr Goethes Überzeugung, beim "Geist des Ganzen" der großen Werke handle es sich um „Kinder Gottes", eine nachdrückliche Bestätigung.

Bemerkenswerterweise sah sich auch Goethe veranlaßt, vom Phänomen der Inspiration aus an die Weltgeschichte zu denken. Dabei hatte er jedoch nicht den gewaltigen Hintergrund vor Augen, den die Erkenntnis der engelischen Ordnung hat sichtbar werden lassen, sondern die jeweilige Zukunft, die durch einen Inspirationsakt eröffnet werden kann. Über die Inspiration sagte er zu Eckermann auch:

> „Dergleichen hat der Mensch als unverhoffte Geschenke von oben, als reine Kinder Gottes zu betrachten, die er mit freudigem Dank zu empfangen und zu verehren hat. Es ist dem Dämonischen verwandt, dem er sich bewußtlos hingibt, während er glaubt, er handele aus eigenem Antriebe. In solchen Fällen ist der Mensch oftmals als ein Werkzeug einer höheren Weltregierung zu betrachten, als ein würdig befundenes Gefäß zur Aufnahme eines göttlichen Einflusses. – Ich sage dies, indem ich erwäge, wie oft ein einziger Gedanke ganzen Jahrhunderten eine andere Gestalt gab, und wie einzelne Menschen durch das, was von ihnen ausging, ihrem Zeitalter ein Gepräge aufdrückten, das noch in nachfolgenden Geschlechtern kenntlich blieb und wohltätig fortwirkte."

Indem Goethe auf die möglichen geschichtlichen Folgen der Inspiration hinwies, äußerte er sich auch über die Weise, wie der Augenblick der Inspiration erlebt wird. Auf dem Hintergrund der hier entwickelten Überlegungen wäre er als der Moment zu deuten, in dem die Gegenwart eines

Engels erfahren wird. Dieser wäre dann aber nicht einer, der für ein Kollektiv von Menschen zuständig ist, für eine kürzere oder weitergespannte Epoche, sondern zu einem bestimmten einzelnen Menschen im Bezug steht. Er würde am ehesten jener Art Engel entsprechen, die meist als „Schutzengel" bezeichnet werden. Mit dem Begriff „Genius" dürfte Ähnliches gemeint gewesen sein, ebenso mit dem des „Dämons", wenn er, wie in den angeführten Worten Goethes, nicht zur Benennung einer böse Macht gebraucht wurde. Im Sinne Goethes wäre anzunehmen, daß Engel dieser Art zwar auf menschliche Individuen einwirken, dabei aber sich nicht allein um Privates kümmern, sondern auch im Dienst einer „höheren Weltregierung" handeln.

Die Frage, ob die Komponentenanalyse auch diesen Aspekt des Engelproblems dem wissenschaftlichen Denken zu erschließen vermöge, muß insofern verneint werden, als die analytische Praxis keine Merkmale an der komponentialen Sinnstruktur sichtbar machte, die hierfür relevant wären. Jedoch hat die komponentialanalytische Forschung zur Entdeckung einer Periode geführt, in welcher die Erfahrung von Inspiration eine besondere Bedeutung erlangte. Die Beschäftigung mit dieser Periode hat Sachverhalte erkennen lassen, die zur wissenschaftlichen Klärung dieses besonderen Aspekts durchaus beitragen können.

13. Über die Führung innerhalb der epochalen Ordnung

Die Periode, deren Sinnstruktur eine enge Verbindung mit dem Phänomen der Inspiration aufweist, ist jene vom Typus Potentialpriorität oder Anreden geprägte, die um 1950 einsetzte. Zur Einführung in das Verständnis ihrer Eigenart scheint mir das folgende Gedicht, das Karl Krolow 1955 verfaßte, gut geeignet.

Der Augenblick des Fensters

Jemand schüttet Licht
Aus dem Fenster.
Die Rosen der Luft
Blühen auf, und in der Straße
Heben die Kinder beim Spiel
Die Augen.
Tauben naschen
Von seiner Süße.
Die Mädchen werden schön
Und die Männer sanft
Von diesem Licht.
Aber ehe es ihnen die anderen sagen,
Ist das Fenster von jemandem
Wieder geschlossen worden.

Ich möchte meinen Kommentar hier auf wenige Hinweise beschränken[54]. Das Gedicht handelt von einer Straßenszene, in der plötzlich und nur für ganz kurze Zeit eine Veränderung vor sich geht. Als Ursache wird etwas genannt, das im Alltag nicht vorkommen kann: Durch ein Fenster wird ein Eimer mit (nicht Wasser, sondern) Licht geschüttet. Was dieses Licht sein mag, und wer der Jemand ist, der es in die Straße gießt, bleibt rätselhaft. Bei der komponentialen Analyse ist leicht zu erkennen, daß der Jemand und das Licht die Potentialkomponente bilden, der Straßenalltag die Aktualkomponente und die momentane Verwandlung des Alltags die Resultativkomponente.

Bezeichnend für die damalige Periode ist vor allem die Potentialkomponente insofern sie eine rätselhafte Kraft darstellt, die eine neuartige Situation entstehen läßt. Im einzelnen wurde diese Kraft auf die unterschiedlichsten Weisen beschrieben. In Heinrich Bölls Erzählung „Das Brot der frühen Jahre" zum Beispiel, gleichfalls von 1955, besteht sie in einer wiedererwachenden Jugendliebe, die einen jungen Mann aus dem Wahn, der Sinn des Lebens bestehe im Geldverdienen, herausreißt, während es in Bölls Roman „Billard um halbzehn" von 1959 an einer verjährten Schuld erscheint, die auf einmal wieder lebendig wird. Das Motiv der wiederkehrenden alten Schuld wurde mit den Potentialkomponenten besonders häufig verbunden, bemerkenswerterweise auch in ägyptischen und japanischen Dichtungen[55]. Die Schuld erscheint dabei deshalb als Erneuerungskraft, weil die Hauptpersonen sie verdrängt hatten und deshalb durch ihr Wiedergegenwärtigwerden in eine für sie völlig neuartige Situation versetzt werden.

Eine dieser Dichtungen, Max Frischs Roman „Homo faber" von 1957, darf besonderes Interesse beanspruchen, weil in ihm auch dargestellt ist, wie es zu der Erfahrung der wiederkehrenden Schuld kommt. Die Hauptfigur, der Schweizer Ingenieur Walter Faber, lebt aus der Überzeugung, daß der Mensch bei entsprechender Selbstdisziplin in der Lage sei, sein Leben nach der Maßgabe eines selbstentworfenen Planes zu führen. Bei einer Reise in Amerika muß er aber dann einsehen, daß in sein eigenes Leben auch Zufälle eingreifen können. So will es der Zufall, daß das Flugzeug, mit dem er reist, eine Panne hat und in der mexikanische Wüste notlanden muß. Während man auf Hilfe wartet, lernt Faber einen Mitreisenden näher kennen und stellt fest, daß es sich um den Bruder eines früheren Freundes handelt. Dieser hat sich mit einer Frau verheiratet, mit der Faber selbst einst eng befreundet war, von der er sich dann jedoch getrennt hat. Die weitere Handlung läßt ihm dann infolge weiterer Zufälle immer deutlicher werden, daß er sich damals in folgenreicher Weise schuldig gemacht hat.

Zufälle sind nach Fabers eigener Auffassung die Vorgänge, die ihm die Neuerungskraft Schuld haben sichtbar werden lassen. Aber der Autor Frisch teilte diese Auffassung offensichtlich nicht. Durch die Wiederholung des Moments Zufall zeigte er dem Leser an, daß es eine höchst sinnvolle Aufgabe hatte, nämlich den auf den Glauben an die Selbstbestimmung festgelegten Ingenieur Faber zu einer ihm gar nicht willkommenen Einsicht zu führen.

Als Autor wußte Frisch mehr als seine Romanfigur Faber. Aber mit diesem Wissen war ein Sachverhalt verbunden, den auch der Autor Frisch damals nicht kennen konnte, den nachträglich jedoch ein Literaturhistoriker zu entdecken vermag: Die wiedererwachende Schuld war eine von mehreren Erscheinungsformen, in denen eine ins Neuartige tragende Inspirationskraft zur Geltung kommen konnte, und diese war das primäre Merkmal des periodalen Sinnsystems, das seit der Jahrhundertmitte erfahren wurde. Die inspirierende Kraft wirkte auf die in ihrer Alltäglichkeit befangenen Menschen ähnlich ein wie in dem zitierten Gedicht Krolows das Licht, das ein unbekannter Jemand aus dem Fenster schüttet.

Wenn ein solches Licht unvermittelt erscheint, wie das in dem Gedicht der Fall ist, so vermag es nur für einen Augenblick zu wirken. Damit die Erleuchtung Folgen haben kann, bedarf es einer Vermittlung. Diese wird am ehesten durch ein Problem bewirkt, das sich einmal gezeigt hat und dadurch bekannt geworden ist, aber dann beiseite geräumt wurde. Wer sich in der Nähe eines solchen verdrängten Problems befindet, erlebt eine Erleuchtung fast notwendig als zukunftsweisend. Nun wird jemand, der ein Problem verdrängt hat, von sich aus nicht in seine Nähe streben. Er bedarf also der Führung. Dieser wird er sich am ehesten dann anvertrauen, wenn er sie als solche gar nicht erkennt. Sie wirkt am zuverlässigsten durch Vorgänge, die als Zufälle erscheinen.

Als Max Frisch an seinem Roman „Homo faber“ arbeitete, war ihm dieser Sachverhalt gewiß nicht bewußt. Aber geahnt dürfte er ihn haben. Er ließ seinen Walter Faber durch Zufälle immer wieder an Orte führen, an denen sein verdrängtes Problem, die alte Schuld, sichtbar werden konnte.

In den Sinnzusammenhängen der Periode von 1950 ist eine solche Führung nicht nur dichterisch dargestellt, sondern auch in der Wirklichkeit vielfach erfahren worden. Das darf festgestellt werden, ohne daß einschlägige Befragungen durchgeführt worden wären. Die Wissenschaftsgeschichte bietet einige geradezu spektakuläre Beispiele dafür.

Im Jahre 1952 entschied sich Kathleen Kenyon von der British School of Archaeology, in der Gegend von Jericho Grabungen durchzuführen. Dabei ging es ihr nicht darum, die von Gordon Childe entwickelte These über den Weg der Menschheit zur Hochkultur zu überprüfen, die trotz bestimmter Schwächen damals weithin anerkannt wurde. Vielmer suchte sie nach einer Antwort auf eine sehr viel weniger bedeutende Frage. Wiederholt war bei Jericho auf der Suche nach den aus der hebräischen Bibel bekannten Mauern bereits gegraben worden. Dabei war man durchaus erfolgreich gewesen, insofern man tatsächlich Mauern aus der Zeit Josuas – um 1500 v. Chr. – und sogar eine noch tiefer liegende Mauerschicht gefunden hatte. Jedoch war man dabei nicht auch auf Keramik gestoßen, und das erschien merkwürdig, weil man damals überzeugt war, daß die Keramik zusammen mit den festen Siedlungen entstanden sei. Kathleen Kenyon wollte nun prüfen, ob bei genauerem Zusehen nicht doch noch Keramik auftauchen würde. Das Ergebnis ihrer Grabungen war dann jedoch ein völlig unerwartetes. Man stieß auf weitere Mauerreste, die tiefer lagen, und ihr Alter, das mit Sicherheit festgestellt werden konnte, war geradezu unglaublich: man fand eine Schicht, die 6 000 Jahre alt war, dann eine noch um tausend Jahre ältere, und schließlich eine aus der Zeit um 8 000 v. Chr. Zur letzten gehörte eine Mauer, die noch heute bis zu sieben Meter hoch und oben eineinhalb Meter breit ist, und ein heute noch acht Meter hoher Turm.

Katthleen Kenyon hatte nicht die Absicht gehabt, Gordon Childes berühmte These zu prüfen, aber durch Zufall war es dahin gekommen, daß sie diese widerlegte. Childe war davon ausgegangen, daß die ersten „Städte" - Siedlungen mit öffentlichen Gebäuden - seit 3 500 v. Chr. in Mesopotamien gebaut worden seien. Zur Erklärung dieses gewaltigen Schritts in der Kulturgeschichte verwies er auf eine Klimaveränderung, die nach der letzten Eiszeit seit 10 000 v. Chr. eintrat. Sie habe die Ausbreitung von Steppen und Wüsten bewirkt, dadurch allmählich den Lebensraum der als Sammler und Jäger sich ernährenden Menschen eingeschränkt, und so die Erfindung einer neuen Weise der Versorgung mit Lebensmitteln erzwungen, den Ackerbau. Dieser habe eine Bevorzugung der Gegenden mit reichlich Wasser, also der Täler von großen Flüssen wie Euphrat, Tigris, Nil, und überdies das Seßhaftwerden zur Folge gehabt. Im Laufe der Jahrtausende seien die Dörfer immer mehr gewachsen. Schließlich sei es nötig geworden, eine überfamiliäre Verwaltung einzurichten. Diese habe man in einer besonderen Art von Gebäuden untergebracht. Danach sei es dann üblich geworden, auch andere öffentliche Gebäude anzulegen. Das alles klang plausibel, und so fand Childes Deutung weithin Anerkennung. Im ältesten Jericho aber mußte nun festgestellt werden, daß hier öffentliche Bauwerke viereinhalb Jahrtausende früher als in Mesopotamien errichtet worden waren und also ohne daß für den von Childe angesetzten Prozeß Zeit gewesen wäre, und zwar von Leuten, die zwar wildwachsendes Getreide nutzten, aber den Ackerbau noch nicht kannten. Indem damit Childes These widerlegt wurde, zeigte sich auch, daß die kulturelle Kraft, welche die ersten Städte entstehen ließ, völlig anders beschaffen war als bisher angenommen. Über sie Näheres zu sagen, war niemand imstande.

Für sich genommen, kann man diese Entdeckung nur dem Zufall zuschreiben; denn sie war nicht angestrebt worden. Dasselbe gilt auch für andere rätselhafte Entdeckungen, die damals gemacht wurden. Im Jahre 1959 suchten die Paläoanthropologen Louis und Mary Leakey in der Olduwayschlucht in Tansania an einem Platz, an dem man zahlreiche Hackmesser gefunden hatte, nach Spuren von deren Produzenten. Diese ältesten und primitivsten Steinwerkzeuge können nicht von Tieren stammen, weil Schneidewerkzeuge kein Vorbild im Organismus haben (die „Schneidezähne“ dienen in Wahrheit zum Reißen) und weil zur ihrer Herstellung ein zuvor schon vorhandenes Werkzeug nötig ist. Gesucht wurden also Überreste von Menschen. Als wichtigstes Merkmal des Menschen galt die Größe des Gehirns, die im Durchschnitt 1350 ccm beträgt. Zunächst fand man jedoch nur Überreste eines Lebewesens, das als Australopithecus bezeichnet wird. Es konnte dauerhaft auf zwei Beinen gehen wie der Mensch, war aber mit einem Gehirn ausgestattet, das im Durchschnitt nur 400 ccm umfaßte. So durfte es nicht als Mensch gelten und damit auch nicht, obwohl dies eigentlich notwendig gewesen wäre, als Produzent der Hackmesser. Ein Jahr später fand man am gleichen Ort Spuren eines gleichartigen Lebewesens, dessen Gehirnvolumen jedoch immerhin 680 ccm betrug. Obgleich dies noch immer weit unter dem beim Menschen als nötig angesetzten Volumen liegt, entschloß man sich, ihn als Menschen zu bezeichnen, als „Homo habilis“.

Gegen alle Absicht und insofern also zufällig hatte man entdeckt, daß zum Menschsein die heute vorfindliche Gehirnmasse gar nicht nötig ist. Da die bisherigen Versuche zur Deutung der Menschwerdung in der Hauptsache zur erklären suchten, wie das heutige Gehirnvolumen sich bildete, verloren damit alle ihren Wert. Die biologische Ursache des Menschen wurde ähnlich rätselhaft wie die Ursache der Stadtkultur.

Während die Möglichkeit, den Anfang der Menschheit empirisch nachzuweisen, die dafür zuständige Wissenschaft seit langem schon beschäftigte, fand der etwaige Anfang des Universums bei den Naturforschern im 18. und auch noch im 19. Jahrhundert kaum Interesse, weil man meinte, davon ausgehen zu dürfen, daß es immer schon existierte. Auch noch seitdem in den zwanziger Jahren des 20. Jahrhunderts ein starkes theoretisches Gegenargument vorgebracht und ein „Urknall“ als Beginn angesetzt worden war, hielt man weitgehend an dieser Vorstellung fest. Im Jahre 1965 aber wurde der empirische Beweis geführt, daß sie irrig ist.

Wieder bestand Anlaß, von Zufall zu sprechen. Die Physiker Arno Penzias und Robert Wilson widmeten sich damals der Aufgabe, einen hochempfindlichen Mikrowellendetektor zu testen. Dabei konstatierten sie ein anscheinend ununterbrochenes Rauschen, das sich für sie, je länger sie es feststellten, umso rätselhafter ausnahm. Allmählich mußten sie alle ihnen vorstellbaren Ursachen davon ausschließen. Da wurden sie mit gleichzeitig von Bob Dicke und Jim Peebles angestellten Überlegungen bekannt, die sich gefragt hatten, ob und wie eine Auswirkung des Urknalls, wenn es ihn denn doch gegeben haben sollte, heute wahrgenommen werden könnte. Ihr Ergebnis paßte genau zu dem Befund von Penzias und Wilson. Seither wird kaum mehr ernsthaft in Frage gestellt, daß das Universum tatsächlich einen Anfang hatte. Eigentlich müßte die Physik nun versuchen zu erklären, durch welche Kraft der Urknall bewirkt wurde. Aber Stephen Hawking hat den Nachweis erbracht, daß alle derartige Bemühungen vergeblich bleiben müssen, weil es der Physik grundsätzlich unmöglich ist, über den Urknall hinauszudenken.[56] Mit der Anerkennung seiner Existenz wurde sichtbar, daß das Universum von einer Kraft hervorgebracht wurde, welche die Physik nicht zu erkennen vermag.

Auch in der Humanwissenschaft besteht Anlaß, bei Entdeckungen von rätselhaften Ursachen, zu denen es seit der Jahrhundertmitte kam, von Zufall zu sprechen. Die Gleichartigkeit des epochalen Wandels in heterogenen Lebensbereichen war bis dahin nicht als Möglichkeit erörtert worden; so kann ich mir nicht vorstellen, daß Foucault und Nitschke gezielt danach gesucht hätten. Die prinzipiell gleiche Entdeckung ist, wenn auch nur in einem viel schmaleren Bereich, mir zuteil geworden, als ich feststellte, daß die von den spanischen Historikern des Stierkampfs angesetzte tiefgreifende Stilveränderung um 1770 - und dann auch weitere um 1820, 1880 und 1910 - mit dem epochalen Wandel in der deutschen Literaturgeschichte verwandt ist. In meinem Fall weiß ich mit Sicherheit, daß die Entdeckung von keiner Absicht geleitet war. Für möglich halte ich nachträglich das genaue Gegenteil.

Schon in meiner Dissertation von 1957 und dann wieder in einem 1961 erschienenen Buch hatte ich mich intensiv mit dem Problem des Epochalen befaßt. Mir war klar geworden, daß die bisher von der Literaturwissenschaft benutzten Kriterien unzulänglich waren und hatte mich bemüht, meinerseits bessere zu entwickeln. Aber wohl noch während das Buch von 1961 im Druck war, befielen mich hinsichtlich meiner neuen Kriterien Zweifel. Vielleicht um mich ihnen nicht weiter aussetzen zu müssen, begann ich, angeregt durch einen Spanienaufenthalt, mich mit einer für mich völlig neuen Thematik zu befassen. Ich studierte Berichte deutscher Spanienreisender über den Stierkampf, um in Erfahrung zu bringen, ob diese iberische Sitte von Deutschen immer schon, wie meist in der Gegenwart, abgelehnt worden war. Schon die Antwort auf diese von mir bewußt gestellte Frage war für mich überraschend; es erwies sich nämlich, daß die Ablehnung erst im ausgehenden 18. Jahrhundert einsetzte, während bis dahin der Stierkampf als spanische Form der Jagd aufgefaßt und damit akzeptiert worden war. Völlig verblüffend aber war für mich die Wahrnehmung der erwähnten Parallele. Sie erwies mir, daß das inzwischen in mir erwachte Mißtrauen gegen die von mir selbst vorgeschlagenen Kriterien berechtigt war; denn diese auf die Geschichte des Stierkampfs oder gar auf die epochalen Parallelen anzuwenden, war unmöglich. Damit aber verfügte ich über keinerlei Möglichkeit mehr, die Ursache des epochalen Wandels auf plausible Weise zu benennen. Ich geriet in dieselbe Ratlosigkeit, zu der sich wenige Jahre später Foucault und Nitschke bekennen sollten. Da ich mich im Unterschied zu ihnen als Wissenschaftler bis dahin nur mit einem einzigen Fach befaßte, mit der deutschen Literaturgeschichte, hätte es dazu bei mir gar nicht kommen können, wenn ich nicht in völlig ungeplanter und also zufälliger Weise nach Spanien gekommen und da auf das Problem Stierkampf gestoßen wäre.

Was steckt hinter den Zufällen, die seit der Jahrhundertmitte als Führer zur Erleuchtung dichterisch dargestellt und von Wissenschaftlern erlebt wurden? Wenn man weiß, daß das damals herrschende periodale Sinnsystem primär die Erfahrung der Existenz und Wirkung einer den subjektiven Kräften vorgeordneten – und insofern „präsubjektiven" – Innovationskraft vermittelte, muß man sagen, daß in den Zufällen die Tendenz wirkte, Menschen mit dieser Innovationskraft ausdrücklich bekannt zu machen. Nun hat sich gezeigt, daß der Begriff „epochales Sinnsystem" für rein deskriptive Zweck gut geeignet ist, aber auf eine gewaltige geistige Macht verweist, deren Wesen am besten durch den alten Begriff „Engel" angezeigt wird. Das bedeutet, daß die Zufälle von der beschriebenen Art im Wirkungsbereich eines Epochenengels als Fremdenführer tätig sind. Sie geleiten Menschen in unbekannten Gegenden an die Orte, an denen sich das zutragen kann, auf was es jetzt ankommt. Dazu wären sie nicht fähig, wenn sie nicht auch selbst Engel wären.

Diese Engel haben innerhalb der Hierarchie einen niedrigeren Rang als die Epochenengel. Sie sind wohl den einzelnen menschlichen Individuen zugeordnet und könnten also als „Individualengel" bezeichnet werden. Vermutlich übernehmen sie noch andere Aufgaben als das Geleiten im Bereich eines Epochenengels. Eine davon dürfte in dem traditionellen Namen „Schutzengel" angedeutet sein. Eine andere entspricht wohl derjenigen, die in der Antike den Musen zugeschrieben wurde. Vom Individualengel geht jene Erleuchtung aus, deren Erfahrung von Dichtern und anderen Künstlern, aber auch von Wissenschaftlern oft bezeugt wurde. Auf unspektakuläre Weise dürfte der Individualengel bei allen Menschen fortwährend wirksam sein; denn bei jeder den Reflex überschreitenden Handlung sind wir auf einen erhellenden Einfall angewiesen. Der Individualengel muß den ihm anvertrauten Menschen genau kennen; er weiß, was für ihn in jedem Augenblick der weiterführende nächste Schritt sein könnte. Kenntlich wird er für uns vor allem am Phänomen des sinnvollen Zufalls.

Wenn der Individualengel auch keineswegs nur die künstlerisch tätigen Menschen erleuchtet, so läßt sich Genaueres über die Weise seines Wirkens an deren Werken doch besonders gut in Erfahrung bringen. Ich beschränke mich hier darauf, zwei Momente hervorzuheben. Dabei komme ich auf Franz Kafka und jene Nacht vom 22. zum 23. September 1912 zurück, in der er die Nähe seines Individualengels offenbar intensiv erlebte.

Die Erzählung „Das Urteil", die er in jener Nacht niederschrieb, handelt von einer äußerst unglücklichen Vater-Sohn-Beziehung. Wie allgemein bekannt ist, hat der Dichter persönlich unter dem Verhältnis zu seinem Vater sehr gelitten. Das berechtigt den Interpreten nicht, den Sinn der Erzählung auf Biographisches zu reduzieren und ihn als einen verfremdenden Erlebnisbericht aufzufassen. Jedoch erlaubt es zu sehen, daß Kafka in seine Dichtung Probleme eingebracht hat, auf die er in seinen privaten Lebensbezügen gestoßen war. Diesem Umstand dürfte allgemeine Bedeutung zukommen.

Jeder Dichter, jeder Mensch nähert sich der Begegnung mit dem inspirierenden Individualengel, indem er sich in der Dunkelheit ungelöster Probleme vorantastet. Diese sind im Vollzug seines Lebensganges hervor- und ihm entgegengetreten. Manche haben in seiner Biographie Spuren hinterlassen, die später von einem Forscher aufgedeckt werden können, andere blieben nach außen hin unsichtbar. Im Augenblick der Inspiration erhellt sich der Weg. Der Gehende wendet sich einem der Probleme zu, das in dem aufgestrahlten Licht lösbar erscheint. Die Auswahl und die Weise, in der er die Lösung dann zu bewerkstelligen sucht, hängt von ihm ab, von seinen Talenten und Erfahrungen, von seiner ethischen Willenshaltung, zuletzt von seiner Freiheit.

Kafka wurde zur Gestaltung der Erzählung an Abend des 22. September 1912 nicht gezwungen. Als er sie niederschrieb, war er kein willenloses Werkzeug wie das Schreibgerät, das er benutzte. Darum ist es für den Forscher ausgeschlossen, sie aus irgendwelchen Gegebenheiten zu deduzieren. In dieser Erzählung, und auch in jedem anderen Menschenwerk, ist ein Geheimnis eingebettet, das in der Freiheit des menschlichen Wollens beruht und darum nie entschleiert werden kann. Der Individualengel deckt die menschliche Freiheit nicht zu, sondern fordert sie heraus. Dies ist das erste Moment, das hervorzuheben mir nötig erscheint.

Das zweite ergibt sich aus dem Umstand, daß der Individualengel, der dem Werkschaffenden die erleuchtende Sinnmöglichkeit anbietet, im Dienst eines Epochenengels steht. Dieser dürfte immer der Engel einer Periode sein. Aber ein Periodenengel dient seinerseits einem Ärenengel wie dieser einem Zeitalterengel und dieser wiederum einem Kulturengel. So ist das Sinnganze eines Werks über den Individualengel, von dem es ausging, auf einen weiten geschichtlichen Ordnungszusammenhang bezogen. Dieser bietet der menschlichen Vernunft kein unüberwindliches Hindernis und steht also der Erforschung offen.

Als Kafkas Individualengel ihm das Sinnganze der Erzählung „Das Urteil“ vor Augen stellte, war dieser soeben in den Dienst eines neuen Periodenengels getreten. Damit hatte er sich von jenem verabschiedet, der den Sinn der Periode von 1880 bestimmt hatte und in den letzten Jahren mit den Zügen der Schlußphase wirksam geworden war. In eins damit hatte er von anderen, höherrangigen Engeln Abschied genommen: vom Engel der Ära von 1770, von dem des Zeitalters der Neuzeit, sogar von dem der abendländischen Kultur. Der Individualengel nahm Kafka mit in einen Bezug auf einen Epochenengel, der die Aufgabe hatte, eine neue Ära, ein neues Zeitalter, ja eine neue Kultur einzuleiten. Kafka selbst wurde sich nach und nach bewußt, daß mit der Niederschrift der Erzählung „Das Urteil“ sein Leben eine tiefe Veränderung erfahren hatte. Anfang der zwanziger Jahre schrieb er im Brief: „In jener Geschichte hängt jeder Satz, jedes Wort, jede – wenn´s erlaubt ist – Musik mit der ´Angst` zusammen, damals brach die Wunde zum erstenmal auf in einer langen Nacht."[57] Aber er konnte nicht wissen, daß er auch den Beginn eines Wandels der gesamten Kultur miterlebt hatte.

Der Individualengel, der einen Menschen immer in der geheimnisvollen Tiefe seiner Freiheit anspricht, setzt ihn zugleich in Beziehung zu einer weitgespannten epochalen Ordnung. Auch wenn der inspirierte Mensch diese nicht kennt, beteiligt er sich mit dem Hervorbringen eines Werks an ihrer irdischen Gestaltung.

14. Bemerkungen zur erkenntnistheoretischen Situation

Von der epochengeschichtlichen Ordnung, die ich zu charakterisieren versuchte, waren bisher nur Einzelteile bekannt, nicht jedoch der Gesamtzusammenhang. Diesen habe ich im Zuge langjähriger Beobachtungen nach und nach entdeckt, und also keineswegs konstruiert. Um seine von meiner Person unabhängige Existenz in einer Kurzform zu erweisen, habe ich nun den gedanklichen Weg zu seiner Erkenntnis Schritt um Schritt an Beispielen erläutert. Wer immer die Mühe nicht scheut, müßte in der Lage sein, jeden dieser Schritte und damit auch die Berechtigtheit der Gesamtdeutung zu prüfen. Ich erhebe für sie den Anspruch einer fundierten wissenschaftlichen These.

Nun gab die Beschreibung der Ordnung Anlaß, von ihr auch zu sagen, daß die Wesenszüge ihrer Träger mit denen zusammenstimmen, die in unserer Kulturtradition den Engeln zugeschrieben wurden. Der Umstand, daß ich mit der Übernahme dieses Namens in eine wissenschaftliche These gegen ein Tabu verstieß, das einst in der Zeit der Aufklärung verhängt worden war, focht mich nicht an, weil die Tabuerklärung ja nicht in einer Erkenntnis, sondern in einem kollektiven Willensakt gründete. Bisher sehe ich nichts, das mich veranlassen könnte, diese Einschätzung zu korrigieren. Dennoch scheint mir eine Ergänzung geboten. In der Aufklärung wurde nämlich auch eine Erkenntnistheorie entwickelt, die von einem weiten Themenbereich zu erweisen suchte, daß er gültige Aussagen gar nicht zulasse, weil er in Wahrheit der Vernunft überhaupt nicht zugänglich sei, und dieser Bereich schloß die Engel mit ein. Zu erörtern bleibt also, ob die Engel aus diesem Grund aus einem Wissenschaftlichkeit beanspruchenden Gedankengang nicht hätten ausgeschlossen werden müssen.

Die Rede von Engeln ist gewiß außerhalb der Wissenschaft aufgekommen, in der jüdisch-christlichen Glaubenstradition. In einen Bezug zu wissenschaftlichem Denken wurde sie gebracht, als in der frühen Christenheit versucht wurde, die Glaubenserfahrungen mit Begriffen zu deuten, die in Griechenland bei der Begründung der Philosophie entwickelt worden waren. Maßgeblich wurde die Grundthese der Metaphysik, wonach alle stofflichen Dinge vergänglich seien, jedoch in einem Bezug stünden zu ihren unvergänglichen Urbildern oder Ideen, die sich im Reich des Geistes um eine allerhöchste Idee gruppierten. Es schien nun möglich, die höchste Idee mit dem einen Gott der Glaubenstradition zusammenzusehen und die vielen Ideen mit den ihn umgebenden Engeln. Dabei wurde nie Deckungsgleichheit behauptet, denn es war offenkundig, daß in der Glaubensüberlieferung von Gott und den Engeln vieles gesagt wurde, das von den Ideen nie gesagt worden war und auch nie würde gesagt werden können. Aber die Gemeinsamkeiten erschienen ausreichend zur Begründung der Überzeugung, daß von Gott und den Engeln nicht allein der Glaube zu sprechen vermöge, sondern auch die Vernunft. Diese Überzeugung war viele Jahrhunderte lang ein unangefochtener Bestandteil der europäischen Kulturtradition. Schließlich aber wurde sie, wie erwähnt, von seiten der Erkenntnistheorie in Frage gestellt.

Es war Immanuel Kant, der in der Zeit der Aufklärung die maßgeblichen Gesichtspunkte entwickelte. Er legte dar, daß die menschliche Erkenntnisfähigkeit die Dinge nur in ihrer zeitlichen und räumlichen Bedingtheit begreifen könne, nicht jedoch so, wie sie jenseits von Raum und Zeit als die Dinge-an-sich sein mögen. Mit den Dingen-an-sich meinte er in der Hauptsache dasselbe wie einst Platon mit den Ideen. So ging aus seiner Theorie mit Notwendigkeit die These hervor, daß auch Gott und mit ihm die Engel der menschlichen Vernunft unzugänglich seien.

Kants Erkenntnistheorie erlangte im Verlauf des 19. Jahrhunderts für die modern eingestellten Wissenschaftler des Abendlandes in wohl allen Disziplinen die Bedeutung einer unverrückbaren Norm. Wenn der Bezug auf Engel aus der wissenschaftlichen Argumentation weitgehend verschwand, so nicht allein, weil die Fortschrittsideologie dies wollte, sondern auch aus erkenntnistheoretischen Gründen.

Um die Wende zm 20. Jahrhundert wurden jedoch in verschiedenen Forschungsbereichen Beobachtungen gemacht, aus denen dann seit den zwanziger Jahren die Folgerung gezogen wurde, daß der für die Kantsche Norm erhobene Absolutheitsanspruch nicht haltbar sei. In der Physik beispielsweise zeigte sich, daß, ähnlich wie Newton durch Einstein obgleich nicht widerlegt, aber doch als unzulänglich erwiesen worden war, nun Kant überschritten werden mußte. So gelangten die Atomphysiker zu der Erkenntnis, daß Atome zwar wirklich existieren, jedoch nicht in der Weise von Dingen. Werner Heisenberg schrieb dazu:

> „Kant konnte nicht voraussehen, daß in Erfahrungsbereichen, die weit jenseits der täglichen Erfahrung liegen, eine Ordnung des Wahrgenommenen nach dem Modell des 'Dings an sich' oder (...) des 'Gegenstands' nicht mehr durchgeführt werden kann, daß also, um es auf eine einfache Formel zu bringen, Atome keine Dinge oder Gegenstände mehr sind.“[58]

Was Heisenberg zu dieser Feststellung veranlaßte, war der Umstand, daß in den subatomaren Verhältnissen zwar manchmal feste Teilchen erscheinen, manchmal aber auch Wellen, je nachdem wie der Beobachter vorgeht. Daraus war zu schließen, daß ein Atom an sich selbst weder allein ein Teilchen noch auch allein eine Welle ist, sondern beides zusammen. Ein Ding aber könnte nicht zugleich ein Etwas und auch dessen Gegensatz sein. Dasselbe wäre vom Ding-an-sich zu sagen.

Niels Bohr suchte diesen befremdlichen Sachverhalt zu erhellen durch die Übernahme des alten taoistischen Modells von Yin und Yang, das weibliche und männliche Kräfte zueinander in Bezug setzt und sie als wechselseitige Ergänzungen deutet. So gelangte Bohr zu einem Strukturmuster, das durch das Zweierprinip der Komplementarität geprägt ist. Es hat seinen Ort jenseits von Raum und Zeit, ist der menschlichen Vernunft jedoch durchaus zugänglich.

Strukturmuster wurden damals auch in anderen wissenschaftlichen Disziplinen entdeckt[59]. In der Phonologie und der Ethnologie gelangte man dabei wie Bohr zur Formulierung eines universalen Zweierprinzips. Meist begnügte man sich mit der Beschreibung von Mustern, die einen weniger strengen Charakter hatten, ja bisweilen als zufällig erschienen.

Der Entdeckung solcher undinglicher Strukturmuster kam erhebliche erkenntnistheoretische Bedeutung zu. Die von Kant in der Seinspyramide aufgezeigte Trennwand zwischen einerseits den räumlich und zeitlich bedingten Dingen und andererseits dem Bereich des Außerräumlichen und Außerzeitlichen, dem er die Dinge-an-sich zugeordnet hatte, erwies sich als durchlässig. Von nun an durfte man von Engeln nicht mehr sagen, daß sie allein aufgrund der Zugehörigkeit zu diesem Bereich kein Thema des vernünftigen Denkens sein könnten.

Gleichwohl ist es in der ersten Hälfte des 20. Jahrhunderts zu keiner Wiederentdeckung der Engel in der Wissenschaft gekommen. Das hatte wohl mehrere Gründe. Einer bestand sicher darin, daß weder die vielfältigen Strukturmuster noch das universale Prinzip der komplementären Zweiheit von sich aus auf die traditionellen Engelslehren verweisen. Ein zweiter wird in dem Umstand gelegen haben, daß die Fortschrittsideologie zwar seit dem Ersten Weltkrieg vielfach in Frage gestellt, aber theoretisch nicht widerlegt worden war und darum kein Wissenschaftler auf den Gedanken kam, den geschichtlichen Qualitätswandel mit der Einwirkung übermenschlicher Kräfte auf die Geschichte zu erklären. Entscheidend war wohl ein dritter, der höchst merkwürdig anmuten mag, weil er zum zweiten einen Gegensatz bildet. Er besteht in dem Umstand, daß die in der Wissenschaftstheorie führende Disziplin, die Physik, den der Fortschrittsideologie zugrunde liegenden Gedanken des Qualitätswandels in ihr Forschungsprogramm nicht aufgenommen hatte.

Zu diesem merkwürdigen Verhalten der damals maßgeblichen Physiker kam es natürlich nicht von ungefähr. Das mit jedem Qualitätswandel verbundene Phänomen des Anfangs nimmt in der Physik eine besondere

Bedeutung an, weil es hier vor allem am Kosmos erscheint. Für die Gründerväter der modernen Physik von Galilei bis Newton stellte der Anfang des Universums noch kein Problem dar. Sie waren überzeugt, daß er durch einen Schöpfungsakt Gottes verursacht worden sei und ließen ihn auf sich beruhen, weil sie es als einzige Aufgabe der Physik ansahen, den schon bestehenden Kosmos zu erklären durch die Erkenntnis der innerhalb von ihm wirksamen Mechanismen. Als im ausgehenden 18. Jahrhunderts der von Herder erstmals entwickelte Gedanke sich Bahn brach, daß die Erklärung der Anfänge neuer Qualitäten die wichtigste wissenschaftliche Aufgabe darstelle, gerieten die Physiker in eine einzigartige Situation.

Während sich den Vertretern aller anderen Disziplinen nun die Aufgabe stellte, Anfänge neuer Qualitäten innerhalb des Kosmos zu erkären, hätten die Physiker den Anfang des Kosmos selbst erklären müssen. Dies zu versuchen, war jedoch keiner bereit. Der Grund dafür dürfte vor allem in dem Umstand gelegen haben, daß sie nicht anders als ihre großen Vorgänger als Ursache des Kosmos den Willen Gottes auffaßten. Manche mögen sich nun gesagt haben, daß darüber nur Theologen etwas Fundiertes zu sagen vermöchten. Andere aber werden sich auf Kants erkenntnistheoretische Thesen bezogen und gedacht haben, daß über den Anfang des Kosmos Vernünftiges überhaupt nicht gesagt werden könne, eben weil nur Gott als seine Ursache in Betracht käme. Jedenfalls setzte sich die Überzeugung durch, daß dieser Anfang ausgeklammert werden müsse. Als Folge davon sprach man vom Universum so, als wisse man, daß es immer schon existierte. In dieser Hinsicht grenzte sich die Physik aus der Gemeinschaft der Wissenschaften aus.

In den zwanziger Jahren des 20. Jahrhunderts zeigte sich nun nicht allein, daß Kants Beschränkung des menschlichen Erkenntnisvermögens auf die räumlich und zeitlich geprägten Dinge im Hinblick auf Strukturmuster keine Gültigkeit hat, sondern auch, daß die Vorstellung von einer anfangslosen Existenz des Universums unhaltbar ist. Unabhängig voneinander entwickelten Hubble und Friedmann aufgrund theoretischer Erwägungen die These, daß das Universum sich in einem Zustand der Expansion befinde, was ohne einen Anfang nicht möglich wäre. Damit stellte sich der Physik abermals die Aufgabe, über den Ursprung des Universums nachzudenken.

Indessen fand sich wiederum eine Möglichkeit, ihr auszuweichen. Man sagte, die vorgebrachten Beweise seien ja lediglich theoretischer Art. Wirklich ernstnehmen müsse man sie so lange nicht, als empirische Belege noch ausstünden. Manch ein Physiker mag sich vorgestellt haben, mit diesem Argument sei das leidige Thema endgültig vom Tisch; denn wie sollte man den Anfang des Universums heute noch empirisch belegen können? Aber diese Hoffnung trog. Im Jahre 1965 konstatierten Penzias und Williams, ich erwähnte es bereits, mit einem Superdetektor ein Geräusch, das sich nur als Auswirkung des Urknalls deuten läßt. Seither kann nicht mehr ernsthaft bestritten werden, daß die Physik die Aufgabe hat, den Anfang des Universums zu erklären.

Bereits 1970 wurde allerdings die These vertreten, daß diese Aufgabe nur auf dem Papier bestehe, weil sie überhaupt nicht gelöst werden könne. Es trat eine Situation ein, die jener vergleichbar war, welche im ausgehenden 18. Jahrhundert alle Physiker erlebten, die mit der Fortschrittsideologie bekannt wurden. Jedoch spielte Kants Erkenntnistheorie jetzt keine Rolle. Maßgeblich wurden Einsichten, die in der Physik selbst gewonnen wurden. Mit aus diesem Grund erwies es sich als unmöglich, über die Mißlichkeit einfach hinwegzugehen. Die Auseinandersetzung mit dem für die Physik so wenig erfreulichen Problem wurde in Publikationen geführt, und eine von ihnen erregte ein geradezu weltweites Aufsehen[60].

Eingeleitet wurde die Diskussion durch einen von Roger Penrose 1965 erbrachten Nachweis, daß bei den „schwarzen Löchern" des Kosmos, an denen Gestirne, die ihre Existenzfähigkeit verloren haben, gewissermaßen begraben liegen, die Physik an eine Grenze gelangt, die sie nicht zu übersteigen vermag. Stephen Hawking legte daraufhin 1970 mit der Zustimmung von Penrose dar, daß dieselbe Grenze beim Urknall verlaufe.

Hawkings These bezeichnet, anders als die Kantsche über die Unerkennbarkeit der Dinge-an-sich, eine Grenze des Erkenntnisvermögens nicht des Menschen überhaupt, sondern nur des an eine bestimmte Methode gebundenen Physikers. Meines Erachtens hätte sie auch mit sehr viel weniger Aufwand entwickelt werden können. Die unerhörten Erfolge der Physik sind in hohem Maße der rigurosen Bestimmung zu verdanken, daß alle Hypothesen einer doppelten Bewährung ausgesetzt werden müssen, einer experimentellen und einer mathematischen. Damit verschloß sich die Physik allem, was nicht in Experimenten wiederholt und nicht zum Zweck der Berechnung quantifiziert werden kann. Der Anfang des Universums hat sich nach unserem Wissen niemals zuvor zugetragen und er kann mit Sicherheit von uns nicht experimentell wiederholt werden. Außerdem ist er nicht allein mit jenen energetischen Quantitäten verbunden, die man aufgrund umfänglicher Berechnungen dem Urknall zuschreibt, sondern auch, und sogar vor allem, mit der Qualität, welche das Universum als ein Ganzes ausmacht.

In der Zunft der Physiker wurde Hawkings These zunächst mit Skepsis aufgenommen. Aber sie erwies sich als unwiderleglich. Um so mehr wuchs nun sein Ansehen. Gleichwohl fühlte er sich angesichts seiner eigenen These wenig glücklich. Allmählich sah er nämlich mit immer größerer Klarheit, daß sie einer Kapitulation der Physik gegenüber ihren fundamentalsten Problemen gleichkam. Wenn ein Hinausdenken über den Urknall unmöglich war, so konnte ja nie geklärt werden, wie es zum Urknall kam. Dann aber mußten einige der wichtigsten physikalischen Eigenschaften des Universums für immer im Dunkel bleiben. Hawking suchte nach einer Möglichkeit, die Kapitulationserklärung zu widerrufen. Die einzige, die er ausfindig machte, bestand in der Rückkehr zu der traditionellen Auffassung, daß es einen Anfang des Universums gar nicht gegeben habe. Ihr standen der theoretische und der empirische Beweis für seine Existenz entgegen. Aber Hawking meinte sie beide aushebeln zu können.

In einem Buch, das zu einem Welt-best-seller werden sollte, griff er die mathematische Vorstellung von „imaginären Zahlen“ auf und legte dar, daß bei einer Anwendung dieser Zahlen auf die Zeit eine „imaginäre Zeit“ hervortrete. Diese unterscheide sich von der realen durch den Umstand, daß es in ihr keinen Anfang und kein Ende gebe. Dementsprechend komme in der imaginären Zeit auch der Anfang des Universums zum Verschwinden. Damit aber entfalle für den Physiker die Paradoxie, den Anfang erklären zu müssen und dazu nicht in der Lage zu sein.

Durch die Konstruktion der imaginären Zeit wollte Hawking die Kapitulation der Physik widerrufen. Allerdings machte sie die Annahme nötig, daß die imaginäre Zeit die eigentlich wahre sei und diejenige, die bisher als die reale galt, eine bloß eingebildete. Und das bedeutete natürlich, daß nicht allein der Anfang des Universums als Fiktion gedeutet werden mußte, sondern auch alles anderes, was sich nach bisheriger Auffassung in der realen Zeit zugetragen hatte, die gesamte Entwicklung der unbelebten und belebten Natur, überdies auch die gesamte Geschichte der Menschheit - einschließlich der Geschichte der Physik.

Trotz des enormen intellektellen Aufwands, mit dem Hawking die neue These zu stützen suchte, konnte er nicht verbergen, daß sie absurd ist. Sie hier zu erwähnen, hätte sich denn auch erübrigt, wenn sie nicht ex negativo den Beweis geführt hätte, daß der Versuch zum Hinausdenken über den Urknall unumgänglich geworden ist, aber so lange nicht glücken kann, als man die von Hawking angewandte Methodik für absolut hält.

Deren Überschreitung ist erkenntnistheoretisch möglich bei einer Orientierung an überdinglichen Strukturmustern wie sie sich in der Physik im Zuge der Entwicklung der Quantentheorie als notwendig erwies. Allerdings könnte das strukturelle Prinzip der Komplementarität oder Binarität nicht weiterhelfen, weil es gegenüber allem Zeithaften blind ist, der Urknall aber als das Ergebnis eines Prozesses, also im Rahmen von Zeithaftigkeit, gedacht werden muß. Nötig ist die Orientierung an einem Strukturmuster, das auf Zeit bezogen ist.

Ein solches muß nun gerade in den sechziger Jahren im Bereich der Humanwissenschaft den Vertretern der Neuen Epochenforschung vor Augen getreten sein. Denn indem sie Gemeinsamkeiten heterogener Lebensbereiche herausarbeiteten, erfaßten sie überdingliche Strukturen, und indem sie den Gemeinsamkeiten einen epochalen Charakter zuschrieben, deuteten sie diese als Manifestationen qualitativer Neuerungen. Eine allgemeine Formulierung der Neuerungsstruktur gelang seit 1963 mit der Klärung der komponentialen Sinnstruktur. Sie stellt das Muster dar, in dessen Rahmen sich eine jede

Neuerung vollzieht. In Anbetracht dieses Sachverhalts ist es nicht verwunderlich, daß gerade die komponentialanalytische Forschung in der Lage war, das Bestehen einer Ordnung in der Epochengeschichte zu entdecken und - jedenfalls auf dem untersten Plateau - mit Sicherheit zu erweisen.

Bei der Benennung der Träger dieser Ordnung genügt man den Anforderungen der deskriptiven Klarheit, wenn man von „epochalen Sinnsystemen" spricht. Gewiß könnte man einwenden, daß es um wesenhafte Ganzheiten gehe, während – woran Klaus Michael Meyer-Abich neuerdings nachdrücklich erinnert hat[61] – das Wort System ursprünglich ja „das (aus Teilen) Zusammengesetzte" bedeutet. Aber zum einen wird diese alte Bedeutung heute nicht mehr notwendig mitgedacht und zum anderen wirkt ihr die Verbindung mit dem Wort „Sinn" entgegen.

Erkenntnistheoretisch spricht nichts dagegen, wenn man bei einer Benennung über die bloße Deskription hinauszugeht und auf das Wesen des Beschriebenen verweist. Bei den epochalen Sinnsystemen könnte man zunächst erwägen, zur näheren Bestimmung ihrer qualitativen Eigenschaften den Begriff des „Immateriellen" zu benutzen. Denn diese Ordnung weist ja offensichtlich keinerlei stoffliche Bestandteile auf. Aber gemäß den Grundvorstellungen der griechischen Metaphysik, aus denen dieser Begriff stammt, steht Materialität nicht allein für Stofflichkeit, sondern auch für Vergänglichkeit, und dementsprechend läßt er nicht allein an Unstofflichkeit, sondern auch an Unvergänglichkeit, an Zeitenthobenheit denken. Die epochale Ordnung aber ist ja keineswegs zeitenthoben, sondern manifestiert Zeit – Zeit allerdings nicht als Vergänglichkeit, sondern als Neuerung. So könnte eine Anwendung des Begriffes „immateriell" auf die epochale Ordnung zu einer Verzerrung ihres Bildes führen.

Das mit ihm gemeinte Geistige müßte auf solche Weise bezeichnet werden, daß seine wesenhafte Verbundenheit mit der Neuerung sofort deutlich würde. Eine solchen Begriff hat die Metaphysik jedoch nicht hervorgebracht, da für sie das Geistige erst dort anfing, wo die Zeithaftigkeit aufhörte. Alles Geistige beruhte ja in zeitlosen Ideen.

Im frühen Christentum wurden nun die Ideen, wie erwähnt, zu den Engeln in Bezug gesetzt. Das war berechtigt, insofern es in beiden Fällen um Geistesmächte geht, die einer großen Ordnung angehören. Doch wurde dabei von dem Umstand abstrahiert, daß die Engel – oder jedenfalls diejenigen von ihnen, die von den Menschen direkt erfahren werden – mit der Zeithaftigkeit aufs engste verbunden sind, und zwar vor allem dadurch, daß sie unter Menschen eine neuartige Situation entstehen lassen. In unserer Kulturgeschichte gibt es keinen anderen Namen, der im gleichen Maße die qualitative Neuerung anzeigt wie derjenige der Engel. Die wissenschaftliche Terminologie wird der einzigartigen Qualität der epochalen Ordnung am ehesten dann gerecht, wenn sie ihre Träger als Engel bezeichnet. Überdies erleichtert sie es, die Herkunft dieser Ordnung dem Denken zu erschließen.

15. Über die Herkunft der epochalen Ordnung

Die epochale Ordnung ist so eng mit dem Menschsein verbunden, daß kein Mensch vorstellbar ist, der je von ihr frei werden könnte oder je ohne Bezug auf sie existiert hätte. Von der Geschichte der Menschheit ist anzunehmen, daß sie sich immer in ihrem Rahmen vollziehen wird und sich von allem Anfang an in ihm zutrug. Nun wissen wir, daß der epochale Qualitätswandel, der innerhalb der Menschheit aufgetreten ist, Analogien in der Natur hat, in der belebten, aber auch in der unbelebten. Da pflegt er durch den Begriff „Evolution" bezeichnet zu werden. Es ist anzunehmen, daß sich auch die „Evolution" im Rahmen einer epochalen Ordnung zugetragen hat. Sollte dem so sein, so müßte zusammen mit dem physikalischen Ereignis des Urknalls ein erstes epochales Sinnsystem und in ihm ein erster Engel hervorgetreten sein.

Während es für die Physik unmöglich ist, über den Urknall hinauszudenken, steht einem Versuch, in Gedanken das erste epochale Sinnsystem zu überschreiten, kein grundsätzliches Hindernis im Weg. Das Urphänomen aller epochaler Sinnsysteme, die komponentiale Sinnstruktur, vermag das Denken auf verläßliche Weise über den Anfang des Universums hinauszuführen.

Dieser Anfang hat zweifellos den Charakter des Neuartigen. Komponentialtheoretisch muß dieser als resultativ gedacht werden. Resultatives aber weist notwendig zurück auf Aktuales, über das es hinausgeht, und auf Potentiales, von dem es hervorgebracht wurde. Wenn das Resultative der Anfang des Universums ist, so müssen die ihm entsprechenden Kräfte des Potentialen und des Aktualen ihren Ort in einem Bereich haben, der vor dem Anfang schon existierte.

Dieser Bereich wurde von der Theologie, von der spekulativen Philosophie, aber auch von vielen Naturwissenschaftlern Gott zugeschrieben. Dabei spielten Aussagen aus der Glaubenstradition immer eine große Rolle. Bei den Denkakten als solchen dürften jedoch die Muster der griechischen Metaphysik maßgeblich geblieben sein. Die im 20. Jahrhundert allmählich erreichte erkentnistheoretische Situation verlangt nun, daß ein Umdenken gewagt wird.

Orientiert an der komponentialen Sinnstruktur und an ihren durch die Epochenforschung ermittelten Variationen, habe ich bei zwei früheren Gelegenheiten versucht, in die Vorgänge, die zum Anfang des Universums führten, einen Einblick zu gewinnen[62]. Hier muß ich mich auf einige (notwendig ergänzungsbedürftig bleibende) Hinweise beschränken.

Eine wesentliche Denkhilfe bietet der Umstand, daß der Begründer der „Gestalt"-Theorie Christian von Ehrenfels in dem 1916 erschienenen Buch „Kosmogonie" zu ergründen sich bemühte, wie der Vorgang der

Weltentstehung dann beschaffen sein mußte, wenn er mit dem Kosmos eine „Gestalt“ entstehen ließ. Bedeutsamerweise hat gerade dieses Nachdenken Ehrenfels zur Entdeckung der komponentialen Sinnstruktur geführt[63]. Bei dessen Wiederaufnahme kann man sich von manchen damals möglich gewordenen Klärungen geleiten lassen. Eine besondere Hilfe bietet jedoch eigentümlicherweise die Einsicht in Schwierigkeiten, auf die Ehrenfels gestoßen ist und die er nicht zu beseitigen vermochte.

Eine fundamentale Schwierigkeit liegt in den Begriffen, die Ehrenfels zur Kennzeichnung der drei Gliederungsmomente prägte: das Henogene, das Chaotogene und das Amphigene. Sie erlaubten zwar, den Grundzug der komponentialen Dreiheit zu denken, hinderten jedoch wiederholt am Weiterdenken.

Mit dem Henogenen setzte Ehrenfels eine dem Potentialen entsprechende Urkraft an, die ihrem Wesen nach Einheitlichkeit anstrebt. Ihr setzte er die zweite Urkraft des Chaotogenen gegenüber, die mit dem Aktualen verwandt ist. Vom Kosmos meinte er, daß er aus der Begegnung dieser beiden Kräfte als das Amphigene entstanden sei.

Es scheint, daß Ehrenfels bei den Vorarbeiten zunächst wie selbstverständlich von der Annahme ausging, daß die Initiative zum Schöpfungsakt beim Henogenen gelegen habe. Aber da er seine „Kosmogonie“ in Jahren um den Ersten Weltkrieg verfaßte, stand für ihn wie für nicht wenige seiner Zeitgenossen – beispielsweise Franz Kafka – fortwährend das Phänomen des Bösen im Blick. So meinte er, gerade auch die Ursache des Bösen angeben zu müssen. Allmählich wurde ihm klar, daß sein Ansatz es notwendig machte, das Böse auf die Kraft des Henogenen zurückzuführen. Da für diese die Wesenstendenz zum Einheitlichen maßgeblich ist, das Böse aber einen zerstörerischen Charakter hat, wäre dadurch der Begriff des Henogenen jedoch gesprengt worden. So veränderte Ehrenfels seinen Ansatz.

Als Urwesen setzte er nun das Chaotogene an. Ihm stellte er das Henogene als eine Kraft gegenüber, die zufällig einmal, und ebenso zufällig immer wieder, aufgetreten und wirksam geworden sei. Damit deutete er das All als einen chaotischen Ozean und das Gestalthafte als daraus bisweilen hervortretende Inseln. Als das Urböse konnte er die nur zufällig manchmal versagende Wesenstendenz des Chaotischen deuten, der Bildung von Gestalthaftem entgegenzuwirken. Damit galt es als eine Macht, die definitiv zu überwinden, niemals möglich wäre. (Vgl. Abb. 1)

Unerklärt blieb nun allerdings die in der Natur zu beobachtende kontinuierliche Wirkung von Ordnung. Als völlig unbegreiflich mußte jenes Ordnungshafte erscheinen, das auch in der Menschheit zu konstatieren ist, zumal auch in ihrer Geschichte.

Abb. 1

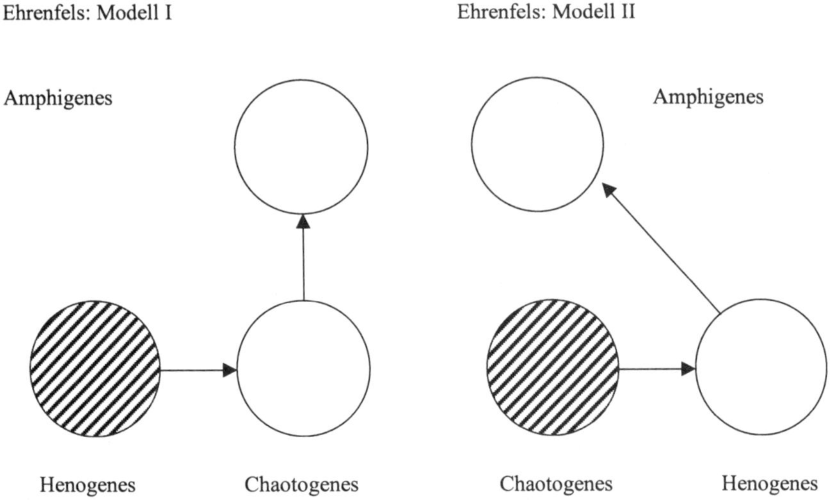

Wenn man die komponentiale Sinnstruktur mit den Begriffen des Potentialen, Aktualen und Resultativen beschreibt und bestimmte zusätzliche allgemeine Erkenntnisse der komponentialanalytischen Forschung berücksichtigt, lassen sich die angeführten Schwierigkeiten beheben.

Das Nachdenken kann mit dem ersten Ansatz von Ehrenfels beginnen. Eine Macht der Einheitlichkeit bildet den Ursprung von allem. Von ihr ist aber nun weiter zu denken, daß sie als Potentiales eine Kraft der Ermöglichung ist, die zur Neuerung tendiert.

Als ergänzenden Gegensatz darf man - wieder mit Ehrenfels - zunächst das Chaotogene ansetzen. Darunter sind Kräfte zu verstehen, die in ihrem Verhältnis zueinander der Einheitlichkeit entbehren. Komponentialtheoretisch ist das Chaotogene überdies als das Aktuale zu denken, und das heißt als ein Bisher, das sich von Neuartigem unterscheidet und zugleich dieses von sich selbst. Zu seinem Wesen gehört also auch die Fähigkeit des Unterscheidens. Von dieser Einsicht aus ist nachträglich vom Potentialen noch zu sagen, daß ihm wegen seiner Gegensätzlichkeit zum Aktualen diese Fähigkeit nicht eigen sein kann. Seine Einheitlichkeit hat also den Charakter der Unterschiedslosigkeit.

Mit Ehrenfels ist das Dritte als das Amphigene aufzufassen. Die Vereinigung der beiden Grundkräfte bedeutet jedoch mehr als Ehrenfels zu erkennen vermochte. Da das Potentiale im Zeichen der unterschiedslosen Einheit steht und das Aktuale im Zeichen der einheitslosen Unterschiedenheit, muß das Resultative eine Einheit mit Unterscheidungen darstellen. Dem entspricht die komponentialtheoretische Erkenntnis seiner Gegliedertheit in die drei Komponenten des Sinns. Zum Wesen des Resultativen gehört außerdem die Neuartigkeit.

Zusammenfassend darf man über die vorweltlichen Verhältnisse also sagen, daß in ihnen eine einheitliche, aber unterscheidungslose Neuerungskraft in einen Dialog mit Kräften tritt, die einheitslos – und also chaotisch -, aber unterscheidungsfähig sind, und als Folge davon Neuartiges entstehen läßt, das sowohl einheitlich als auch in sich selbst unterschieden – nämlich komponential gegliedert – ist. (Vgl. Abb. 2)

Abb. 2

Komponentialtheoretische Urstruktur

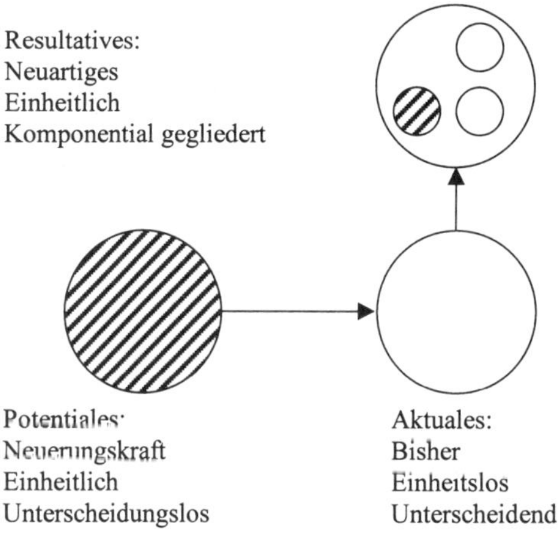

Bezieht man dieses Bild auf die Fragen nach dem Ursprung des Bösen und nach der Grundlegung einer stabilen Weltordnung, so muß man feststellen, daß die gegenüber Ehrenfels vorgenommenen Ergänzungen insofern noch nicht weiterhelfen, als sie keinen Ansatz für befriedigende Antworten bieten.

Zwar darf man annehmen, daß die Möglichkeit zu Bösem im Chaotogenen angelegt sei. Die einheitslosen Kräfte unterliegen keinem Zwang von außen, sondern sind frei. So könnten sie böse werden. Aber offenbar kommen sie nur insofern zur Wirkung, als sie von der Einheitskraft des Potentialen angesprochen werden. Dann aber vollzieht sich sofort ihre Überführung in die neue Einheit des Resultativen. So kommt Böses nie zum Ausbruch.

Ähnlich läßt sich im Hinblick auf die Weltordnung allenfalls eine Vorform erkennen. Sie besteht in dem ordnungshaften Wesenszug, der das Verhältnis zwischen dem Potentialen, dem Aktualen und dem Resultativen bestimmt. Doch dieses Verhältnis hat einen dynamischen Charakter und entbehrt jener Statik, die für die Weltordnung charakteristisch ist. Diesem Umstand muß man besondere Bedeutung zuerkennen, wenn ein Nachdenken über die Ordnung der epochalen Sinnsysteme zu der Einsicht geführt hat, daß die Grundzüge dieser Ordnung zusammen mit den ersten Anfängen des Universums hervorgetreten sein dürften.

Bemüht man sich um eine Würdigung dieses Sachverhalts, so kann das zu einer bedeutsamen Frage führen: Ob Ehrenfels nicht irrte, als er das Amphigene als den Kosmos deutete? Es weist keinerlei Zeichen von Selbständigkeit gegenüber dem Henogenen und dem Chaotogenen auf. Dasselbe gilt für das Resultative im Verhältnis zum Potentialen und Aktualen. Eher als unsere Welt erscheint es als ein Spiel. Zu ihm können sich wieder und wieder die Einheitskraft des Potentialen und die eine oder andere Kraft aus der einheitslosen Vielheit des Aktualen zusammenfinden. Es kann um seiner selbst willen in einer bestimmen Weise gespielt und folgenlos durch andere Spiele fortgesetzt werden. Das Spiel vollzieht sich offenbar *vor* der Weltschöpfung und *nicht als* diese.

Ehrenfels hat nicht berücksichtigt - übrigens wie andere vor ihm, die Gott und Natur gleichsetzten -, daß ein Hauptmerkmal der Welt ihre relative Unabhängigkeit vom Schöpfer ist. Eine solche zu denken, wäre er aber ohnehin nicht in der Lage gewesen, weil ihm seinerzeit, gleich nach der ersten Entdeckung der komponentialen Sinnstruktur, die Kenntnis der in dieser gründenden Variationen noch fehlten, die dann später von der komponentialanalytischen Forschung nach und nach entdeckt wurden. Zweien von ihnen kommt für die Möglichkeit, über das Urspiel hinaus zum Anfang der Welt zu denken, entscheidende Bedeutung zu: der komponentialen Gliederung innerhalb des Resultativen und den zwei Typen von Potential- und Aktualpriorität (die Ehrenfels beim Durchdenken seiner zwei Ansätze vor Augen hatte, aber als solche nicht erkannte).

Wenn die Welt im Rahmen der beschriebenen vorweltlichen Verhältnisse geschaffen worden ist, so müssen deren Wesenszüge in sie eingegangen sein; es gab ja nichts anderes, das in ihr hätte zur Wirkung kommen können. Ihre Eigenständigkeit zeigt jedoch an, daß sie bei ihrer Erschaffung aus der völligen Abhängigkeit herausgelöst wurde. Dieser Vorgang läßt sich am ehesten verstehen, wenn man an den der Geburt denkt. Bei ihm geht für das Kind die bisherige totale Angewiesenheit auf die Mutter über in einen Zustand bedingter Selbständigkeit. Eine völlige Autonomie ist für die Welt ebenso wenig möglich wie für das Kind, da sie nicht in sich selbst gründet.

Als Ort der Erschaffung der Welt ist nur der Bereich des Resultativen vorstellbar. In diesem erscheint mit der komponentialen Struktur ein repräsentatives Abbild des gesamten vorweltlichen Zusammenhangs. Da dies einen Wesenszug ausmacht, kann die Neuerung, die mit der Erschaffung der Welt eintrat, hieran nichts geändert haben. Ihr Ort muß also noch enger bestimmt werden.

Um ihn gedanklich klar erfassen zu können, kann es nützlich sein, zur Unterscheidung Ziffern zu benutzen. So mag man das Resultative, das aus den Urkräften des Potentialen und Aktualen unmittelbar hervorgeht, als „R1“ bezeichnen, das Resultative aber, das sich durch die komponentiale Gliederung innerhalb von R1 bildet, die Resultativkomponente, als „R2“. Für dieses R2 gilt, daß es mit Notwendigkeit aus der Grundverfassung der Urkräfte hervorgeht. Darum muß es im Verhältnis zu der Potential- und der Aktualkomponente das Verhältnis von R1 zum Potentialen und Aktualen genau abbilden. Eine Abweichung ist erst dann möglich, wenn keine Notwendigkeit zur Wiedergabe der Urverhältnisse mehr besteht. Das aber ist der Fall *innerhalb* von R2, bei seiner komponentialen Binnengliederung. Hier war es möglich, daß anstelle des Spiels die Welt entstand, die Welt als eine gegenüber den Schöpfungskräften bedingt eigenständige Wirklichkeit.

Die Denkbarkeit dieses Vorgangs eröffnet die durch die komponentialanalytische Forschung gewonnene Erkenntnis, daß die komponentiale Struktur in zwei verschiedenen Typen auftreten kann. Bei dem beschriebenen Bild des Schöpfungsspiels liegt die Initiative, die zum Resultativen drängt, beim Potentialen. Es besteht also Potentialpriorität. Das gilt für den Vorgang, der zu R1 führt ebenso wie für den, der, den ersten Vorgang abbildend, R2 erscheinen läßt. Bei der komponentialen Gliederung innerhalb von R2 aber konnte die Initiative dem Potentialen genommen und dem Aktualen übertragen werden. Komponentialtheoretisch bedeutet das einen Prioritätswechsel. Im Zeichen der Aktualpriorität konnte eine Struktur entstehen, die sich von den Urverhältnissen durch Seitenverkehrung unterscheidet. Sie löst sich aus dem direkten Einfluß der Schöpfungskräfte tatsächlich wie ein Kind bei der Geburt von seiner Mutter.(Vgl. Abb. 3)

Mir scheint, daß die Welt auf diese Weise entstanden ist. Eine Bestätigung für die Richtigkeit des Denkansatzes sehe ich in dem Umstand, daß angesichts einer im Zeichen der Aktualpriorität stehenden Welt das Böse denkbar wird, weil nun eine Wirklichkeit existiert, auf die eine Wirkung zerstörerischer Art ausgeübt werden kann. Bei früherer Gelegenheit habe ich versucht, diesen Sachverhalt zu entfalten.[64] Hier verzichte ich darauf und wende mich dem Positiven der Weltschöpfung zu.

Im Zeichen der Aktualpriorität war es möglich, daß ein Zusammenhang von großer Stabilität entstand. Zu dieser trug erheblich der Umstand bei, daß der Prozeß, der zur Bildung der Welt geführt hatte, in deren Aktualbereich nun gewissermaßen erstarrte. In der Studie „Selbstorganisation und

Gattungspoetik" suchte ich diesen Vorgang im Kapitel 9 „Über die Herkunft der PAR-Struktur" zu beschreiben. Dabei meinte ich zeigen zu können, daß er zur Begründung eines universalen Dominanzensystems führte.

Abb. 3

Die Eigenständigkeit der Welt

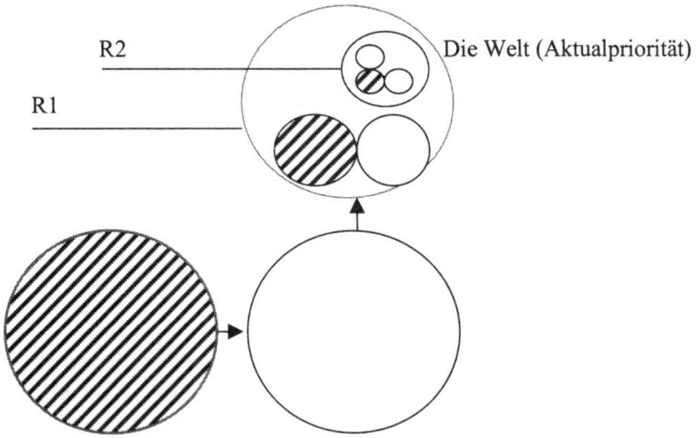

Die Urkräfte (Potentialpriorität)

Die Potentialkräfte, die dem derart beschaffenen Aktualen gegenübertraten, waren entsprechend den Bedingungen der Aktualpriorität zur Neuerung nur in der Weise des Antwortens fähig. Sie konnten Bestehendes reproduzieren. Qualitäten zu schaffen, die im Rahmen der Welt nicht schon enthalten waren, vermochten sie nicht. Die Welt ist also wesenhaft begrenzt, sie ist endlich.

Diese Verfaßtheit bringt es mit sich, daß die Kräfte, welche die Welt tragen, einen Kreislauf entstehen lassen. An ihm orientierten sich viele Weltdeutungen, angefangen von den in alten Kulturen im Zeichen der Großen Mutter vorgenommenen bis zu der Interpretation der Welt als Maschine durch die neuzeitliche Naturwissenschaft und der Wiederentdeckung der Großen Mutter im Namen von New Age. Auf im einzelnen sehr unterschiedliche Weise dürfte bei ihnen unbewußt immer jene Beschränkung des Blicks auf den Bereich des Quantitativen vorgenommen worden sein, den die neuzeitliche Naturwissenschaft ausdrücklich verlangte. Als Folge davon blieb verborgen, daß in der großen Rotation der Welt die Qualitäten des Potentialen, Aktualen und Resultativen mitwirken.

Diese Qualitäten wurden an einem Ort, der früher als die Welt selbst existent war, von Kräften geschaffen, die ich als die Urkräfte bezeichnete. Man könnte auch sagen: von Gott. Aber der Gott der Glaubenstradition ist mehr als diese Kräfte. Sie sind nur Aspekte von ihm. Indem die Welt durch diese Kräfte entstand, wurde sie aus derem Umkreis hinausgesandt. Die Welt ist ein Ausgesandter, ein Engel. Über ihre Eigenarten wäre noch viel zu sagen, zumal unter einer Berücksichtigung des Bösen. Aber dieses soll hier ausgeklammert bleiben.

Wenn die Welt an die ihr anerschaffenen Qualitäten gebunden ist, so bedeutet das auch, daß sie selbst keine weitere, durch andere Qualitäten geprägte Welt zu schaffen vermag. Soll es gleichwohl dazu kommen, so muß die neue Welt wieder von den Urkräften geschaffen und ausgesandt werden. Wir wissen, daß dies oft tatsächlich geschehen ist. Um den Kern des Universums wurden wieder und wieder Ringe mit neuartigen Qualitäten gelegt, die das Frühere aus sich selbst nicht hätte hervorbringen können. Die gewaltigsten Qualitätssprünge wurden bei der Erschaffung des Lebens und des Menschen vollzogen.

Sollten diese Welten von der Urwelt ähnlich unabhängig sein wie diese von den Urkräften, so mußten bei jeder die Potentialverhältnisse gegenüber der vorangegangenen umgedreht werden. Alle als Welten erscheinenden Engel grenzen sich voneinander ab nach dem Prinzip, das die komponential-analytische Forschung in der Mikrogeschichte entdeckte, nach dem Prinzip des Wechsels von Potential- und Aktualpriorität. Es ermöglicht jeder solchen Welt, jedem solchen Engel, die Eigenständigkeit, es zwingt zugleich immer zur Begrenztheit. Die Machtfülle eines jeden solchen Engels ist eine endliche.

Eine wichtige zusätzliche Bedeutung erlangt der Prioritätswechsel im Bereich der Geschichte der Menschheit. Hier bewirkt er auch, daß unter den Menschen abwechselnd die männlichen und die weiblichen Geisteskräfte bestimmend werden.[65]

Jede solche Welt hat einen Anfang, jede geht auf ein Ende zu. Darum ist sie notwendig in sich gegliedert durch eine Sequenz. Es ist jene Dreiersequenz, die, wie der Prioritätswechsel, in der Mikrogeschichte entdeckt werden konnte. Man darf diese nun auch als die Wachstumsphasen verstehen, in denen jeder Epochenengel sich entfaltet.

Auch diesem Ordnungsprinzip kommt in der Menschheitsgeschichte eine zusätzliche Bedeutung zu. Jeder Epochenengel eröffnet den Menschen eine Sinnmöglichkeit, die sie von sich aus in keiner Weise hätten erfinden können. Wenn sie ihnen zueigen werden soll, so ist dazu ein Lernprozeß nötig. Die Dreiersequenz ermöglicht diesen, indem sie anhält, den neuen Sinn zunächst zu markieren, dann zu visualisieren und schließlich zu konkretisieren.

Es war das Nachdenken über die Geschichte der Menschheit, was dazu führte, epochale Welten als Engel zu bezeichnen. Der Versuch, die Herkunft der epochalen Ordnung zu klären, hat nun zu der Annahme geführt, daß Engel schon seit dem Anfang der Welt existent und wirksam geworden sind.

Das bedeutet selbstverständlich, daß weitum im Kosmos und in der irdischen Natur Engel erwartet werden dürfen. Für die mechanistisch denkende Naturwissenschaft ist das barer Unsinn. Ihre Methodik ist gegen die Engel ähnlich verschlossen wie die Taubheit gegen Musik oder die Blindheit gegen Farbe. Aber sie hat heute längst nicht mehr das letzte Wort. Schon bevor es zur Wiederentdeckung der Engel kam, hat sich eine Abkehr von ihr vollzogen.

16. Zur Wiederkehr der Großen Mutter

In der Physik ist die mechanistische Denkweise zuerst entwickelt worden. In ihr wurde sie überschritten durch die Quantentheorie. Am entschiedensten hat den Schritt darüber hinaus Niels Bohr vollzogen. Mit der Deutung des Verhältnisses von Teilchen und Wellen entsprechend dem von Yang und Yin beschrieb er eine fundamentale Bezüglichkeit, welche aller Mechanik weit überlegen ist.

Das mechanistische Denken hatte bei vielen Menschen einen enormen Einfluß auch auf die praktische Lebensgestaltung ausgeübt und darüber hinaus auch die Grundvorstellungen vom Wesen der Welt geprägt. In dem Maße, in dem durch die Entdeckungen der Quantenphysik klar wurde, daß das Maschinenhafte nicht den tiefsten Grund der Welt ausmacht, mußte dieser nun neu thematisiert werden. Da die Begründer der mechanistischen Denkweise von ihren Vorgängern die Vorstellung übernommen hatten, daß die Ursache der Welt ein Schöpfungsakt Gottes sei, und diese durch die Ausbreitung des mechanistischen Denkens allmählich zurückgedrängt, ja fast zum Verschwinden gebracht worden war, wäre es plausibel gewesen, wenn sie nun wieder aufgegriffen worden wäre. Eine Folge davon hätte eine Wiederannäherung an die vom Christentum geprägte Denktradition und damit auch eine Wiederentdeckung der Engel sein können. Aber die meisten der führenden Physiker bevorzugten eine andere Weise der Überschreitung des mechanistischen Denkens. Der Hauptgrund dafür dürfte in ihrer Teilhabe an einer – vorwissenschaftlichen – Gesamtdeutung der Natur gelegen haben, welche von der in der christlichen Tradition vorausgesetzten abweicht.

In der Überlieferung der Christen gilt, daß die Natur ein Werk Gottes ist, das den Menschen ein eigenständiges, aber mit Gott verbundenes Leben ermöglichen soll. Durch das Eindringen des Bösen wurde die Möglichkeit zur Verwirklichung dieser Aufgabe nach christlicher Auffassung erheblich beeinträchtigt. Diese Einsicht führte nun keineswegs dazu, daß die Natur oder das Irdische selbst als das Böse gedeutet worden wären. Die Lehre von der Geburt des Sohnes Gottes als irdischer Mensch, von seinem irdischen Leben und Lehren, seinem irdischen Leiden und Sterben und von seiner leibhaften Auferstehung schrieb vielmehr dem Naturhaften die Fähigkeit zu, Träger eines das Böse überwölbenden Heils zu sein. Dabei wurde es einbezogen in die personalen Bezüge der Trinität und in den Zusammenhang der Heilsgeschichte. Für die Gemeinschaft der Christen erlangten dann die Repräsentationen ihres Glaubens durch irdische Zeichen wie z.B. bei der Taufe das Wasser oder beim Herrenmahl Brot und Wein eine fundamentale Bedeutung. Durch die Volksfrömmigkeit wurde die Einbeziehung der Natur ins Leben des Glaubens erheblich ausgeweitet, vor allem durch Feste und Wallfahrten. Sie standen immer im Zeichen des Gedenkens an das Wirken von Personen in der Heilsgeschichte und der Erwartung der künftigen Gemeinschaft der Menschen im Gottesreich.

Konstitutiv für die Naturdeutung der christlichen Tradition ist die der Natur zugesprochene Aufgabe der Repräsentation erstens von Bezügen zwischen Personen, göttlichen und menschlichen, kurz von *Personalität*, und zweitens von Ereignissen in der Geschichte des Heils, kurz von *Geschichte.*

Diese Deutung der Natur setzte sich in der Frühzeit des Christentums gegen eine andersartige durch, die sich im Einflußbereich polytheistischer Religionen gebildet hatte. In ihr waren personale Bezüge gleichfalls bedeutsam. Die Götter wurden als Personen gedacht: sie führten Namen, konnten ihren Willen kundtun und im Kult durch Bitten oder durch Dank angesprochen werden. Damit erlaubte der Bezug auf die Götter eine tiefere Entfaltung des Menschlichen als die früheren Kulte, in denen die göttlichen Mächte gesichts- und namenlos erschienen, eine personale Partnerschaft dem Menschen noch verwehrend. Der *Anonymität* war die polytheistische Religiosität also enthoben. Jedoch eröffnete sie den Menschen keine Möglichkeit, sich bewußt in den fortschreitenden Gang einer Geschichte des Heils einzugliedern. Der *Kreislauf*, der sich in der Natur vor allem an den Tages- und Jahreszeiten manifestiert, trat bei ihnen nicht in den Dienst eines höheren Geschehens, sondern stellte sich als oberste Instanz dar.

Aus Gründen, die noch genauerer Erforschung bedürfen, begann nun im Mittelalter die antike Götterwelt eine neue Anziehungskraft auszuüben. Gewiß hat dabei das Studium von Texten aus der Antike eine große Rolle gespielt. Eine wesentliche Verstärkung erfuhr dieses Tendenz denn auch mit der Geistesbewegung der Renaissance, welche die vorchristliche Antike ausdrücklich zum Vorbild erhob. Die Folgen zeigten sich zuerst bei den humanistisch Gebildeten, also bei den Gelehrten. Sie neigten mehr und mehr dazu, auch bei der Deutung der Natur die Antike zum Vorbild zu nehmen. Die Bindung der Natur an die Heilsgeschichte wurde in Gedanken gelöst, so daß nun das Moment des Kreislaufs wieder als maßgeblich erschien. Durchzusetzen vermochte sich diese Idee allerdings nur im Rahmen einer theoretischen Konstruktion. In der Lebenswirklichkeit kam es zu keiner Wiedergeburt der Antike, so sehr nun gerade auch die Künste sie beschworen, indem sie unermüdlich die antiken Götter darstellten. Diese Götterbilder gingen nicht ein in einen religiösen Kult. Sie vermittelten keine personalen Bezüge. Ihre wahre Bedeutung war die von bloßen Allegorien. So hatte die

Natur, auf die sie verwiesen, mit der antiken Religiosität zwar die Geschichtslosigkeit gemeinsam, nicht jedoch die personale Bezogenheit. Die Natur, die nach der Ablösung von der christlichen Deutung erlebt wurde, war jene uralte, die vor dem Beginn der Hochkulturen als die Große Mutter geherrscht hatte. Sie stellte das menschliche Leben wieder ins Zeichen der Anonymität. Die großen Naturforscher der Neuzeit trugen zwar anfangs die Idee des Schöpfergotts noch im Kopf, aber ihr Herz war wohl längst erfüllt vom Gefühl der großen Namenlosigkeit.

Als in der Zeit nach dem Ersten Weltkrieg die führenden Physiker das Rätsel des Quantensprungs zu lösen suchten und dabei ihrerseits einen Sprung vollzogen, einen, der sie über die mechanistische Theorie der Natur hinaustrug, trat ihnen nicht die christliche Naturdeutung vor Augen, sondern die humanistische mit den Hauptzügen der ungeschichtlichen Zyklik und der apersonalen Anonymität. Diese wurden denn auch in der von Niels Bohr entwickelten weltanschaulichen Interpretation durch das Prinzip der Komplementarität ausdrücklich sichtbar gemacht. Der Umstand, daß Bohr sich auf den Taoismus, und also auf eine aus einer Hochkultur hervorgegangene Tradition bezog, spricht nicht gegen die Anonymisierung. Im Modell von Yin und Yang dürfte eine weitaus ältere Tradition verarbeitet worden sein. Als Claude Lévi-Strauss den analogen Gedanken der Binarität entwickelte, standen ihm Kulturen vor Augen, deren Typus dem der Hochkulturen vorausging.

Der Physiker Fritjof Capra, der seit 1975 die weltanschauliche Deutung von Niels Bohr aufgriff und in viel diskutierten Büchern weiterentwickelte, bezog sich nicht auf den ethnologischen Strukturalismus und bekundete gleichwohl die Tendenz, hinter die Denkzusammenhänge der Hochkulturen zurückzugehen. In dem Buch „The Tao of Physics" von 1975 lag ihm noch ganz an einer Darstellung der „Konvergenz von westlicher Wissenschaft und östlicher Philosophie"[66]. In dem nächsten Buch „The Turning Point" von 1982 aber suchte er von der neuzeitlichen Wissenschaft aus einen Bezug auf noch ältere Bezüglichkeiten herzustellen. Bezeichnend für deren Eigenart ist die Widmung des Buches: „Den Frauen in meinem Leben gewidmet, / und ganz besonders meiner / Großmutter und meiner Mutter, für deren Liebe, Unterstützung / und Weisheit ich dankbar bin."[67] Capra ging nicht nur, wie schon mit dem Taoismus, ins Geschichtslose, sondern nun auch „zu den Müttern", ins Namenlose.

Es ist gewiß berechtigt, Capras Bücher mit den zwei gegenwärtigen gesellschaftlichen Bewegungen des New Age und des Feminismus zusammenzusehen. Wissenschaftsgeschichtlich erscheinen sie mir vor allem deshalb interessant, weil sie besonders deutlich erkennbar werden lassen, daß der Weg, der nach der Überschreitung des mechanistischen Denkens am nächsten liegt, einer ist, der in die Richtung zur Großen Mutter führt.

Eine Ankunft in deren Reich wird allerdings nur scheinbar möglich sein. Gerade bei Capra ist zu erkennen, daß man die Große Mutter heute nicht beschwören kann, ohne an die - ihr wesensfremde - Geschichte zu denken. Er nannte sein zweites Buch „The Turning Point", deutsch: „Wendezeit". Diesen Ausdruck übernahm er nach Ausweis seines Mottos aus dem Buch „I Ging". Darin hatte es eine ungeschichtliche, am Kreislauf der Natur orientierte Bedeutung: „Nach einer Zeit des Zerfalls kommt die Wendezeit. Das starke Licht, das zuvor vertrieben war, tritt wieder ein..."[68]. Capra selbst aber meinte mit Wendezeit keinen Vorgang, der immer wiederkehrt wie der Morgen nach der Nacht oder der Frühling nach dem Winter, sondern ein einzigartiges geschichtliches Ereignis: Nachdem durch den Einbruch des mechanistischen Denkens in die menschliche Kultur zum ersten Mal in der Geschichte die Gefahr menschlicher Selbstzerstörung enstanden ist, soll dank der Wendung zur Großen Mutter die Rettung eingeleitet werden. Im Untergrund von Capras Denken war das scheinbar längst überwundene heilsgeschichtliche Denken immer noch lebendig und wirksam.

Das mag durch privat-biographische Umstände mitbedingt sein. Dahinter aber dürfte ein sachlicher Grund stehen. Wie ich schon berichtet habe, sah sich Stephen Hawking durch die empirische Bestätigung der Existenz des Urknalls zu der Frage veranlaßt, wie die Physik die Ursache des Universums erforschen könne, und kam zu dem Ergebnis, daß es dazu grundsätzlich keine Möglichkeit gebe. Der daraufhin von ihm unternommene Versuch, durch die Erfindung der imaginären Zeit die reale Zeit zu entwirklichen und dadurch den Anfang des Universums zum Verschwinden zu bringen, ließ eine zeitlose und anonyme Macht vor Augen treten, die auch als die Große Mutter hätte bezeichnet werden können. Doch vermochte sich dieses Bild nur so lange zu halten, als man nicht bedachte, daß auch ein Physiker von der Geschichte nicht wirklich abzusehen vermag, zumindest nicht von der seines eigenen Faches.

Der Weg zurück zu der wiederentdeckten Großen Mutter ist uns versperrt, weil wir nicht dauerhaft zu leugnen vermögen, daß die Welt, in der wir leben, eine geschichtliche ist, eine von qualitativen Neuerungen mitgeprägte. Als solche ist sie wesenhaft auf eine Macht bezogen, zu deren Fähigkeiten es gehört, Qualitäten neuer Art hervorzubringen. Wenn die Grenzen der mechanistischen Denkweise erkannt sind (was auch dadurch geschehen kann, daß der Urknall als unübersteigbar begriffen wird), muß nach einer Möglichkeit gesucht werden, die Natur geschichtlich zu denken. Damit hat Rupert Sheldrake begonnen. Allerdings wurde dies in der von ihm ausgelösten Diskussion vielfach wenig oder gar nicht berücksichtigt.

17. Die morphischen Felder als Seelen

Sheldrakes Grundthese besagt, daß die Formen in der Natur von der neuzeitlichen Naturwissenschaft noch nie erklärt worden sind und auch gar nicht erklärt werden konnten, weil sie in immateriellen morphischen Feldern gründen. Mit Formen meinte er sowohl die Gestalten von Organismen als auch die Muster von Verhaltensweisen. Der in der These enthaltene Einwand gegen die gesamte Naturwissenschaft der Moderne ist derart gravierend, daß man meinen möchte, er habe heftigen Widerspruch auslösen müssen. Aber eigentümlicherweise scheint dies nicht der Fall gewesen zu sein. Ich kann mir dies nur durch die Annahme erklären, daß niemand sah, wie Sheldrake in diesem Punkt zu widerlegen wäre. Die Diskussion entzündete sich an dem zweiten Punkt der These, die den von der neuzeitlichen Naturwissenschaft für den Materialismus erhobenen Absolutheitsanspruch in Frage stellt. Allerdings hat Sheldrake ihn auf zweierlei Weisen begründet, und wenn ich recht sehe, so wurde nur eine ernsthaft diskutiert. Anscheinend stumm hingenommen hat man den Hinweis, daß Einstein von den zuerst im elektromagnetischen Bereich entdeckten Feldern gezeigt hatte, daß sie nicht mit Materie gefüllt sind, sondern aus leerem Raum bestehen. Der Sachverhalt war ja allgemein bekannt, nur hatte wohl noch niemand zu sagen gewagt, daß leerer Raum ein Loch in der materiellen Welt darstellt. Zur eigentlichen Streitfrage wurde das zweite Argument, das besagt, in der Vergangenheit sei die Ausbreitung einer besonderen Verhaltensform von Tieren beobachtet worden, bei denen eine materielle Beziehung nicht bestanden haben kann. Sheldrake erklärte diese Vorgänge durch die Hypothese von der Existenz einer von einem morphischen Feld ausgelösten „morphischen Resonanz“, einer Resonanz, die nicht an die energetische Vermittlung gebunden ist, und beschrieb Möglichkeiten ihrer experimentellen Erprobung.

Bei der Durchführung entsprechender Experimente konnte die Geschichte als Bereich qualitativer Neuerungen nicht Thema werden. Sheldrake selbst betonte, daß morphische Resonanz nur auftrete, wenn ein bestimmtes morphisches Feld schon existiert, weswegen bei Untersuchungen zur morphischen Resonanz die Frage nach der Entstehung von Feldern ausgeklammert werden müsse. Überdies machte er die Erkenntnis von morphischen Feldern keineswegs von der Anwendung einer geschichtsbezogenen Denkweise abhängig. Als Michael Faraday entdeckte, daß Magneten dann, wenn man Elektrizität in sie induziert, ein Feld entfalten, das z.B. durch ausgestreute Eisenfeilspäne sichtbar werden kann, stieß er zwar Sheldrake zufolge auf einen Sachverhalt, der in der Geschichte des Nachdenkens über die Natur immer wieder hoch bedeutsam geworden war, der aber von sich selbst her nicht auf Geschichte verweist.

Möglicherweise wurde Sheldrake auf diesen Sachverhalt durch den Umstand aufmerksam, daß der frühgriechische Philosoph Thales dem Magneten eine „Seele“ zugesprochen hat. Damit war selbstverständlich nicht das gemeint, was später christliche Theologen vor Augen hatten, wenn sie von den Menschen, die ihrer Auffassung nach Gott zu seinem Ebenbild erschaffen hatte, sagten, sie besäßen eine „unsterbliche Seele“. Für Thales war Seele die Lebendigkeit. Es erschien Sheldrake nun bedeutsam, daß Lebendigkeit in vielen Kulturen der gesamten Natur zugesprochen wurde, im Abendland lange auch durch die Wissenschaftler.

„In den meisten Kulturen gehören die überlieferten Anschauungen über das Leben der Natur zu den selbstverständlichen Grundannahmen. Doch bei den alten Griechen geschah es erstmals in Europa, daß diese Selbstverständlichkeit erörtert und explizit formuliert wurde. Das von den griechischen Philosophen gezeichnete Bild stellt die Natur als lebendigen Organismus dar, und diese Vorstellung prägte auch das Naturbild des Mittelalters. Wenn auch die Einzelheiten stets umstritten waren, war doch der Animismus von zentraler Bedeutung im griechischen Denken. Die großen Philosophen betrachteten die Natur als lebendig, weil sie in ständiger Bewegung war. Diese Bewegungen waren zudem regelmäßig, ließen eine Ordnung erkennen, und so galt die Natur nicht nur als lebendig, sondern auch als intelligent – ein ungeheuer großes Lebewesen, das ein Seele besaß und mit Geist begabt war.“[69]

Als beseelt wurden auch Naturphänomene angesprochen, die uns als unbelebt gelten, wenn beobachtet werden konnte, daß von ihnen eine organisierende Kraft ausgeht. Das galt seit Thales in besonderm Maße vom Magneten.

„Man nahm an, eine unsichtbare Wirkkraft breite sich um den Magneteisenstein aus und könne Materie bewegen. Diese unsichtbare bewegende Kraft war eine Seele, nicht Materie, und so besaßen Magneten, aber auch Dinge wie Bernstein, die sich durch Reibung elektrisch aufladen, eine Seele. Wie die Seele der Pflanzen und Tiere sich im Tode von der Materie löste, so konnten auch Magnete und elektrische Körper ihre Kraft verlieren und waren dann wieder unbeseelt. Ein Magnet konnte aber auch seine Anziehungskraft auf ein Stück Eisen übertragen, und dieser neue Magnet behielt dann seine Kraft für eine Weile. Die magnetische Seele übertrug sich also ebenso, wie das Lebensprinzip der Pflanzen und Tiere auf die Nachkommen übergeht.“[70]

Diese Vorstellung verlor ihre Gültigkeit in dem Maße, in dem während der Neuzeit die Überzeugung sich durchsetzte, daß die Natur den Charakter nicht eines Lebewesens, sondern einer Maschine habe. Eine Revision dieser Auffassung setzte nun aber nach Sheldrake mit der Entdeckung des Phänomens „Feld“ ein. Wie zuerst bei Faraday, so wurde er in der Folge gerade auf solche Naturerscheinungen angewandt, denen früher eine Seele zugesprochen worden war.

„In der ersten Hälfte des 19. Jahrhunderts stellte Michael Faraday Forschungen zur Frage der Beziehung zwischen elektrischen und magnetischen Phänomenen an. Diese Arbeit erfolgte im Rahmen des ehrgeizigen Bestrebens, die gesamte physikalische Wirklichkeit anhand einer einzigen, überall im Raum wirkenden Kraft zu erklären. Anstatt die Kräfte von der Materie her zu erklären, wollte er die Materie auf konvergierende Kräfte zurückführen. In diesem Sinne sind Einsteins Feldtheorien und die heutigen Bemühungen um die Theorie eines einheitlichen Ur-Feldes eine Weiterentwicklung jener großen Vision, die Faraday, Vater des wissenschaftlichen Feldbegriffs, antrieb. Er füllte mit seiner Arbeit das Vakuum aus, das die

> mechanistische Revolution des 17. Jahrhunderts hinterlassen hatte, nachdem sie die Seele des Alls und aller Einzeldinge einfach abgeschafft hatte. In der weiteren Geschichte der Naturwissenschaft wurde der Feldbegriff allmählich auf alle Phänomene ausgedehnt, die man einst anhand der Seele erklärt hatte."[71]

Sheldrake hielt sich für berechtigt, die von ihm vertretene These von der Immaterialität der Felder mit jener großen Bewegung in der Naturwissenschaft zusammenzusehen, welche die Überwindung des mechanistischen Denkens anstrebt. So stellte er sich ausdrücklich an die Seite von James Lovelock, dessen „Gaia-Hypothese" besagt, daß die Biosphäre eine Wesenheit ist, die sich selbst reguliert, dadurch gesund erhält und so als lebendig erweistl[72]. Ähnlich konnte er Fritjof Capra zustimmen, insofern dieser gleichfalls einen großen Zusammenhang des Lebens in der Natur postuliert. Nicht anders als Capra sah er dabei von der Geschichtlichkeit völlig ab. Wie dieser hob er Gegebenheiten der Natur hervor, die sie im Zeichen der Großen Mutter erscheinen lassen. In besonderem Maße war dies der Fall in dem 1990 erschienenen Buch „The Rebirth of Nature". Aber im selben Buch machte er auch darauf aufmerksam, daß über der Verehrung einer Mutter nie der Vater vergessen werden dürfe.

> „Wenn die Natur die Große Mutter ist und es keinen Vater gibt, dann existiert eigentlich nur das weibliche Prinzip. Ein Bild, das nur eine allmächtige Große Mutter zeigt, ist ebenso unausgewogen wie eins, aus dem nur ein allmächtiger Vater zu sehen ist. Auch wenn Sexisten beiderlei Geschlechts vielleicht Gefallen an der Idee des kosmischen Primats ihres eigenen Geschlechts finden, die Metaphern von Mutterschaft und Vaterschaft lassen eine solch einseitige Sicht nicht zu. Und wenn manche behaupten, alles komme von der Mutter, und andere dagegenhalten, alles komme vom Vater, dann sollte eigentlich die Schlußfolgerung naheliegen, daß alles von beiden kommt. Und das ist ja auch in weiten Teilen der Welt die traditionelle Auffassung. Wenn die Erde das Reich der Mutter ist, ist der Himmel das Reich des Vaters, und alles Leben hängt von ihrer gegenseitigen Beziehung ab. Oder wenn das weibliche Prinzip der kosmische Energiestrom ist, dann ist das männliche Prinzip der Ursprung von Form und Ordnung."[73]

Die alten Kulturen, welche die Große Mutter verehrten, haben ein männliches Prinzip nicht übersehen. Sie pflegten es im Bild des Stiers darzustellen (so schon um 6 500 v.Chr. in Çatal Hüyük). In den Hochkulturen, und vor allem in der griechischen Metaphysik, hat das Männliche dann auch eine höhere Repräsentanz gefunden. Diese besteht in dem, was Sheldrake „Form und Ordnung" nannte. Mit dieser Formulierung akzeptierte er ein Denkmuster, das einst von der Metaphysik geprägt und dann von der neuzeitlichen Naturwissenschaft übernommen worden war. Dabei vergaß er jedoch gewiß nicht seine Grundthese, wonach diese Wissenschaft sich als unfähig erwiesen hatte, gerade das Moment der Form wirklich zu erklären. Darum konnte für ihn das im klassischen Formbegriff gemeinte männliche Prinzip nur eine vorläufige Bedeutung haben. Der Vater, auf den er die Mutter

Gaia des 20. Jahrhunderts beziehen konnte, mußte noch etwas anderes sein als der λογοσ, wie die Metaphysik ihn meinte.

18. Das Problem der gestaltbildenden Verursachung

Sheldrake widmete sein erstes Buch dem Benediktinerpater Bede Griffiths. In dessen Ashram bei Haiderabad hatte er eineinhalb Jahre gewohnt und dabei den ersten Entwurf dieses Buches verfaßt. Der Pater hatte entscheidend dazu beigetragen, daß ihm, der sich in seiner Jugend vom Christentum abgewandt hatte, eine Rückkehr zur Religion seiner Kindheit möglich wurde. Damit war ihm jener Vatergedanke wieder bedeutsam geworden, den Jesus in seinen Gleichnissen beschrieben hatte. Das wird auf sein Denken Einfluß gehabt haben. Aber er war nie der Meinung, daß man wissenschaftliche Hypothesen mit Glaubensüberzeugungen auf befriedigende Weise begründen könne. So legte er der Öffentlichkeit Hypothesen nur dann vor, wenn er über Argumente zu ihrer Begründung verfügte, die jedermann, unabhängig von seinen außerwissenschaftlichen Überzeugungen, zu überprüfen in der Lage ist. Das gilt auch, und sogar in besonderm Maße, für seine Aussagen zu dem männlichen Prinzip, das dem Gaia-Prinzip gegenüberstehen könnte.

Der 1997 erschienene Band „Rupert Sheldrake in der Diskussion" wird durch einen Trialog zwischen den beiden Herausgebern und Sheldrake beschlossen. Gegen dessen Ende faßte Sheldrake seine wissenschaftliche Intention folgendermaßen zusammen:

> „Meine Hypothese und der Untertitel meines ersten Buches ist die Hypothese der formbildenden Verursachung. Dies ist meine Hauptthese.
>
> Mein Hauptziel besteht darin zu zeigen, daß ein formbildender Einfluß in der Natur am Werk ist, der die Eigenschaft hat, sich entwickelnde Organismen, Gesellschaften, die geistige Tätigkeit und so weiter zu gestalten, und daß er ein immanentes Gedächtnis hat. Dies ist meine Hypothese in ihrer allgemeinsten Form.
>
> Um ihr sodann eine klarere Struktur zu geben, entwickelte ich die Idee der morphischen Felder, die in der Biologie auf der Idee der morphogenetischen Felder und der morphischen Resonanz als der Basis des Gedächtnisses beruht. Ich hänge nicht so sehr an der Idee der morphischen Felder und der morphischen Resonanz wie an der Idee der formbildenden Verursachung mit einem immanenten Gedächtnis."[74]

Im selben Band ist Sheldrakes Ausdruck „morphic causation" gelegentlich mit „gestaltbildende Verursachung" (statt „formbildende") übersetzt worden. Mir scheint, daß damit das von Sheldrake Gemeinte genauer angezeigt wird als durch seine eigenen Worte; denn „morphic" läßt anμορφη und damit an den metaphysischen Begriff von Form denken, während der Begriff „Gestalt" über ihn hinausgeht. Sheldrake selbst blickte von Anfang an über die Metaphysik hinaus, weil er sich auf nicht zeitlose Formen, sondern geschichtlich gewordene Gestalten bezog. Von den „Formen", von denen er sagte, daß sie durch die neuzeitliche Naturwissenschaft nie erklärt worden seien, wußte er – wie jeder zeitgenössische Biologe -, daß sie einmal entstanden sind und also nicht immer schon existierten.

Nun verfügt die Biologie über eine Hypothese, welche das Werden in der Natur erklären soll, und sie war derart erfolgreich, daß sie zu etwas wie einem kulturellen Gemeinbesitz geworden ist: Darwins Lehre von der Evolution. In Sheldrakes Grundthese ist jedoch die Auffassung enthalten, daß diese Lehre ihrem Anspruch nicht wirklich gerecht wird. Sheldrake rechtfertigte seine Skepsis mit Hinweisen sowohl auf empirische Sachverhalte als auch auf theoretische Argumente.

Darwins Hypothese ist zweigeteilt. Sie besagt zunächst, daß bei Umweltveränderungen diejenigen Exemplare einer Art am ehesten zu überleben und Nachkommen zu erzeugen vermögen, die aufgrund ihrer zufälligen individuellen Eigenschaften den neuen Bedingungen am besten angepaßt sind. Sodann besagt sie, daß dieser Vorgang der Selektion nach und nach zu einer Veränderung der ganzen betroffenen Art führt und daß diese so weit geht, daß schließlich eine neue Art entsteht. Sheldrakes Kritik bezog sich auf den zweiten Teil der Theorie. Wäre er richtig, so müßten bei größeren Umweltveränderunge alle von ihnen betroffenen Arten in einen Wandlungsprozeß hineingedrängt worden sein. Außerdem müßten, da diese Prozesse nur sehr langsam vor sich gehen konnten, regelmäßig eine Vielzahl von Artmischungen zustande gekommen sein, da sich die Lebewesen ja von einer ersten Art langsam entfernten und sich der neuen Art ebenso langsam annäherten. Diese notwenigen Implikationen der Theorie können empirisch überprüft werden, und zwar durch die Forschungsergebnisse der Paläoontologie. Das ist geschehen, und das Ergebnis war völlig negativ. Sheldrake zitierte dazu den Paläoontogen Steven M. Stanley:

> „Die fossilen Zeugnisse – eine reiche und lange Zeit kaum genutzte Informationsquelle - zwingen uns heute, den überkommenen Evolutionsbegriff zu revidieren. Es zeigt sich nämlich, daß zahllose Arten die Erde für Millionen von Jahren bewohnt haben, ohne sich merklich zu entwickeln. Auf der anderen Seite hat es große evolutionäre Neuerungsperioden gegeben, in denen neue Arten sehr rasch aus alten hervorgingen. Kurzum, die Evolution vollzieht sich in Schüben und Sprüngen."[75]

Die theoretische Prüfung muß von der Voraussetzung ausgehen, daß eine neue Art von Lebewesen jeweils ein neuartiges Ganzes ist. Sie verlangt den gedanklichen Aufweis, wie aus Einzelteilen, die existierten, bevor ein neues Ganzes hervortrat, und die deshalb auf dieses noch nicht bezogen waren, doch ein solches entstehen konnte. Die Bemühungen darum verlaufen notwendig negativ. Denn jeder Versuch, den Bezug eines Teils auf ein ihm übergeordnetes Ganzes zu denken, setzt die Existenz des Ganzen voraus. Sheldrake schrieb:

> „Das Auftreten neuer Organisationsmuster – also etwa neuer Arten von Kristallen oder neuer Klassen von Lebewesen, zum Beispiel der Säugetiere (...) – geht mit dem Auftreten neuer morphischer Felder einher. (...) <Das> Erscheinen eines neuen Feldes <bedeutet> zwangsläufig einen Sprung, eine Diskontinuität (...). Solche Felder sind Ganzheiten, und eben weil sie nicht in Teile zerlegbar sind, müssen sie plötzlich erscheinen. Ganzheiten jeder Größenordnung können nur ganz oder gar nicht existieren wie die Quanten der Physik; es liegt in ihrer Natur, daß sie nicht nach und nach ins Sein treten können.“[76]

Denselben Gedanken hatte bereits 1973 der Biologe Konrad Lorenz entwickelt (den Sheldrake hierzu jedoch nicht zitierte). In seinem Fall ist dies um so bemerkenswerter, als Lorenz noch wenige Jahre zuvor die Position der Neodarwinisten mit großer Entschiedenheit vertreten hatte[78]. Jetzt wies er darauf hin, daß eine Korrektur der Evolutionstheorie vor allem deshalb schwierig ist, weil ihr zentraler Begriff die Wahrheit zudeckt.

> „Wenn man versucht, den Vorgang des großen organischen Werdens zu schildern und dabei dessen Natur gerecht zu werden, so findet man sich immer wieder dadurch behindert, daß der Wortschatz der Kultursprachen zu einer Zeit entstand, in der die Ontogenese, d.h. das individuelle Werden der Lebewesen, die einzige Art von Entwicklung war, die man kannte. Die Wörter Entwicklung, Development, Evolution usw. besagen ja etymologisch alle, daß sich etwas entfaltet, das schon vorher in eingewickeltem oder zusammengefaltetem Zustande vorhanden gewesen war, wie die Blume in der Knospe oder das Hühnchen im Ei. Auf diese ontogenetischen Vorgänge treffen die genannten Ausdrücke in befriedigender Weise zu. Sie versagen aber geradezu kläglich, wenn man versucht, dem Wesen des organischen Schöpfungsvorganges gerecht zu werden, das eben darin besteht, daß immer wieder etwas völlig Neues in Existenz tritt, etwas das *vorher einfach nicht da war.*“[78]

Lorenz hielt es für ratsam, ja geradezu notwendig, den irreführenden Begriff „Evolution“ im Hinblick auf die Phylogenese zu ersetzen. Nachdem er verschiedene Alternativen verworfen hatte, entschied er sich schließlich zu einem bemerkenswerten Vorschlag.

> „Theistische Philosophen und Mystiker des Mittelalters haben für den Akt einer Neuschöpfung den Ausdruck 'Fulguratio', Blitzstrahl, geprägt. Sie wollten damit zweifellos die unmittelbare Einwirkung von oben, von Gott her, zum Ausdruck bringen. Durch einen etymologischen Zufall, wenn nicht aufgrund tieferer unvermuteter Zusammenhänge, trifft dieser Terminus den Vorgang des In-Existenz-Tretens von etwas vorher nicht Dagewesenem viel besser als alle die vorerwähnten Ausdrücke.“[79]

Durch eine Übernahme des Begriffs der „Fulguration" kann dem verhängnisvollen Denkfehler entgegengewirkt werden, der bei der Benutzung des Begriffs „Evolution" nahezu unvermeidlich ist. Allerdings kann man ihn als unbequem empfinden. Während „Evolution" an einen Prozeß denken läßt, der sich wie von selbst vollzieht, verweist „Fulguration" auf eine Kraft, die den angesprochenen Blitzstrahl hervorbringt, und so übernimmt man mit seinem Gebrauch die Aufgabe, diese Kraft zu identifizieren. Andererseits reicht der bloße Nichtgebrauch des neuen Begriffes nicht aus, um eine Zurückweisung dieser Aufgabe zu rechtfertigen. Der Begriff weist nur auf sie hin, aber entstanden ist sie auch ohne ihn. Rupert Sheldrake, der diesen Begriff nicht benutzte, hat sie mit der gleichen Klarheit erkannt wie Konrad Lorenz. Sie ist aus der Erkenntnis hervorgegangen, daß die Form oder – besser – die Gestalt eines Lebewesens den Charakter einer Ganzheit hat und also aus denjenigen Teilen, die schon vor der Entstehung der jeweiligen Gestalt existierten, nicht erklärt werden kann. Sheldrakes Urfrage nach der gestaltbildenden Verursachung blickt in dieselbe Richtung wie der in dem Begriff „Fulguration" enthaltene Verweis.

Lorenz schloß 1973 nicht aus, daß vielleicht noch „unvermutete Zusammenhänge" entdeckt werden könnten, die zeigen würden, daß als Ursache der Blitzschläge dieselbe Macht zu denken sei, die einst die mittelalterlichen Mystiker meinten, nämlich Gott. In dem zehn Jahre später erschienenen Buch „Der Abbau des Menschlichen" – das sein letztes bleiben sollte – nutzte er ein Nachwort, um die Meinung zu beschreiben, die er sich inzwischen hierzu gebildet hatte. Dabei nahm er offenbar auch Stellung zu der Frage von Lesern des Buches von 1973, warum er den Namen „Gott" vermieden habe. Er schrieb:

> „Ich fühle mich gedrängt, ein Nachwort zu schreiben, das sich an alle jene richtet, die den Vertreter der evolutionären Erkenntnistheorie für einen krassen Materialisten halten, weil er das Wort 'Gott' nicht ausspricht. In den Zehn Geboten heißt es: Du sollst den Namen Gottes nicht eitel nennen. Ich empfinde eine tiefe Hemmung, ihn überhaupt zu nennen; im Besonderen empfinde ich immer wieder die Anwendung des männlichen persönlichen Fürwortes als eine beinahe lästerliche Anmaßung, selbst wenn man dies mit zwei großen Buchstaben schreibt! Ich empfinde es ebenso als eine solche, wenn jemand – und sei es noch so naiv und ehrfurchtsvoll - von einer 'Begegnung mit Gott' spricht."[82]

Ergänzend bemerkte Lorenz, daß er sich damit keineswegs gegen den Gottesglauben aussprechen wolle. Für den Menschen sei er, wenn er auch in Widersprüche führe, immer noch besser als der nihilistische Unglaube.

> „Wer an einen Gott glaubt (...), weiß immerhin mehr über das Wesen des Kosmos als jeder ontologische Reduktionist. Auch der naivste Monotheist, der sich den lieben Gott als Vaterfigur vorstellt, ist gegen Wertblindheit gefeit. Selbst wenn er glaubt, daß sein Allmächtiger und Allwissender letzten Endes alles zum Guten hinausführen

werde, kann er die satanischen Fehlentwicklungen der heutigen Zeit nicht übersehen. Schlimmstenfalls wird er an der Allmacht Gottes zweifelnd werden, weil er die Existenz des Bösen allüberall vor Augen geführt bekommt."[81]

Lorenz fühlte sich außerstande, die Ursache der Fulgurationen als Gott zu bezeichnen, weil seine Idee von Gott zusammenfiel mit der Idee von Allmacht und Allwissenheit und diese es seiner Ansicht nach nötig machte, für die Geschichte der Fulgurationen ein „wohldurchdachtes Konzept" anzusetzen, „nach dem sich die Entwicklung im Gang durch die Jahrmillionen von Stufe zu Stufe folgerichtig entfaltet hätte"[82]. Ein solches Konzept hat es jedoch offensichtlich nicht gegeben. Der Weg des Artenwandels verlief immer wieder im „Zickzack"[83] und bisweilen führte er auch in „Sackgassen"[84]. Festzustellen war also:

„Was immer die schöpferische Kraft sein mag, die nie dagewesenes Höheres aus niedrigeren Wesen entstehen läßt – sie schafft aus dem Stegreif!"[85]

Die Gottesvorstellung, die Lorenz mit dem Befund der Geschichte der Natur nicht zusammenzudenken vermochte, hielt er für die christliche. Dabei bedachte er nicht, daß die Allmacht Gottes in der christlichen Lehre ergänzt und überwölbt ist durch die Deutung des Wesens von Gott als Liebe. Eine Gottesidee, in der nicht die - immer mit Freiheit verbundene – Liebe maßgeblich ist, sondern die pure Durchsetzungsfähigkeit, wurde erst in der neuzeitlichen Naturwissenschaft im Zuge der Entwicklung des mechanistischen Denkens begründet. Lorenz wandte sich gegen diese und meinte, daß er sich damit von der christlichen Lehre distanziere.

Sheldrake teilte die Ablehnung der Idee von Gott als dem Maschinenbauer, erkannte aber mit großer Klarheit ihre Herkunft aus der mechanistischen Naturwissenschaft und erklärte darum, daß nach dem Wandel in der Naturwissenschaft nicht der Gedanke des christlichen Gottes, sondern diese Idee unhaltbar geworden sei.

„Über die alte Kosmologie der Weltmaschine, mit oder ohne göttlichen Maschinisten, ist die Naturwissenschaft sebst mittlerweile hinweggegangen. Das schafft einen völlig neuen Kontext für die Frage nach der Beziehung zwischen Gott und Natur: Wenn der Kosmos in seiner Gesamtheit eher ein sich entwickelnder Organismus ist als eine ewige Maschine, dann hat der Gott der Weltmaschine ganz einfach ausgedient."[86]

Während für das mechanistische Denken alle jene religiösen Sitten, Gebräuche, Kulte, welche – oft auf uralten Traditionen beruhend - eine Lebendigkeit der Natur voraussetzen, als primitiv, abergläubisch, überholt erschienen, stellen sie sich jetzt als Ausdrucksformen einer tiefen Wahrheit dar.

> „Heute allerdings ist es für mich eher eine Stärke als eine Schwäche des Christentums, daß es in animistischer Naturerfahrung wurzelt und mythische Themen ihm nicht fremd sind. Archetypische Strukturen unseres kollektiven Gedächtnisses werden hier einbezogen und transformiert. Mir scheint sogar, daß die christliche Religion weitgehend unverständlich bleibt, wenn wir ihren mythologischen und 'primitiven' Hintergrund nicht in die Betrachtung einbeziehen".[87]

Angeregt durch den Theologen Matthew Fox, machte sich Sheldrake allerdings klar, daß in der christlichen Tradition auch eine andere Tendenz wirksam war. Seit Augustinus war es üblich geworden, die Natur und die Gnade (gemeint als die Gegenwart Gottes beim Menschen) als Gegensätze zu deuten. In Dialogen mit Fox, die unter dem Titel „Natural Grace" 1996 veröffentlicht wurden, suchte Sheldrake zur Entkräftung dieser Auffassung beizutragen. In pointierter Weise stellt sich dieses Buch an die Seite jener Theologen, die sich immer schon zugunsten einer Verbindung von Natur und Gnade aussprachen, indem sie darauf abhoben, daß die Gnade die Natur voraussetze. Im übrigen nimmt es die oben schon beschriebene Vorstellung auf, daß es eine „anima mundi" gebe, daß die organische Natur aufgrund ihrer Lebendigkeit beseelt sei und daß Beseeltheit sogar in der anorganischen Natur entdeckt werden könne. Es führt diese Vorstellung jedoch weiter, indem es die Beseeltheit der Natur in Bezug setzt zu geschichtlich wirkenden, gestaltbildenden Ursachen, die zusammenfassend als „Gnade" bezeichnet werden können.

Bei der Suche nach einer genaueren Deutung dieser Ursachen war Sheldrake frühzeitig auf den Biologen Alfred Russel Wallace aufmerksam geworden, der zugleich mit Darwin den Gedanken gefaßt hatte, daß bei sich ändernden Umweltbedingungen die Selektion der am besten angepaßten Exemplare die Erhaltung der Art ermöglicht. Wallace war dann in der Öffentlichkeit hinter Darwin zurückgetreten, als er erfuhr, daß dieser sich mit dem Problemkomplex schon sehr viel länger befaßt hatte als er. Für die Öffentlichkeit wäre er auch ohnehin weniger interessant gewesen als Darwin, weil er im Gegensatz zu diesem nicht behauptete, daß derselbe Mechanismus, der die Erhaltung einer Art ermöglicht, auch die Schaffung einer neuen bewirkt. Darwin verdankte seine unerhörte öffentliche Wirkung ja vor allem diesem Denkfehler. Da Wallace ihm nicht verfiel, fühlte er sich veranlaßt, nach einer Alternative Ausschau zu halten. Sheldrake schrieb bereits in dem Buch „The Presence of the Past" von 1988:

> „Alfred Russel Wallace entdeckte unabhängig von Darwin die natürliche Auslese und erkannte ihre Bedeutung. Er gelangte jedoch zu der Überzeugung, daß der von Darwin benannte Mechanismus für die Erklärung der Evolution des Lebens nicht ausreicht. Sein letztes Buch trug den Titel: *The World of Life. A Manifestation of Creative Power, Directive Mind and Ultimate Purpose* (1911). Darin vertrat er die

Ansicht, daß 'höhere Intelligenzen' die Hauptlinien der Evolution nach bewußten Absichten oder Zwecken festgelegt hätten.
Dies veranlaßt uns, Entitäten zu postulieren, die man organisierende Geister nennen könnte; ihnen obliegt die Pflicht, die Myriaden Zell-Seelen so zu beeinflussen, daß sie ihren Teil des Gesamten genau und zielsicher ausführen können... Auf höheren Entwicklungsstufen der lebendigen Welt mögen mehr und vielleicht auch höhere Intelligenzen erforderlich sein, um den Hauptlinien der Variation in Übereinstimmung mit den zu verwirklichenden Grund-Plänen ihre defintive Richtung zu geben... Eine Vorstellung dieser Art – von Macht nämlich, die an Wesen eines sehr hohen und an andere Wesen eines sehr niedrigen Grades von Leben und Intelligenz delegiert wird -, erscheint mir weniger weit hergeholt und unwahrscheinlich als der Gedanke, daß die unendliche Gottheit nicht nur den gesamten Kosmos ersonnen habe, sondern daß er selbst allein die bewußt wirkende Kraft sei in allen Zellen aller Lebewesen, die jetzt sind oder jemals waren."[88]

Wie Lorenz, nachdem er ihm der fundamentale Fehler in Darwins Erklärung der Neuerungen in der Stammesgeschichte deutlich geworden war, zunächst an Gott als mögliche Ursache gedacht hatte, so offenbar auch Wallace. Als sich auch ihm gedankliche Schwierigkeiten zeigten, erinnerte er sich jedoch daran, daß in der christlichen Tradition ja auch von überirdischen Kräften die Rede ist, die im Auftrag von Gott tätig werden, ohne mit der Fülle seines Wesens identisch zu sein. Wallace bezeichnete sie als „organisierende Geister". Er meinte mit ihnen – Engel. Im Jahr 1996 griff Sheldrake diesen Gedanken auf und entwickelte ihn weiter.

19. Die Neuerungen in der Natur und die Engel

Das Buch „The Physics of Angels" besteht wie „Natural Grace" vorwiegend aus Dialogen, die Sheldrake mit dem Theologen Matthew Fox führte. Die Gesprächspartner hatten sich entschieden, sich auf drei große Engellehren zu beziehen. Die erste von Dionysus Pseudo-Areopagita stammt aus dem 6. Jahrhundert, die zweite von Hildegard von Bingen aus dem 12. und die dritte von Thomas von Aquin aus dem 13. Jahrhundert. In den Dialogen brachte Fox außer spezifischen theologischen Interessen die Kenntnisse des Fachgelehrten ein, während Sheldrake der Frage nachging, wie weit sein naturwissenschaftliches Problem der gestaltwirkenden Verursachung durch einen Bezug auf den Gedanken der Engel erhellt werden könne. Ich werde mich im folgenden auf die Überlegungen von Sheldrake konzentrieren.

Für einen Forscher war es natürlich ungewöhnlich, sich die Lösung von Problemen, auf die er in er Natur gestoßen war, durch einen Bezug auf Engel zu erwarten. Aber als indiskutabel mußte das nur solchen Wissenschaftlern erscheinen, die an dem Glauben festhielten, daß einzig Materielles existent und alles Existierende materiell sei. Dieses Dogma hatte nun für Sheldrake seine Vertrauenswürdigkeit verloren, weil die materialistische Wissenschaft sich als unfähig erwiesen hatte, gestaltbildende Ursachen zu entdecken, und weil ihm überdies als sicher galt, daß inmitten der materiellen Welt immaterielle Felder existieren und wirksam sind. Danach stellte er zunächst fest, daß es in der Natur noch manches gibt, das wirksam, jedoch materiell nicht faßbar ist. Es pflegt mathematisch beschrieben zu werdern, aber damit ist es natürlich nicht erklärt. In erster Linie nannte er ausgerechnet die Lieblingsvorstellungen der materialistischen Naturwissenschaft, die Naturgesetze.

„Die moderne Naturwissenschaft selbst wird von der Idee getragen, daß das Universum von unsichtbaren Prinzipien regiert wird, den Naturgesetzen. Diese Gesetze sind in ihrem Wesen intellektuell, weil mathematische Gleichungen Dinge sind, die im Kopf existieren. Es sind keine physischen Dinge, die man in der Welt wirklich antreffen kann. Wenn man durch ein Elektronenmikroskop blickt, so sieht man da nicht Schröders Gleichungen zwischen den Molekülen oder wenn man durch ein Teleskop blickt, so sieht man nicht Einsteins Gleichungen an den Himmel geschrieben. Es sind unsichtbare herrschende Prinzipien.“[89]

Indem solche Prinzipien mathematisch beschrieben werden, kann der Eindruck entstehen, als ob sie dadurch in ihrem Wesen erfaßt würden. Aber mathematische Gleichungen werden von Menschen gemacht, diese Prinzipien jedoch nicht. Werden die Gleichungen mit den Prinzipien identifiziert, so bekommen sie die Funktion von Götzen.

„Wenn geglaubt wird, daß mathematische Gleichungen die letzte Wahrheit sind, ist dies eine Art von Götzendient. Von Menschen gemachte mathematische Modelle werden als letzte Wirklichkeit behandelt.“[90]

Durchschaut man die von der modernen Naturwissenschaft bewirkte Vergötzung des menschlichen Intellekts und anerkennt man die Naturgesetze als die dem Menschen weit überlegenen herrschenden Mächte, die sie sind, so muß man sogleich auch feststellen, daß keines von ihnen für sich existiert, sondern jedes zusammen mit anderen und verbunden mit diesen durch eine hierarchisch gegliederte Ordnung. Dabei ist unverkennbar, daß in diesen Ordnungen zwar Einzelteile existieren, diese aber immer von einer Ganzheit umfaßt sind.

„Wenn man die Natur auf diese Weise betrachtet, findet man auf jeder Ebene eine Ganzheit, die mehr ist als die Summe der Teile, und diese Ganzheit enthält die Teile in sich. Es gibt keine Möglichkeit, einen Planeten von einem Sonnensystem zu trennen; er muß einfach an diesem größeren Ganzen teilhaben. Man kann ein Solarsystem auch nicht von einer Galaxie trennen, soweit wir wissen.“[91]

Diese Verfaßtheit entspricht nun genau derjenigen, die Dionysius den Hierarchien der Engel zugeschrieben hat. Dessen Vorstellungen zu übernehmen, könnte für einen Forscher, der die bisherige Selbstvergötzung der

Naturwissenschaft durchschaut hat und nach einer Alternative sucht, durchaus sinnvoll sein.

> „Zum Beispiel könnten manche Engel den Engeln von Galaxien entsprechen, andere den Engeln von Solarsystemen, und wieder andere denen von Planeten. So sind die himmlischen Hierarchien ja oft gemalt worden, in einer Reihe von konzentrischen Sphären.“[92]

Engel wären aber nicht nur im Makrokosmos zu erwarten. Manche Aussagen von Thomas von Aquin über Engel lassen eher an bestimmte Erkenntnisse der Quanten- und der Relativitätstheorie denken.

> „Wenn der Aquinat erörtert, wie Engel von einer Stelle zur anderen kommen, hat seine Argumentation außerordentliche Parallelen sowohl zur Quanten- als auch zur Relativitätstheorie. Engel sind quantiert; entweder man hat einen ganzen Engel oder gar keinen; sie bewegen sich als Handlungseinheiten. Ihre Gegenwart kann nur durch Handlung entdeckt werden; sie sind Handlungsquanten. Und obwohl dann, wenn sie an einem bestimmten Ort handeln und dann an einem anderen, von unserem Standpunkt aus Zeit vergeht, während sie sich bewegen, ist diese Bewegung vom Standpunkt der Engel aus augenblicklich; keine Zeit vergeht. Dies ist wie Einsteins Beschreibung der Bewegung der Photonen des Lichts. Obwohl wir als externe Beobachter die Geschwindigkeit des Lichts messen können, vergeht vom Standpunkt des Lichts selbst aus keine Zeit, während es unterwegs ist. Es wird nicht älter. Wir haben noch immer Licht von vor rund 15 Milliarden Jahren, vom Urknall, in der Form der Hintergrundstrahlung kosmischer Mikrowellen. Nach all der Zeit ist es noch immer da, und noch immer in kraftvoller Weise.“[93]

Sheldrake war der Auffassung, daß man schlecht beraten wäre, wenn man alle diese Parallelen dem Zufall zuschriebe.

> „Es gibt in der modernen Physik also bemerkenswerte Parallelen zu den traditionellen Engelslehren, und ich denke die Parallelen entstehen, weil dieselben Probleme erörtert werden. Wie bewegt sich etwas, das keine Masse besitzt, keinen Körper, aber die Fähigkeit zum Handeln? Zufolge dem Aquinaten haben die Engel keine Masse, keinen Körper. Und das gilt auch für Photonen: sie haben keine Masse und man kann sie nur durch ihre Handlung entdecken.“[94]

Überlegungen wie diese veranlaßten den Buchtitel „The Physics of Angels“[95]. Das zeigt an, daß Sheldrake die Bedeutung dieses Sachverhalts sehr hoch einschätzte. Noch wichtiger dürfte ihm jedoch ein anderer geworden sein.

Sein wissenschaftliches Urproblem bestand, wie ich dargelegt habe, im Versagen der neuzeitlichen Naturwissenschaft an der Aufgabe, die Formen – oder: Gestalten – der Lebewesen und die Muster ihres Verhaltens zu erklären. Nun sind neuartige Gestalten vor allem im Prozeß der Stammesgeschichte entstanden, also durch Vorgänge, die Sheldrake gemäß dem Vorschlag von Konrad Lorenz, hätte er ihn gekannt, gewiß als Fulgurationen bezeichnet hätte. Sie unmittelbar auf Gott zurückzuführen, erschien Sheldrake wohl ähnlich bedenklich wie jenem Wallace, den er zitiert hatte, oder jenem Lorenz, den er anscheinend mit den einschlägigen Überlegungen nicht kannte. In jedem Fall hätte sich gedanklich nichts geklärt, wenn man als Ursache einer neuartigen Gestalt eine Schöpferkraft benannt hätte, von der jedwede Neuerung ausgehen konnte. Nötig war es vielmehr, eine solche schöpferische Kraft anzusetzen, die sich als Urheber der einen neuartigen Gestalt denken ließ, um die es jeweils ging. Sie konnte, sie mußte mit einer allumfassenden Schöpferkraft in einem Zusammenhang stehen. Aber wenn sie in deren Auftrag und Namen tätig wurde, so doch mit der eigenen, beschränkten Mächtigkeit und gemäß der gleichfalls beschränkten jeweiligen Einsicht. Und welchen Namen bot unsere Kulturtradition für eine solche Kraft außer dem des Engels?

Da diese Kraft als Ursache einer qualitativen Neuerung beansprucht wurde, konnte man sich hierbei allerdings nicht auf Thomas von Aquin oder auf andere Denker des Mittelalters oder der Antike beziehen; denn in deren Nachdenken erschien die Welt als eine statische Ordnung (wie ja sogar bis zum Jahr 1965 für die Physik). Aber wenn auch der Gedanke des qualitativen Wandels erst im ausgehenden 18. Jahrhundert durch Herder ins kulturelle Bewußtsein eingefügt wurde, so hatte er doch Vorläufer. Einer konnte bei Hildegard von Bingen ausgemacht werden, und zwar gerade im Zusammenhang der Engelsdeutungen. Bei einer bestimmten Gelegenheit sagte Hildegard, als Gottes Sohn auf der Erde von seiner Mutter geboren wurde, da erschien er auch im Himmel in seinem Vater, worauf die Engel erzitterten und überströmten von Liedern des Lobpreises. Sheldrake kommentierte:

> „Das bedeutet einen Wandel innerhalb der Heiligen Trinität wie auch einen Wandel in der Ordnung der Engel. Es bedeutet darum Evolution nicht allein in den Bereichen der Engel, sondern auch in der göttlichen Natur.“[96]

Außerdem war bei Hildegard zu lesen, die Engel erhöben ihre Stimmen, um die guten Werke der Menschen zu preisen. Sie lobten die immerzu wachsenden guten Werke der Menschheit. Sie erhöben sich auf den goldenen Altar, der vor Gottes Angesicht steht, und von nun an stimmten sie ein neues Lied an, um diese Werke zu ehren. Sheldrake schloß daraus, daß Hildegard nicht allein einen mit dem Menschlichen zusammenhängenden Wandel bei den Engeln und innerhalb der Trinität anerkannte, sondern darüber hinaus dem Wandlungsprozeß bei den Menschen eine kosmische Wirkung zuschrieb.

> „Das bedeutet, daß durch das Singen des neuen Lieds das himmlische Bewußtsein verändert wird. Das Bewußtsein Gottes und des ganzen Universums wird verändert durch die menschliche Evolution. Üblicherweise stellen wir uns die menschliche Evolution als einen ganz provinziellen Vorgang hier auf der Erde vor. (...) Aber Hildegard eröffnet eine sehr viel andere Perspektive. 'Alle Engel erstaunen über die Menschen`. Ihr neues Lied, veranlaßt durch die menschlichen Werke, wird zu Gott gesungen. Das bedeutet eine kosmische Wirkung der Menschheit. Was Menschen

> auf der Erde vollbringen, bewirkt eine Veränderung für die bewußten Geister des gesamten Universums.“[97]

Die Dynamik der Engel, die Hildegard sich vorzustellen vermochte, war eine von den Menschen veranlaßte. Sheldrake aber hielt es darüber hinaus für nötig, Neuerungen gedanklich mit Engeln selbst anheben zu lassen. In der Tradition bot ihm einen Ansatz hierzu der Umstand, daß Engel immer wieder als Vermittler bedeutender Neuigkeiten beschrieben wurden.

> „In gewissem Sinn sind die Engel schöpferische Kräfte; sie sind Teil der schöpferischen Tätigkeit, durch welche die Entwicklung oder Entfaltung oder Evolution von Ereignissen geschieht.“[98]

Aus der Teilhabe der Engel an Neuerungsprozessen meinte Sheldrake den Schluß ziehen zu dürfen, daß Prozesse auch in ihnen selbst vor sich gehen.

> „Hätten sie ein zeitloses, platonisches Bewußtsein, so gäbe es für sie keine Möglichkeit, an einem sich entwickelnden Kosmos teilzunehmen. Aber wenn sie wissen, was in der Welt vor sich geht, weil sie sich mit den Dingen in ihrer Einflußsphäre auseinandersetzen, so ist das eine Grundlage für die Entwicklung oder Evolution im Bewußtsein von Engeln. Und durch ihr sich entwickelndes Bewußsein spielen sie eine schöpferische Rolle im evolutionären Prozeß.“[99]

Bei dem Versuch, die Weise der Teilhabe der Engel an der Evolution zu klären, kann, wie Sheldrake meinte, Thomas von Aquin hilfreich sein, obschon er von der Vorstellung eines evolutionären Kosmos noch weit entfernt war. Dem Aquinaten zufolge übt Gott seine Herrschaft in der körperlichen Welt über die Vermittlung der Engel aus. Deswegen bilden diese kein eigenes Universum. Vielmehr gehören sie dem materiellen Universum zu. Jedes körperliche Ding hat seinen Engel bei sich. Dieser ist zusammen mit ihm erschaffen worden. Da Thomas beim Universum eine statische Verfassung voraussetzte, stellte er sich vor, daß das alles auf einmal, im Zug der Erschaffung der Welt, geschehen sei. In dieser Hinsicht ist heute ein Umdenken nötig.

> „Wir haben jetzt eine viel ausgedehntere Sicht von der Schöpfung als der Aquinat oder als jedermann vor der kosmologischen Revolution der sechziger Jahre. Das gestattet uns eine viel weitere Sicht der Erschaffung von Engeln. Neue Engel werden so erschaffen worden sein wie die Dinge, auf die sie bezogen sind, erschaffen wurden, nämlich in einem Prozeß, der sich über 15 Milliarden Jahre erstreckte und bis heute andauert.“[100]

Um das Verhältnis der Dinge zu ihrem Engel zu verstehen, muß man, Sheldrake zufolge, bedenken, daß die Gestalt eines jeden Dings von einem Feld bestimmt wird. Die Engel erscheinen in den Feldern als eine ihnen eigene Bewußtheit.

„Die Natur wird durch Felder organisiert, und diese Felder sind die Tätigkeitsbereiche, welche die Energie oder die Kraft binden. Wenn göttliche Kraft durch und in alle Dinge fließt, wenn sie die Energie aller Dinge ist und wenn sie durch die Engel kanalisiert wird, dann sind die Felder, welche dieser Kraft ihre differenzierten Formen geben, mit Bewußtsein und Intelligenz verbunden. Die Engel sind dementsprechend das Bewußtsein der Felder."[101]

Indem Sheldrake die Engel als Bewußtsein deutete, hob er ihre Freiheit gegenüber Gott hervor. Danach handeln sie zwar im Auftrag von Gott, aber gemäß ihrer eigenen Einsicht. Nicht alles, was sie hervorbringen, ist also eine unmittelbare Auswirkung des Willens von Gott. Dies muß um so mehr betont werden, als es ja auch das Böse gibt. Es erschien Sheldrake wahrscheinlich, daß dies auch in der Natur wirksam ist. Dies vorausgesetzt, können Engel nicht nur bei ihren Bezügen zu Menschen, sondern auch beim Wirken in der Natur auf feindliche Kräfte stoßen, die ihre Intentionen zu verunstalten suchen.

„Gibt es Böses in der nichtmenschlichen Natur? (...) Konzentrieren sich Satan und die gefallenen Engel völlig auf die Menschheit oder haben sie auch andere Sphären der Tätigkeit?
Sollten wir zum Beispiel annehmen, daß sich Teufel hinter manchen der schrecklichen Dinge im biologischen Bereich finden? Man mag an die Ichneumonfliegen denken, die Eier ins Innere von Raupen legen mit der Folge, daß die Larven dann die lebende Raupe von innen her auffressen. Repräsentieren das Parasitentum und die Seuchen diabolische Prinzipien?
Krebs zum Beispiel repräsentiert das Überschreiten einer Grenze, die eine höhere Ordnung einem Organismus auferlegt hat. Ein Teil des Organismus wird autonom und wächst in unkontrollierter Weise auf Kosten des Guten der Ganzheit.
Sind gefallene Engel im Universum verbreitet und denken sie sich immer ekligere Seuchen aus und immer bösartigere Formen von Parasitentums? (..) Ich denke, wir müssen zu dem Schluß kommen, daß dies wahrscheinlich ist"[102]

Von Sheldrakes Ansatz her sind diese Überlegungen plausibel. Der Ansatz besagt, daß die Neuerungen in der Stammesgeschichte zwar von Gott ausgehen, aber nur in vermittelter Weise zur Wirkung kommen. Was Gott direkt schafft, sind Engel mit der Fähigkeit, in einer bestimmten stammesgeschichtlichen Situation eine Neuerung zu veranlassen. Die Durchführung legt er in ihre Hände. Wenn nun, wie Sheldrake mit der Tradition annimmt, auch böse Engel existieren, so können sie dem Guten, das der jeweils neuberufene Engel hevorbringen möchte, entgegenwirken. Die Folge können Perversionen sein, wie Sheldrake sie nannte, aber auch Verirrungen von der Art, an die Konrad Lorenz dachte.

Die von Sheldrake in seinem von Matthew Fox begleiteten Nachdenken über die Engel entwickelte Konzeption enthält eine Lösung für die von Lorenz in seinem letzten Buch beschriebene Problematik. Ein Gott, der die qualitativen Neuerungen in der Natur nicht selbst durchsetzt, sondern mit dieser Aufgabe Engel beauftragt, die mächtig, aber nicht allmächtig sind und überdies in eigener Verantwortung handeln, gibt Fehlentwicklungen Raum und nimmt sie, wenn sie eintreten, aus Achtung vor der Eigenständigkeit der Engel hin. Der Gefahr, daß damit die vorgesehene Richtung der Stammesgeschichte ganz verloren gehe, kann er dadurch entgegenwirken, daß er den jeweils folgenden Engel mit einer Aufgabe betraut, die eine Korrektur der Kursabweichung zur Folge hat. Dadurch entsteht ein Bild vom Fortgang der Stammesgeschichte wie Lorenz es vor Augen hatte, als er feststellte, daß die zuständige schöpferische Kraft nicht nach einem genau festgelegten Plan, sondern „aus dem Stegreif" schaffe.

Sheldrake war sich nicht bewußt, daß er ein Problem löste, das für den späten Lorenz sichtbar geworden war. Um was es ihm ging, war die Lösung seines eigenen Urproblems der gestaltbildenden Verursachung.

Wie dargetan, hatte sich Sheldrake auf die Lösung zubewegt, indem er sich jene naturwissenschaftlichen Gedankengänge zueigen machte, welche zur Bildung der Gaia-Hypothese führten, dabei die Natur als einen gewaltigen, von Lebendigkeit erfüllten Organismus deutend. Er hatte auch jene Überlegungen akzeptiert, welche dem beseelten Lebewesen Gaia die Eigenschaft einer Mutter zuschrieben. Aber im Unterschied zu nicht wenigen Zeitgenossen hatte er festgestellt, daß eine Mutter nicht wirklich gedacht werden könne, wenn man den Vater nicht mitdenkt. Für ihn selbst war klar, daß der auf die Gaia-Mutter bezogene Vater mit jener Kraft identisch sei, welche den irdischen Dingen ihre Gestalt verleiht. Die Frage war für ihn jedoch, wie diese Kraft genauerhin zu denken sei. Das Buch „The Physics of Angels" erlaubte ihm nun, die gesuchte Antwort zu entwickeln. Die gestaltverursachende Kraft kommt in Engeln zur Wirkung. Sie repräsentieren das männliche Prinzip in der Welt.

So besteht zwischen diesem und dem weiblichen Gaiaprinzip eine wesenhafte Entsprechung. Denn in diesem wirken die statischen Naturgesetze und von ihnen hatte Sheldrake gezeigt, daß sie nicht etwa Funktionen der Materie, sondern Engel sind.

20. Die Engel in der Natur und in der Kultur

Der Weg zum Gedanken der Engel war für Sheldrake ein anderer als derjenige, der zur komponentialanalytischen Thematisierung der Engel führte. Jedoch scheint mir, daß auf beiden Wegen zur Orientierung ein gleicher Kompaß benutzt wurde. Sheldrake wies in dem Buch „The Presence of the Past" von 1988 darauf hin, daß die Gestaltpsychologie mit dem Begriff „Gestalt" etwas ähnliches angesprochen habe wie er mit dem „morphischen Feld"[103]. Im selben Buch konstatierte er eine Ähnlichkeit seines Begriffs auch mit dem von Thomas S. Kuhn in die Wissenschaftsgeschichte eingeführten des

„Paradigmas“[104]. In beiden Fällen bezog er sich auf Begriffe, die aus der Beobachtung von Sachverhalten und Vorgängen in der menschlichen Kultur entwickelt worden waren. Beide gehören zu dem wissenschaftlichen Hintergrund, vor dem die komponentialanalytische Forschung sich vollzogen hat. Viel spricht dafür, daß die Begriffe „morphisches Feld“ und „komponentiale Sinnstruktur“ demselben Phänomen gelten. So hat es mich nicht überrascht, bei Sheldrake zu lesen, daß er die Inspiration – die in der komponentialanalytischen Forschung einen zentralen Platz einnimmt – für hoch bedeutsam hält. Im Dialog mit Matthew Fox sagte er auch:

> „“Ich denke, daß die Ideen des Aquinaten über Offenbarung und Erleuchtung durch die Engel auch wichtig für uns sind, damit wir ein Verständnis der Inspiration wiedergewinnen. Alle große Kunst, ja alle große Kreativität überhaupt gründet im Gedanken der Inspiration, einer Einhauchung durch ein bewußtes Wesen oder eine Intelligenz höher als wir selbst. Und das ist auch in der klassischen Vorstellung vom Genius gemeint, dem Geist, der eine Person führt oder geleitet.“[105]

Angesichts solcher Aussagen halte ich es für wahrscheinlich, daß Sheldrake den von mir unternommenen Versuch, die Existenz und Wirksamkeit von Engeln mit humanwissenschaftlichen Mitteln nachzuweisen, grundsätzlich keineswegs ablehnen, sondern eher begrüßen würde, wenngleich dieser sich - mit den Ergebnissen der komponentialanalytischen Epochenforschung - auf Sachverhalte stützt, die von den Bereichen seiner eigenen Untersuchungen weit entfernt sind. Umgekehrt habe ich meinerseits es für sehr wichtig gehalten, mir den Weg Sheldrakes klar zu machen, obschon ich in den Gefilden, durch die er führt, selbst nie forschend tätig bin.

Mir scheint, daß es zu einer gelungenen Begegnung zwischen Vertretern der Natur- und der Humanwissenschaften gekommen ist. Die auf den zwei Seiten entwickelten Thesen können sich gegenseitig stützen. Das wird auf keiner Seite als überflüssig erscheinen. Denn die Thesen besagen ja etwas, das seit der Aufklärung den meisten Angehörigen sowohl der Natur- als auch der Humanwissenschaft als irrig, ja als geradezu indiskutabel erschien, nämlich daß Engel existieren und auf nachweisbare Weise wirksam sind.

Der Dialog könnte durchaus fortgesetzt werden. Sheldrake zufolge wirken Engel nicht allein als Innovationskräfte in dem der kulturellen Epochengeschichte entsprechenden Bereich der Natur, in der Stammesgeschichte, sondern auch als Stabilisationskräfte, nämlich als die das Universum tragenden Naturgesetze. In der Sphäre des Menschlichen muß es Entsprechungen auch hierzu geben. Sie sind noch wenig erforscht, doch habe ich in der Studie „Selbstorganisation und Gattungspoetik“ versucht, einen Ausschnitt von einem Dominanzensystem aufzuzeigen, das zweifellos eine tragende Kraft darstellt, da es fortwährend dazu beiträgt, daß menschliche Werke wie z.B. dichterische Texte geschaffen werden können. Ich vermute, daß dieses Dominanzensystem auch in anderen Bereichen der Kultur, aber auch in der Natur entdeckt werden könnte. Der in der genannten Studie entwickelte Vorschlag würde vielleicht erlauben, in allen Fällen dieselben Begriffe anzuwenden. Möglicherweise wird man dann eines Tages sagen, können, daß ähnlich, wie hinter den epochalen Sinnsystemen Engel verborgen sind, so auch in den Erscheinungen des universalen Dominanzensystems.

Ein Nachteil aller bisher – bereits vollzogenen oder als möglich erkannten – Engelsentdeckungen besteht zweifellos darin, daß ihr Nachvollzug einigen wissenschaftlichen Aufwand voraussetzt. In dem 1994 erschienenen Buch „Seven Experiments That Could Change The World“ hat Sheldrake aber nun eine Reihe von Phänomenen beschrieben, die nicht allein dem professionellen Forscher, sondern - jedenfalls grundsätzlich - jedermann zugänglich sind, von denen Sheldrake aber mit guten Gründen vermutet, daß sie die Präsenz eines morphischen Felds unmittelbar anzeigen. Wenn ein solches immmer auf die Tätigkeit eines Engels zurückgeht, so könnten also Auswirkungen von ihr im Alltag direkt vor Augen gestellt werden.

Von diesen Phänomenen gehören einige der Natur an, aber andere zeigen sich ganz oder teilweise im menschlichen Bereich. Zwei von ihnen halte ich für besonders aufschlußreich. Bei einem handelt es sich um die Wahrnehmung von Blicken, die sich auf den Rücken oder auf den Hinterkopf richten, beim anderen um eine manchen Haustieren, vor allem Hunden, zugeschriebene Fähigkeit, über weite Entfernungen hinweg wahrzunehmen, wenn sich die menschliche Bezugsperson – zu ganz unregelmäßigen Zeiten – auf den Heimweg macht. Wenn sich erweisen läßt, daß solche Vorgänge tatsächlich durch morphische Felder ermöglicht werden, so wäre daraus zu schließen, daß sowohl in der Natur als auch unter Menschen sogar unter Alltagsbedingungen Engel wirksam werden und Verbindungen herstellen. Dann dürfte man vermuten, daß dies auch bei anderen, vielleicht sehr vielen Gelegenheiten der Fall ist. Eine wichtige Aufgabe bestünde dann in der Entwicklung von Methoden, die erlauben würden, solche Felder in klarer und überprüfbarer Weise zu erfassen. Sie würde in gleicher Weise für die Natur- und die Humanwissenschaften gelten. Ihre Lösung dürfte am ehesten auf dem Weg der Kooperation gelingen.

Wissenschaftler sind es gewesen, die einst damit begannen, bei der Erscheinung eines Engels die Augen zu schließen und ihn in eine bemalte Holzfigur umzudeuten, wie Franz Kafka das dargestellt hat. Wissenschaftler können jetzt dazu beitragen, daß das Wirken von Engeln für viele Menschen erkennbar wird.

Anmerkungen

1 *Kafka,* Franz: Tagebücher, 1910-1923.- In: *ders,:* Gesammelte Werke, hg. Von Max Brod. - Frankfurt a.M./ New York 1946(1949, S. 406.

2 Vgl. *Falk,* Walter: Leid und Verwandlung. Rilke, Kafka Trakl und der Epochenstil des Impressionismus und Expressionismus.- Salzburg 1961, S. 63 ff.

3 *Kafka*, wie Anm. 1, S. 384.

4 *Kafka*, Franz: Briefe an Felice und andere Korrespondenz aus der Verlobungszeit. – In: *ders.:* Gesammelte Werke, hg. Von Max Brod.- NewYork/ Frankfurt a.M. 1967, S. 394.

5 *Schuller,* Alexander / *Rahden,*Wolfert von (Hg.): Die andere Kraft. Zur Renaissance des Bösen. – Berlin 1993.

6 *Safranski,* Rüdiger: Das Böse oder Das Drama der Freiheit.- München/ Wien 1997.

7 Vgl. *Falk*, Walter: Franz Kafka und die Expressionisten im Ende der Neuzeit. – Frankfurt a.M./Bern/New York/Paris 1990 (= Beiträge zur Neuen Epochenforschung Bd. 10).

8 Vgl. *Falk,* Walter: Franz Kafkas Roman „Das Schloß" im epochengeschichtliche Zusammenhang.- In: *ders.:* Die Entdeckung der potentialgeschichtlichen Ordnung. II. Teil: Der Weg zur komponentialen Ordnung in der Geschichte. Frankfirt a.M./Bern/ New York 1985, S. 349 ff.

9 Näheres stellte Jürgen H. *Petersen* in einem Vortrag dar: „GEGEN-LESEN Widerstände gegen die Rezeptionslenkung durch Erzähler, Hauptfigur und Autor beider Lektüre von Thomas Manns „Doktor Faustus".

10 *Haag*, Herbert: Abschied vom Teufel.- Einsiedeln 1969; *ders.*: Teufelsglaube.- Tübingen 1974.

11 *Haag*, Herbert: Teufelsglaube, wie Anm. 10, S. 2012.

12 *Falk,* Walter: Des Teufels Wiederkehr. Alarmierende Zeichen der Zeit in der neuesten Dichtung.- Stuttgart/Bonn 1983.

13 *Nola,* Alfonso di: Il diavolo. Le forme, la storia, le vicende di Satana e la sua universale e malefica presenza presso tutti i popoli, dall`antichità ai nostri giorni. – Roma 1987. (Dt.: Der Teufel. Wesen, Wirkung, Geschichte.- München 1990.)

14 *Messadié*, Gerald: Histoire général du diable. – Paris 1993. (Dt.: Teufel, Satan, Luzifer: Universalgeschichte des Bösen.- Frankfurt a.M. 1995). *Ders.:* Matthias et le Diable. – Paris 1990. (Dt.: Matthias und der Teufel.- München 1994.)

15 *Pagels,* Elaine: The Origin Of Satan.- New York 1995.

16 *Kafka,* Franz: Ein Landarzt. – In: *ders.:* Erzählungen. In: *ders.:* Gesammelte Werke, hg. von Max Brod.- New York /Frankfurt a.M. 1946, S. 153.

17 *Kurz,* Paul Konrad: Ein großes Flügeldach. Verse mit Engeln. Mit Graphiken von Hap Grieshaber.- Hauzenberg 1991.

18 *Sheldrake,* Rupert / *Fox*, Matthew: The Physics of Angels. Exploring The Realm Where Science and Spirit Meet.- New York 1996..

19 *Falk,* Walter: Die Ordnung in der Geschichte. Eine alternative Deutung des Fortschritts.- Stuttgart / Bonn 1985.

20 *Falk,* Walter: Hawking irrt! Über das Problem der Zeit.- Stuttgart /Bonn 1991.

21 *Kafka,* wie Anm. 1, S. 293.

22 Vgl. *Falk*, Walter: Über die geistesgeschichtliche Verfahrensweise. In: *Ders.* / *Zmegac,* Viktor / *Brude-Firnau,* Gisela: Literaturwissenschaftliche Betrachtungsweisen II. – In: Germanistische Lehrbuchsammlung, hg. von Hans-Gert Roloff, Bd. 65/II. – Bern / Frankfurt a.M./ New York / Paris 1989, S. 29-30.

23 *Falk,* Walter: Handbuch der literarwissenschaftlichen Komponentenanalyse. Theorie, Operationen, Praxis einer Methode der Neuen Epochenforschung. In Zusammenarbeit mit den Mitgliedern eines Marburger Forschungsseminars. – Frankfurt a.M./ Bern/ New York 1983 (=Beiträge zur Neuen Epochenforschung Bd. 3). Zweite, erweiterte und überarbeitete Auflage: Handbuch der Komponentenanalyse. Erschließen von Sinn in Text und Epoche.- Taunusstein und Mikulásovice 1996.

24 Vgl. *Falk,* wie Anm. 7, S. 278. Die Formel berücksichtigt auch Momente der Erzählung, die hier ungenannt blieben.

25 Vgl. *Falk,* wic Anm. 7, S. 231.

26 Vgl. *Falk,* wie Anm. 7, S. 100.

27 Vgl. *Falk,* Walter: Der kollektive Traum vom Krieg. Epochale Strukturen der deutschen Literatur zwischen „Naturalismus" und „Expressionismus". – Heidelberg 1977, S. 262 f.

28 Vgl. *Falk,* wie Anm. 7.

29 *Falk,* wie Anm. 7.

30 Vgl. *Falk,* wie Anm. 7.

31 Vgl. *Falk,* wie Anm. 27.

32 *Bernsmeier,* Helmut:: Der epochale Wandel um 1880. Eine epochale Veränderung in der Literatur- und Wissenschaftsgeschichte.- Frankfurt a. M. /Berlin /Bern / New York /Paris / Wien 1994 (=Beiträge zur Neuen Epochenforschung Bd. 12).

33 *Korwes*, Christoph: Gustav Meyrink und der äternistische Umbruch in der deutschen Literatur um 1910. Hausarbeit zum Staatsexamen im Fach Deutsch.- Marburg 1993.

34 *Falk,* wie Anm. 27, S.32 ff.

35 Vgl. *Falk,* Walter: Über die Potentialgeschichte und ihre Perioden in der deutschen Literatur 1750-1890.- In: Probleme der Literaturgeschichtsschreibung, hg. von Wolfgang Haubrichs. Zeitschrift für Literaturwissenschaft und Linguistik (LiLi), Beiheft 10. – Göttingen 1979, S. 124 ff.

36 Vgl. *Falk,* Walter: Epochale Hintergründe der antiautoritären Bewegung. Ein Beitrag zur literaturwissenschaftlichen Diagnose der Sozialgeschichte.- Frankfurt a.M./ Bern 1983 (= Beiträge zur Neuen Epochenforschung Bd. 2).

37 Vgl. *Falk,* wie Anm. 19.

38 Allerdings mußte auch eine Unregelmäßigkeit konstatiert werden. Jener Umbruch, der bei Kafka 1912 eintrat, leitete eine Periode ein, die nur ungefähr ein Jahrzehnt währte und von manchen Autoren übersprungen wurde. Vgl. *Falk,* wie Anm. 23, Abschnitt 7,6.

39 Vgl. *Falk,* wie Anm.19.

40 Sogar die unregelmäßige Zwischenperiode von 1910 (s. Anm. 38) bestätigte die Wirksamkeit der beiden Prinzipien: Sie begann mit einem Wechsel zum Typus Antworten, brachte jedoch mit der Mittelphase einen erneuten Typuswechsel mit sich. So konnte z.B. Kafka am Ende der Zwischenperiode genau wie Rilke, welcher sie übersprang, in den zwanziger Jahren ein neues Periodensystem des Typus Antworten betreten.

41 Vgl. *Falk,* Walter: Parallele Ägypten. Die epochengeschichtlichen Verhältnisse in der ägyptischen und deutschen Literatur des 20. Jahrhunderts. – In Zusammenarbeit mit den Mitgliedern des Projekts „Kairener Gegenwartsdiagnose“. – Frankfurt a..M./ Bern / New York / Nancy 1984.

42 Vgl. *Guth,* Stephan: Zwei Regionen – eine Literaturgeschichte? Zwei zeitgenössische Romane aus Ägypten und der Türkei und die Möglichkeit einer übergreifenden Periodisierung nahöstlicher Literaturen. – In: Die Welt des Islam, Bd. XXXIV,2, 1994, S. 218 ff.; *Aizu-Hofmaier*, Yukiko: Epochale Strukturen in der japanischen Literatur aus den vierziger und fünfziger Jahren. Ein Beitrag zur Neuen Epochenforschung.- In: Bachmeier, Eva et al.(Hg.): Japan von Atos bis Zen. Referate des achten Japanologentages vom 26. bis 28. September 1990 in Wien. Zweiter Teil.- Wien 1991, S.363 ff.; *dieselbe:* Sinnstrukturen im gleichartigen Epochenwandel um 1950 in der deutschen, ägyptischen und japanischen Literatur. Referat beim IX. Weltkongreß der IVG 13. bis 19. August 1995 in Vancouver, Kanada; *Kim,* Ihmku: Westliche Methode, östlicher Text? Die Komponentenanalyse und ihre Anwendungsmöglichkeit in komparatistischer Hinsicht.- Referat beim Asiatischen Germanistentag August 1997.

43 Vgl. *Falk,* wie Anm.19, S. 309 ff.

44 *Guth,* wie Anm. 42

45 *Guth,* Stephan: Das „Rätsel" Ask-i Memnu. Ein Beitrag zur epochalen Lokalisierung der Servet-i Fünün-Bewegung. 1995.

46 Vgl. Anm. 42

47 *Foucault,* Michel: Les mots et les choses.- Paris 1966. (Dt.: Die Ordnung der Dinge. – Frankfurt a.M. 1971).

48 *Nitschke,* August: Naturerkenntnis und politisches Handeln im Mittelalter. Körper – Bewegung – Raum.- Stuttgart 1967.

49 *Nitschke,* August (Hg.): Verhaltenswandel in der Industriellen Revolution. Beiträge zur Sozialgeschichte. – Stuttgart 1975.

50 *Falk,* Walter: Die Deutschen und der Stierkampf.- In: Festschrift für Johannes Vincke. Madrid 1962-63, Bd. 2, S. 795 ff.

51 *Falk,* Walter: Wissen und Glauben um 2000. Zu einer weltbewegenden Problematik und ihrer Herkunft. Anthropologie als Visiologie. - 1998.

52 Vgl. *Falk,*wie Anm.19, S. 253 ff.

53 Vgl. *Falk,* wie Anm. 19.

54 Näheres s. *Massoud,* Fatma: Epochengeschichtliche Aspekte in der Lyrik Karl Krolows.- Frankfurt a.M./ Bern 1981 (= Beiträge zur Neuen Epochenforschung Bd. 1).

55 Vgl. *Falk,* wie Anm. 41.

56 Näheres über die genannten Entdeckungen findet sich in *Falk,* wie Anm.51.

57 *Kafka,* Franz: Briefe an Milena.- In: *ders.:* Gesammelte Werke, hg. von Max Brod.- New York /Frankfurt a. M. 1960, S.214

58 *Heisenberg,* Werner: Der Teil und das Ganze. Gespräche im Umkreis der Atomphysik.- München 1969, S. 171.

59 Vgl. *Falk,* wie 51, Kap. 8.

60 Vgl. zum Folgenden *Falk,* wie Anm.60 sowie *ders.:* wie Anm. 51.

61 *Meyer-Abich,* Klaus-Michael: Gestaltbildung im kulturellen und natürlichen Mitsein.- In: *Dürr,* Hans-Peter und *Gottwald,* Franz-Theo (Hg.): Rupert Sheldrake in der Diskussion. Das Wagnis einer neuen Wissenschaft des Lebens.- Bern / München / Wien 1997, S. 172.

62 Vgl. *Falk,* Walter: Václav Havels Briefe aus dem Gefängnis. Wo der Mensch zu Hause ist – ein Dialog..- Taunusstein 1994; sowie *ders:* wie Anm. 51.

63 Vgl. *Falk,* Walter: Die Entdeckung des komponentialen Prinzips durch Christian von Ehrenfels in „Kosmogonie“ (1916) und ihre heutige Bedeutung. – In: Kintzinger, Martin et. al. (Hg.): Das andere Wahrnehmen. Beiträge zur europäischen Geschichte. August Nitschke zum 65. Geburtstag gewidmet.- Köln/Weimar/Wien 1991 S. 695 ff.

64 Vgl. *Falk,* wie Anm. 51.

65 Vgl. *Falk,* wie Anm. 19, S. 219 ff.

66 *Capra,* Fritjof: „The Tao of Physics. 1975. (Dt.: Das Tao der Physik. Die Konvergenz von westlicher Wissenschaft und östlicher Philosophie.(Neuausgabe von „Der kosmische Reigen“).- Bern/München/Wien 1984.

67 *Capra,* Fritjof: The Turming Point.- 1982. (Dt.: Wendezeit. Bausteine für ein neues Weltbild.- Bern/ München/ Wien 5.A. 1983.

68 *Capra,* wie Anm.67, S. 5.

69 *Sheldrake,* Rupert: The Rebirth of Nature.- 1990 (Dt.: Die Wiedergeburt der Natur. Wissenschaftliche Grundlagen eines neuen Verständnisses der Lebendigkeit und Heiligkeit der Natur. – Bern/München/Wien 1993, S. 56.)

70 *Sheldrake,* wie Anm. 69, S. 99-100.

71 *Sheldrake,* wie Anm. 69, S. 102.

72 *Sheldrake,* wie Anm. 69, S. 180 ff.

73 *Sheldrake,* wie Anm. 69, S. 222.

74 *Dürr/ Gottwald,* wie Anm. 61, S.309-310.

75 *Sheldrake,* Rupert: The Presence of the Past. 1988. (Dt.: Das Gedächtnis der Natur. Das Geheimnis der Entstehung der Formen in der Natur.- Bern/München /Wien 1990, S. 342).

76 *Sheldrake,* wie Anm. 75, S. 345-346.

77 *Lorenz,* Konrad: Das sogenannte Böse. Zur Naturgeschichte der Aggression.- Wien 1963.

78 *Lorenz,* Konrad: Die Rückseite des Spiegels. Versuch einer Naturgeschichte menschlichen Erkennens. – München 1973, S. 47.

79 *Lorenz,* wie Anm. 73, S. 48.

80 *Lorenz,* Konrad: Der Abbau des Menschlichen.- München/Zürich 1983, S.282.

81 *Lorenz,* wie Anm. 80, S. 284-285.

82 *Lorenz,* wie Anm. 80, S.283.

83 *Lorenz,* wie Anm. 80, S. 35 ff.

84 *Lorenz,* wie Anm. 80, S. 44 ff.

85 *Lorenz,* wie Anm. 80, S. 284.

86 *Sheldrake,* wie Anm. 69, S. 213.

87 *Sheldrake,* wie Anm. 69, S. 216.

88 *Sheldrake,* wie Anm. 75, S. 78

89 *Sheldrake,* wie Anm. 18, S.81. Für die Übersetzung der Zitate aus dem Buch über die „Physik der Engel", das noch nicht in einer deutschen Fassung vorliegt, trage ich selbst die Verantwortung. W.F.

90 *Sheldrake,* wie Anm. 18, S. 81.

91 *Sheldrake,* wie Anm. 18, S.36.

92 *Sheldrake,* wie Anm. 18, S.36-37.

93 *Sheldrake,* wie Anm. 18, S.21.

94 *Sheldrake,* wie Anm. 18, S.21.

95 *Sheldrake,* wie Anm. 18, S. XI.

96 *Sheldrake,* wie Anm. 18, S.121.

97 *Sheldrake,* wie Anm. 18, S. 166-167.

98 *Sheldrake,* wie Anm. 18, S. 51.

99 *Sheldrake,* wie Anm. 18, S. 115.

100 *Sheldrake,* wie Anm. 18, S. 117.

101 *Sheldrake,* wie Anm. 18, S. 74.

102 *Sheldrake,* wie Anm. 18, S.128.

103 *Sheldrake,* wie Anm. 75, S. 246 ff.

104 *Sheldrake,* wie Anm. 75, S. 324 ff.

BEITRÄGE ZUR NEUEN EPOCHENFORSCHUNG

Herausgegeben von Professor Dr. Walter Falk

Band 1 Fatma Massoud: Epochengeschichtliche Aspekte in der Lyrik Karl Krolows. 1981.

Band 2 Walter Falk: Epochale Hintergründe der antiautoritären Bewegung. Ein Beitrag zur literaturwissenschaftlichen Diagnose der Sozialgeschichte. 1983.

Band 3 Walter Falk: Handbuch der literarwissenschaftlichen Komponentenanalyse. Theorie, Operationen, Praxis einer Methode der Neuen Epochenforschung. 1983.

Band 4 Walter Falk: Parallele Ägypten. Die epochengeschichtlichen Verhältnisse in der ägyptischen und deutschen Literatur des 20. Jahrhunderts. - In Zusammenarbeit mit den Mitgliedern des Projekts "Kairener Gegenwartsdiagnose". 1984.

Band 5 Walter Falk: Die Entdeckung der potentialgeschichtlichen Ordnung. Kleine Schriften 1956 - 1984. I. Teil: Der Weg zur Komponentenanalyse. 1985.

Band 6 Walter Falk: Die Entdeckung der potentialgeschichtlichen Ordnung. Kleine Schriften 1956 - 1984. II. Teil: Der Weg zur komponentialen Ordnung in der Geschichte. 1985.

Band 7 Helmut Bernsmeier (Hrsg.): Der Geschichtslehrer vor neuen Aufgaben. 1986.

Band 8 Doris Runzheimer: Peter Handkes Wendung zur Geschichte. Eine komponential-analytische Untersuchung. 1987.

Band 9 Ulrike Poch: Metaphernvertrauen und Metaphernskepsis. Untersuchungen metaphorischer Strukturen in neuerer Lyrik. 1989.

Band 10 Walter Falk: Franz Kafka und die Expressionisten im Ende der Neuzeit. 1990.

Band 11 Georg Pflüger: Die Komponentenanalyse und das Problem der ästhetischen Wertung. Eine wissenschaftshistorische und literaturtheoretische Diskussion anhand ausgewählter Dichtungen von Joseph von Eichendorff. 1990.

Band 12 Helmut Bernsmeier: Der Wandel um 1880. Eine epochale Veränderung in der Literatur- und Wissenschaftsgeschichte. 1994.

Band 13 Dagmar Hinze: Günter Kunert: Sinnstiftung durch Literatur. Literaturtheorie und dichterische Praxis. 1996.

Band 14 Ihmku Kim: Franz Fühmann – Dichter des "Lebens". Zum potentialgeschichtlichen Wandel in seinen Texten. 1996.

Band 15 Ingo Lehnick: Der Erzähler Heinrich Böll. Änderungen seiner narrativen Strategie und ihre Hintergründe. 1997.

Band 16 Walter Falk: Brücken zwischen Human- und Naturwissenschaft. Gemeinsames in Thesen eines Germanisten und des Biochemikers Rupert Sheldrake. 1998.

Peter Lang · Europäischer Verlag der Wissenschaften

Adrian E. Scheidegger

Heilige Kühe

Chaos-Theorie der Human-Evolution

Frankfurt/M., Berlin, Bern, New York, Paris, Wien, 1997. 212 S.
Europäische Hochschulschriften: Reihe 20, Philosophie. Bd. 538
ISBN 3-631-32073-6 · br. DM 65.–*

Die Human-Evolution als Teil der Natur und ihrer Entwicklung zu erfassen, ist das vorrangige Ziel dieses Buches. Als Naturwissenschaftler versucht der Autor die Menschheitsgeschichte frei von allen geisteswissenschaftlichen „Mystizismen" zu begreifen. Im Anschluß an Darwin, Toynbee und Koestler begründet Adrian Scheidegger die Auffassung, wonach die menschlichen Gemeinschaften den Regeln der Evolution komplexer, nichtlinearer Systeme unterworfen sind. Die geordneten Zustände existieren am Rande des Chaos auf seltsamen Attraktoren. Kleine Änderungen in den äußeren Parametern können zu sprunghaften Veränderungen führen. Mit Hilfe der modernen Chaos-Theorie wird ein Beitrag geleistet zum Verständnis der nicht abbrechenden Folge von Kriegen, Krisen und Greueltaten, die sich in der Geschichte immer wieder ereignen.

Aus dem Inhalt: Der menschliche Geist · Evolution komplexer Systeme · Menschliche Schizophrenie · Die Triebfedern des menschlichen Handelns · Geschichte: der Rote Faden · Das Phänomen „Staat" · Ethik · Wirtschaft · Erziehung

Frankfurt/M · Berlin · Bern · New York · Paris · Wien
Auslieferung: Verlag Peter Lang AG
Jupiterstr. 15, CH-3000 Bern 15
Telefax (004131) 9402131
*inklusive Mehrwertsteuer
Preisänderungen vorbehalten